U0256379

宝宝
今天吃什么

从婴儿辅食添加到学龄前宝宝食谱

菲奥娜 · 威尔科克 著
阮光锋 译

A DORLING KINDERSLEY BOOK

A Dorling Kindersley Book

Original Title: Feeding Your Baby Day by Day

北京市版权登记号：图字 01-2019-0106

图书在版编目（C I P）数据

DK宝宝今天吃什么 / 英国DK公司编；阮光锋译. --北京：中国大百科全书出版社，2019.3
书名原文：Feeding Your Baby Day by Day
ISBN 978-7-5202-0439-2

Ⅰ. ①D… Ⅱ. ①英… ②阮… Ⅲ. ①婴幼儿—食谱 Ⅳ. ①TS972.162

中国版本图书馆CIP数据核字（2019）第022375号

译　　者：阮光锋

策 划 人：武　丹
责任编辑：李建新
封面设计：袁　欣

声　明

本书竭尽全力保证书中的信息准确无误，但本书并不旨在向读者传达医生和专家的建议。书中出现的观点、做法及建议并不能替代医学专家的建议。我们建议您向医生或保健专业人士就您和您的宝宝出现的具体健康问题进行咨询。编著者和出版社对个人因参考或错误参考本书中的信息与建议而造成的伤害、其他损害或损失不承担任何法律责任。

DK宝宝今天吃什么
中国大百科全书出版社出版发行
（北京阜成门北大街17号　邮编：100037）
http://www.ecph.com.cn
新华书店经销
鹤山雅图仕印刷有限公司印制
开本：889毫米×1194毫米　1/16　印张：14
2019年3月第1版　2019年3月第1次印刷
ISBN 978-7-5202-0439-2
定价：108.00元

A WORLD OF IDEAS:
SEE ALL THERE IS TO KNOW
www.dk.com

目录

前言

我的女儿今年快20岁了。我还记得女儿刚出生的时候，当时主流的喂养建议是等到婴儿满4个月后开始在饮食中添加一些固体食物，首选通常是婴儿米粉。在之后的若干年里，无论是相关的科学知识，还是心理学方面的认知，人们对婴幼儿喂养的理解有了很大进步，婴幼儿喂养指南随之不断更新。

尽管如此，我的日常工作以及接触大量家长和他们的宝宝使我意识到，不论喂养指南是如何建议的，对于父母来说，婴儿生命的初始阶段永远令人心生畏惧，因为父母总是害怕“犯错”。毫无疑问，喂养指南是面向大众人群的，但每一个婴儿的需求却是独一无二的。

在撰写这本书的时候，我致力于将隐藏在各种膳食建议中的科学知识和心理学常识提取出来，以简单实用的建议和意见的方式提供给大家。至于那些尚存争议的领域，我也进行了详细说明，以便父母在做决定时能够深思熟虑，然后根据自己的选择付诸实施。

本书列出了200多道经过时间检验的食谱，分别针对各个添加辅食阶段，能够满足不同的添加辅食方式的需求，而且还能让婴儿体验风味和口感逐渐丰富的过程。从果蔬泥开始，添加辅食的父母可以从单一味道入手，逐渐过渡到更加丰富的食谱。采取婴儿主导法的父母则可以从本书中选择相应的食谱，制作大量营养丰富且方便婴儿抓取的食物。不论采用哪种添加辅食的方法，大家的目标都是一致的，即在第一个生日来临之际，婴儿能够享用富含多种营养的食物，并与家人一起分享家常菜。

我还设计了一系列菜单计划，涵盖从添加辅食的第一天到婴儿满1周岁的所有时间段。这些菜单计划为婴儿的一日三餐提供指导，并给父母提供各种创意、想法，此外还有替代方案，以确保婴儿每周都能体验到新的风味和食物。菜单计划的设计目的是为了让婴儿摄入品种更丰富、营养更均衡的蔬菜和水果，学习吃各种鱼和肉，享受以奶为食材的菜肴和甜点，同时尝试各种各样的豆类、谷物和薯类。大量科学研究表明，以简单的形式让婴儿从早期开始接触营养丰富的食物，并在接下来的数周内反复提供，能够帮助婴儿养成健康的饮食习惯，而健康的饮食习惯无疑将使他受益终生。

菜单计划的设计目的是为了给婴儿提供大量不同的营养素，以满足大部分婴儿生长发育的营养需求。但这并不意味着，在某个夏天的星期二，你采用了那天的菜单，就可以满足你的宝宝在这一天所需的全部维生素E，因为这些菜单并非是在分析了某一个婴儿的营养需求之后专门为他定制的。尽管如此，作为一名婴幼儿营养师，我将把自己的工作经验与食谱和菜单计划结合起来，以一种既能提供丰富的营养，又能令婴儿快乐进餐的形式呈现出来。当然，你并不需要严格执行菜单计划。它们的作用是当你需要切实可行的建议和方法时为你提供帮助，或者在你制订每周餐食计划时，能够起到框架作用。然而，更有可能的是它们能够激发你的灵感，以便你掌握大方向。

因此，在这段激动人心的历程开启之时，祝愿你能尽情享受快乐，带领你的宝宝进入美妙的美食世界。希望这本书在你给宝宝添加辅食的过程中对你有所帮助。

菲奥娜·威尔科克

关于本书

《DK 宝宝今天吃什么》首先从添加辅食的必备知识入手，接着列出一系列实用的每周菜单计划，然后便是根据婴儿的年龄段和不同添加辅食阶段进行划分的食谱。

菜单计划

在添加辅食的第一、第二和第三阶段，每周都有一个详细的菜单计划。本书有一个为满周岁宝宝制订的2周菜单计划范例，它能够为你烹饪家常菜提供很多创意。本书菜单计划中的每一道菜都能在食谱部分找到详细的制作方法，并能够根据检索信息相互参照，便于你迅速地找到对应的食谱。

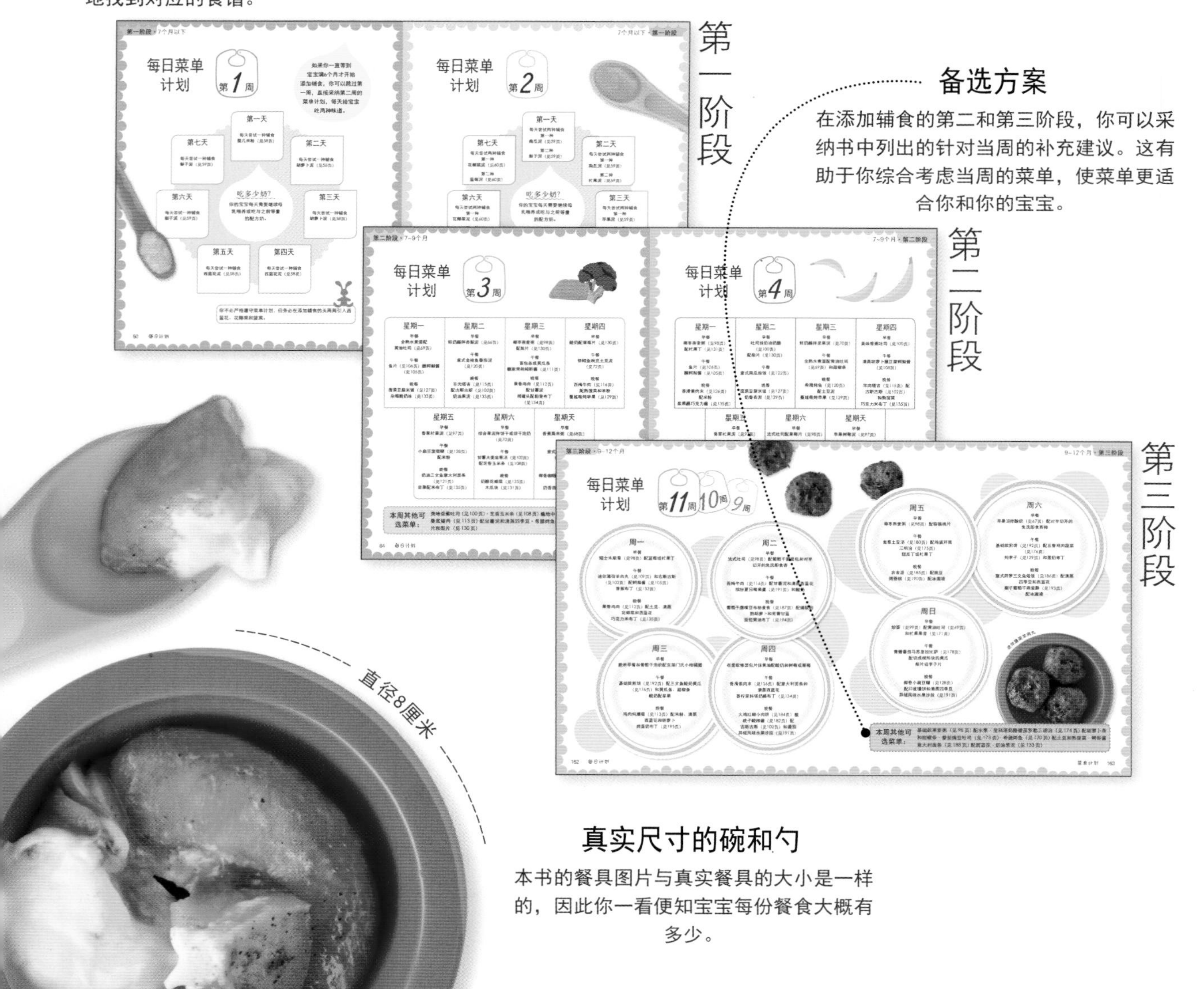

备选方案

在添加辅食的第二和第三阶段，你可以采纳书中列出的针对当周的补充建议。这有助于你综合考虑当周的菜单，使菜单更适合你和你的宝宝。

真实尺寸的碗和勺

本书的餐具图片与真实餐具的大小是一样的，因此你一看便知宝宝每份餐食大概有多少。

食谱

食谱的编排从简单的菜肴开始，然后过渡到正餐和甜点，你可以很方便地浏览你需要的内容。如果你愿意的话，也可以在菜单计划中单独参考这部分内容。

一旦你的宝宝进入下一个添加辅食阶段，你就没有必要继续烹饪那些为小婴儿设计的辅食了。不过，假如你的宝宝特别喜欢某些辅食，你可以继续做给他吃，只需根据实际需要调整食物的质地，以适合他逐渐增长的年龄即可。

直径12厘米

图标的含义

- 准备时间
- 烹饪时间
- 无须烹饪
- 份数
- 适合冷冻

每份餐食的分量

在一些较为复杂的食谱里，分别列出婴儿份和成年人份的分量，便于你与宝宝分享美食。

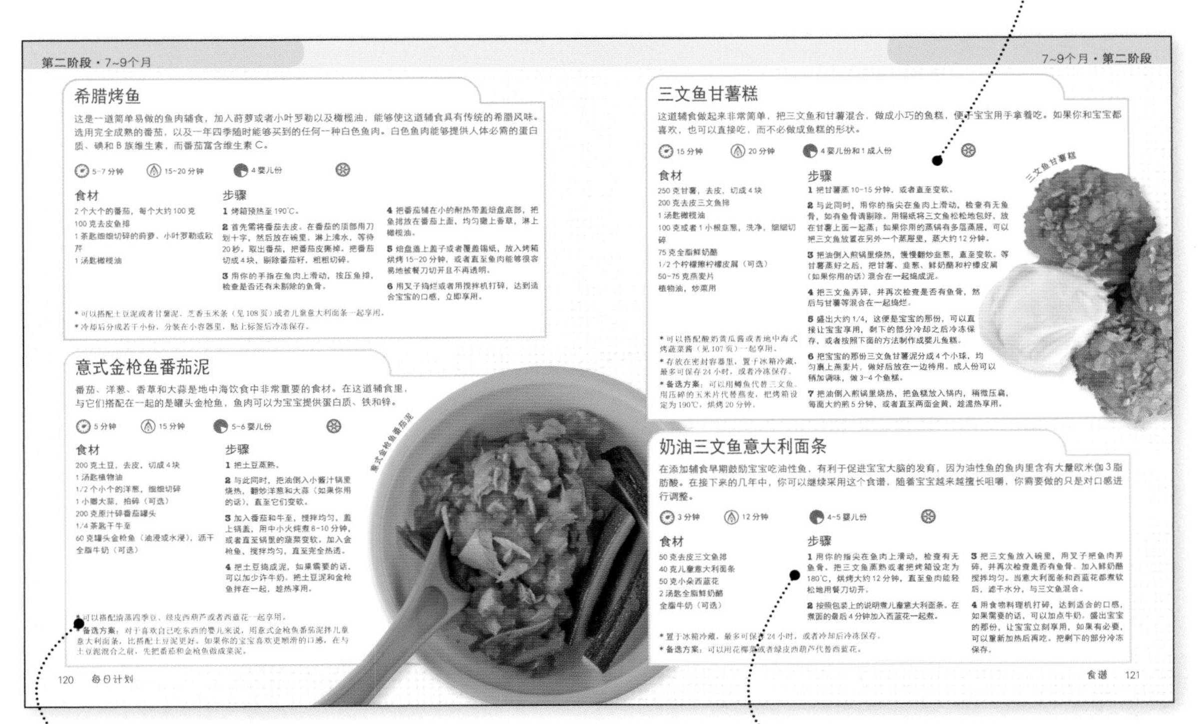

第二阶段 · 7~9个月

希腊烤鱼

这是一道简单易做的鱼肉辅食，加入莳萝或者小叶罗勒以及橄榄油，能够使这道辅食具有传统的希腊风味。选用完全成熟的番茄，以及一年四季随时能够买到的任何一种白色鱼肉。白色鱼肉能够提供人体必需的蛋白质、碘和B族维生素，而番茄富含维生素C。

5~7分钟　15~20分钟　4婴儿份

食材

2个大个的番茄，每个大约100克
100克去皮鱼排
1茶匙细细切碎的莳萝、小叶罗勒或欧芹
1汤匙橄榄油

步骤

1 烤箱预热至190℃。

2 首先需将番茄去皮。在番茄的顶部用刀划十字，然后放在碗里，淋上沸水，等待20秒。取出番茄，把番茄皮撕掉。把番茄切成4块，剔除番茄籽，粗粗切碎。

3 用你的手指在鱼肉上滑动，按压鱼排，检查是否还有未剔除的鱼骨。

4 把番茄铺在小的耐热带盖焙盘底部，把鱼排放在番茄上面，均匀撒上香草，淋上橄榄油。

5 焙盘盖上盖子或者覆盖锡纸，放入烤箱烘烤15~20分钟，或者直至鱼肉能够很容易地被餐刀切开且不再透明。

6 用叉子捣烂或者用搅拌机打碎，达到适合宝宝的口感，立即享用。

* 可以搭配土豆泥或者甘薯泥、芝香玉米条（见108页）或者儿童意大利面条一起享用。
* 冷却后分成若干小份，分装在小容器里，贴上标签后冷冻保存。

意式金枪鱼番茄泥

番茄、洋葱、香草和大蒜是地中海饮食中非常重要的食材。在这道辅食里，与它们搭配在一起的是罐头金枪鱼，鱼肉可以为宝宝提供蛋白质、铁和锌。

5分钟　15分钟　5~6婴儿份

食材

200克土豆，去皮，切成4块
1汤匙植物油
1/2个小个的洋葱，细细切碎
1小瓣大蒜，拍碎（可选）
200克原汁碎番茄罐头
1/4茶匙干牛至
60克罐头金枪鱼（油浸或水浸），沥干
全脂牛奶（可选）

步骤

1 把土豆蒸熟。

2 与此同时，把油倒入小酱汁锅里烧热，翻炒洋葱和大蒜（如果你用的话），直至它们变软。

3 加入番茄和牛至，搅拌均匀，盖上锅盖，用中小火炖煮8~10分钟，或者直至锅里的蔬菜变软。加入金枪鱼，搅拌均匀，直至完全热透。

4 把土豆捣成泥，如果需要的话，可以加少许牛奶。把土豆泥和金枪鱼拌在一起，趁热享用。

* 可以搭配清蒸四季豆、绿皮西葫芦或者西蓝花一起享用。
* **备选方案**：对于喜欢自己吃东西的婴儿来说，用意式金枪鱼番茄泥拌儿童意大利面条，比搭配土豆泥更好。如果你的宝宝喜欢更顺滑的口感，在与土豆泥混合之前，先把番茄和金枪鱼做成菜泥。

意式金枪鱼番茄泥

120　每日计划

7~9个月 · 第二阶段

三文鱼甘薯糕

这道辅食做起来非常简单，把三文鱼和甘薯混合，做成小巧的鱼糕，便于宝宝用手拿着吃。如果你和宝宝都喜欢，也可以直接吃，而不必做成鱼糕的形状。

15分钟　20分钟　4婴儿份和1成人份

食材

250克甘薯，去皮，切成4块
200克去皮三文鱼排
1汤匙橄榄油
100克或者1小根韭葱，洗净，细细切碎
75克全脂鲜奶酪
1/2个柠檬擦柠檬皮屑（可选）
50~75克燕麦片
植物油，炒菜用

步骤

1 把甘薯蒸10~15分钟，或者直至变软。

2 与此同时，用你的指尖在鱼肉上滑动，检查有无鱼骨，如有鱼骨请剔除。用锡纸将三文鱼松松地包好，放在甘薯上面一起蒸；如果你用的蒸锅有多层蒸屉，可以把三文鱼放置在另外一个蒸屉里，蒸大约12分钟。

3 把油倒入煎锅里烧热，慢慢翻炒韭葱，直至变软。等甘薯蒸好之后，把甘薯、韭葱、鲜奶酪和柠檬皮屑（如果你用的话）混合在一起捣成泥。

4 把三文鱼弄碎，并再次检查是否有鱼骨，然后与甘薯等混合在一起捣烂。

5 盛出大约1/4，这便是宝宝的那份，可以直接让宝宝享用，剩下的部分冷却之后冷冻保存，或者按照下面的方法制作成婴儿鱼糕。

6 把宝宝的那份三文鱼甘薯泥分成4个小球，均匀裹上燕麦片，做好后放在一边待用。成人份可以稍加调味，做3~4个鱼糕。

7 把油倒入煎锅里烧热，把鱼糕放入锅内，稍微压扁，每面大约煎5分钟，或者直至两面金黄，趁温热享用。

* 可以搭配酸奶黄瓜酱或者地中海式烤蔬菜酱（见107页）一起享用。
* 存放在密封容器里，置于冰箱冷藏，最多可保存24小时，或者冷冻保存。
* **备选方案**：可以用鳟鱼代替三文鱼，用压碎的玉米片代替燕麦，把烤箱设定为190℃，烘烤20分钟。

三文鱼甘薯糕

奶油三文鱼意大利面条

在添加辅食早期鼓励宝宝吃油性鱼，有利于促进宝宝大脑的发育，因为油性鱼的鱼肉里含有大量欧米伽3脂肪酸。在接下来的几年中，你可以继续采用这个食谱，随着宝宝越来越擅长咀嚼，你需要做的只是对口感进行调整。

3分钟　12分钟　4~5婴儿份

食材

50克去皮三文鱼排
40克儿童意大利面条
50克小朵西蓝花
2汤匙全脂鲜奶酪
全脂牛奶（可选）

步骤

1 用你的指尖在鱼肉上滑动，检查有无鱼骨。把三文鱼蒸熟或者把烤箱设定为180℃，烘烤大约12分钟，直至鱼肉能轻松地用餐刀切开。

2 按照包装上的说明煮儿童意大利面条。在煮面的最后4分钟加入西蓝花一起煮。

3 把三文鱼放入碗里，用叉子把鱼肉弄碎，并再次检查是否有鱼骨。加入鲜奶酪搅拌均匀。当意大利面条和西蓝花都煮软后，滤干水分，与三文鱼混合。

4 用食物料理机打碎，达到适合的口感，如果需要的话，可以加点牛奶。盛出宝宝的那份，让宝宝立刻享用，如果有必要，可以重新加热后再吃。把剩下的部分冷冻保存。

* 置于冰箱冷藏，最多可保存24小时，或者冷却后冷冻保存。
* 备选方案：可以用花椰菜或者绿皮西葫芦代替西蓝花。

食谱　121

搭配、储存和备选方案

食谱的最后部分是搭配建议，同时还有关于冷却食物的指导，以及冷藏和冷冻食物的时间等。有时，本书会给出备选方案，有助于你将季节性食物和多种口味考虑进来。

烤箱温度

烤箱温度以摄氏度（℃）标示。如果你使用风扇式烤箱，要将温度下调20℃。例如，当食谱里要求烤箱温度为190℃时，风扇式烤箱则需要调整为170℃。

欢迎来到
美食世界!

给婴儿添加辅食是指在常规的母乳或者配方奶之外，为婴儿引入固体食物的过程。到宝宝满 1 周岁的时候，他应该能和家人一起品尝家常菜了。如果想了解关于添加辅食的所有知识，包括从什么时候开始添加辅食、怎么操作等，那么就请你开始阅读吧！

宝宝准备好了吗？

每个婴儿生长和发育的速度是不一样的。无论你的宝宝是早于预产期出生，还是晚于预产期出生，无论你是花费了九牛二虎之力才成功实现母乳喂养，还是在最初的几周便顺利上手，婴儿通常在4~6个月的时候，会表现出一些重要的发育迹象。这些信号是在提醒你，宝宝可能已经做好了添加辅食的准备，可以开始吃固体食物了。

最佳时机

能否找到添加辅食的最佳时机，决定了添加辅食的过程是否顺利。大部分婴儿在17周~6个月开始添加辅食。每个婴儿都是独一无二的，究竟从什么时候开始吃固体食物，并没有一个适用于所有婴儿的准则。你必须确保你的宝宝表现出11页上列出的发育信号，让宝宝引导你。如果你不确定宝宝是否已经准备好了，尤其是当他是早产儿的时候（见34~35页），请咨询医生或者相关专家。

切勿在你的宝宝未满17周的时候给他吃固体食物。在17周之前，婴儿的肾脏和消化系统还未发育成熟，不能消化和吸收固体食物。但添加辅食的时间也不得晚于6个月，因为满6个月之后，婴儿需要更多的营养，而纯奶饮食是无法满足的。

在添加辅食的同时继续母乳喂养对宝宝是有利的，特别是你在宝宝未满6个月的时候就开始给他添加辅食的情况下。有证据显示，婴儿在满6个月之前（但不早于17周）开始吃第一种固体食物（包括易引起过敏的食物，例如小麦等），在添加辅食的同时继续母乳喂养的，较少罹患乳糜泻、I型糖尿病和小麦过敏等疾病。

> “添加辅食的一个主要目的是帮助宝宝学会适应健康的家常菜。”

官方机构是如何建议的？

你可能被各种相互矛盾的官方指南弄得晕头转向，很多政府机构建议在婴儿6个月以内纯母乳喂养。

这个建议是由世界卫生组织（WHO）提出的。世界卫生组织提出这个建议是基于这样的事实：在卫生条件差的国家，母乳喂养是最安全的选择，而且能产生长期和积极的影响。

然而，有些专家认为世界卫生组织的建议并不适用于发达国家。他们强调，婴儿满6个月以后，纯母乳喂养无法提供足够的铁和锌，尤其是出生体重为5千克或者超过5千克的婴儿。

机会之窗

你决定什么时候开始给宝宝添加辅食，有可能受所谓“窗口期”的影响。儿童心理学家指出，在发育方面做好准备的婴儿在4~6个月开始添加辅食的话，会比那些迟于这个时间添加辅食的婴儿更容易接受新的口味和口感。窗口期将持续到婴儿7个月时，它被认为是丰富婴儿饮食的最佳时机。如果你在宝宝满6个月后开始添加辅食，必须更快地引入新风味，并且应该快速过渡到小块食物和手指食物。

如果你的宝宝开始有这些发育迹象，说明他准备好吃固体食物了：

保持头部稳定

在开始吃固体食物之前，宝宝必须具备良好的头部控制能力，这种肌肉协调能力能帮助他顺利地吞咽食物。

开始咀嚼

宝宝开始有咀嚼的动作，啃拳头，以及啃咬拾起来的任何东西。

对食物产生兴趣

宝宝对其他人吃的东西表现出越来越强烈的兴趣，甚至去抓你盘子里的食物。

坐直（也许需要支撑）

在开始添加辅食之前，宝宝应该能够坐直，即使他依然需要一些帮助。

往嘴里塞东西或食物

对于任何一个新鲜的东西，他做的第一件事就是把它塞进嘴里！热衷于用嘴巴探索所有东西是婴儿准备好吃辅食的一个信号。

不断变化的婴儿饮食

无论母乳喂养还是人工喂养，在婴儿出生的第一年里，奶始终是饮食中最重要的部分。但到了6个月，奶就不能满足婴儿成长和发育的营养需要了。

引入辅食，也就是添加固体食物，是为了提供婴儿成长必需的营养以及引入各种食物的口感和味道。接受新的食物质地能够加强婴儿对关键技能的学习，比如咀嚼能力和言语能力。随着引入的食物种类逐渐增多，量也逐渐增加，一部分奶量将自然而然地被取代。因此，婴儿5个月时的均衡饮食结构与8个月或者12个月的时候是不同的，因为固体食物变得越来越重要。在婴儿即将满1周岁的时候，他每天吃的配方奶将从1升减少到400~500毫升，而母乳喂养的话，则从按需哺乳减少到每天2~3顿。

一旦你的宝宝习惯了第一种辅食的味道，他应该与你一样，从4大类食物中摄取营养。不过，为了满足高能量和高营养的需求，宝宝的食物量和比例与你的并不相同。

从奶到正餐

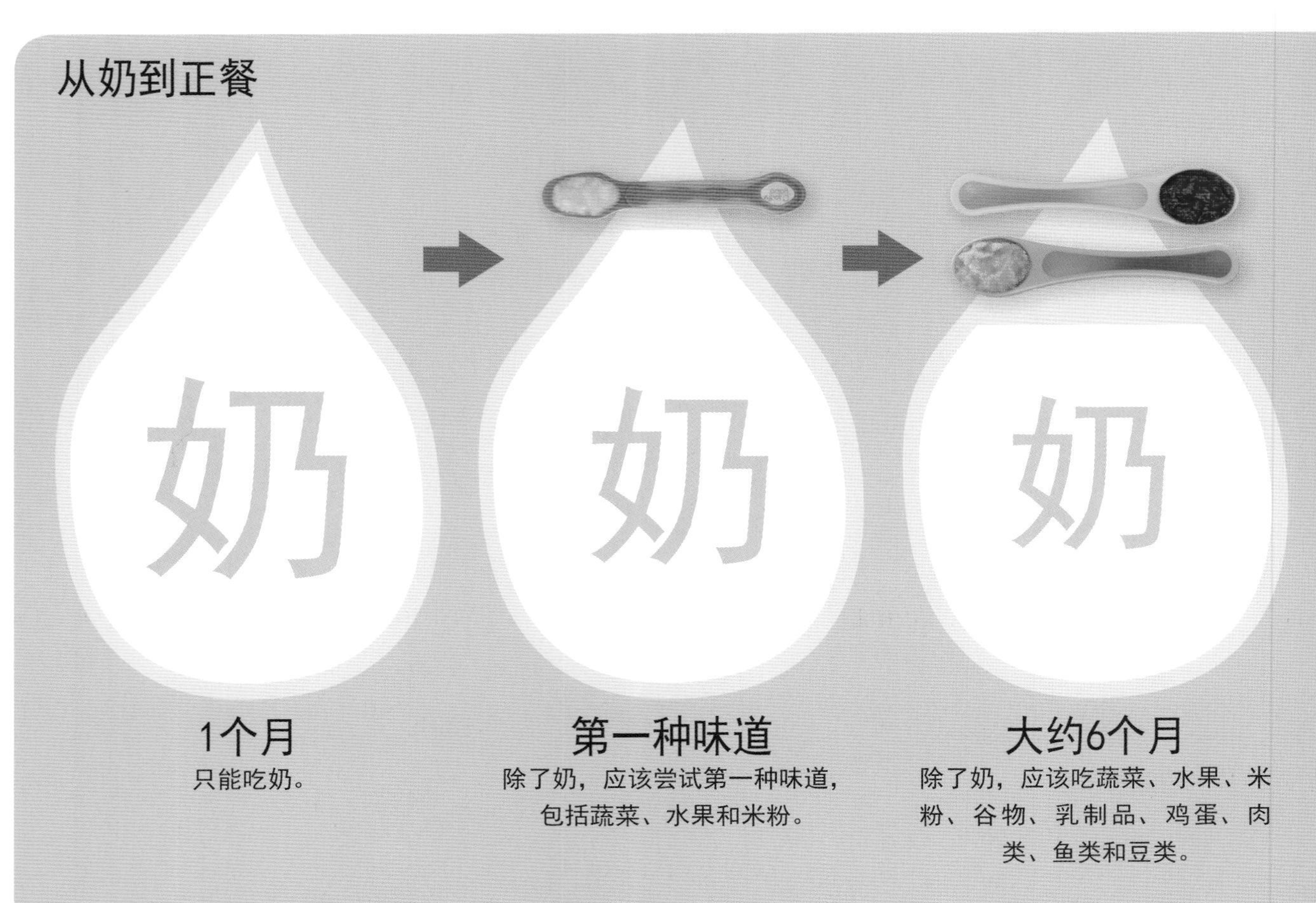

奶和乳制品

全脂牛奶、全脂无糖酸奶、鲜奶酪和硬奶酪，这些都可以提供热量和蛋白质，以及必需维生素和矿物质，例如钙、锌和镁等。

面包、谷物和土豆

这些淀粉类食物能够提供热量、维生素 B 和一部分铁。虽然全谷物对成年人有益，但是含有大量膳食纤维，很容易将婴儿的胃填满，他小小的胃便没有足够的空间容纳其他更富营养的食物了。白面包、意大利面条和米粉是适合婴儿的食物，可以偶尔吃点全谷物，在进入学步期后逐步增加全谷物的摄入量。

肉类（含禽肉）、鱼类、鸡蛋和豆类

这些食物能够提供蛋白质、矿物质，尤其是铁、锌、脂肪酸（来源于鱼）和维生素 B。

蔬菜和水果

蔬菜和水果能够提供维生素、矿物质、膳食纤维和植物化学成分（也被称为植物化学物），例如能帮助人体预防疾病的抗氧化剂。

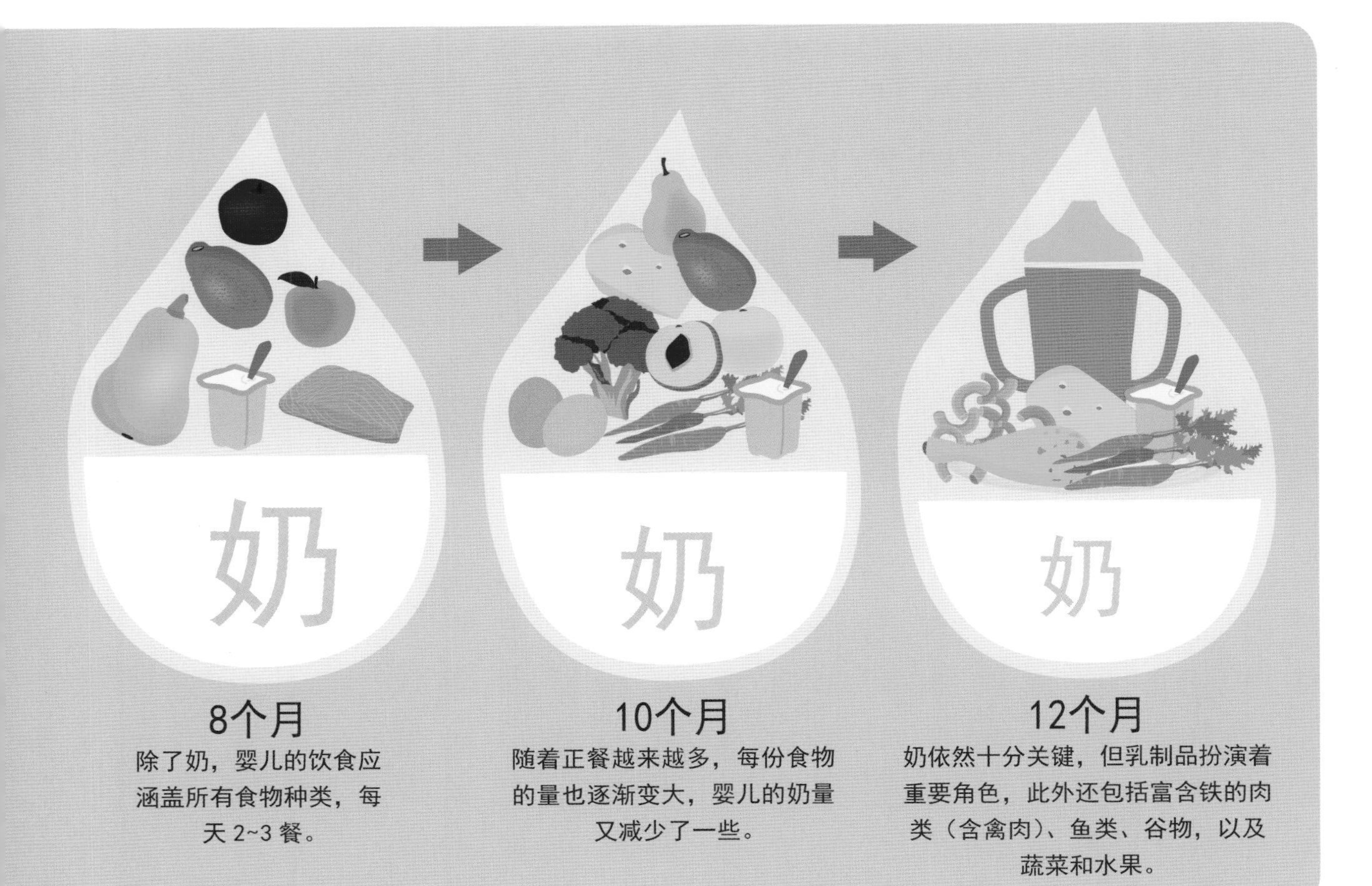

8个月

除了奶，婴儿的饮食应涵盖所有食物种类，每天 2~3 餐。

10个月

随着正餐越来越多，每份食物的量也逐渐变大，婴儿的奶量又减少了一些。

12个月

奶依然十分关键，但乳制品扮演着重要角色，此外还包括富含铁的肉类（含禽肉）、鱼类、谷物，以及蔬菜和水果。

成长发育必需的食物

每一种食物都是含有各种营养素的混合物，这些物质在婴儿的成长和发育过程中发挥着多种多样的功能。下面列出的是一些主要营养素对不同发育领域所做的贡献。有些食物是某些特殊营养素的优质来源，见 16~17 页上的列表。

健康成长

蛋白质是构成婴儿体内所有细胞的基础，富含蛋白质的食物对婴儿正常的成长发育是必需的。

铁是红细胞的组成部分，红细胞负责将氧输送到全身各处。缺铁会导致贫血，而贫血可能造成婴儿发育迟缓。到婴儿 6 个月的时候，母乳中的铁和婴儿在出生时储存在体内的铁已经不能满足需要了，因此，给母乳喂养的婴儿吃富含铁的食物十分重要。学步期婴儿的贫血往往可以追溯到之前不合理的辅食喂养。

维生素B2 有助于婴儿保持皮肤健康。

维生素 C 有利于婴儿的血管、肌肉、软骨和骨骼的形成。

维生素 E 有助于红细胞、肌肉以及组织的形成，而且也有助于皮肤健康。

眼睛、大脑和神经系统发育

欧米伽 3 脂肪酸是多不饱和脂肪酸，对于婴儿的大脑、视觉和神经系统的发育来说是必需的。

维生素 A 有助于婴儿眼睛的健康发育。

维生素 B12 有助于婴儿神经系统的发育和正常运转。

叶酸对于神经系统和大脑的发育是必需的。

提供能量

碳水化合物指的是糖和淀粉类食物，它们为婴儿提供必需的能量。婴儿的饮食中不需要添加糖；很多食物里的糖是天然存在的，例如奶（母乳的味道是甜的）、水果和蔬菜。

脂肪是能量（热量）的主要来源，对于婴儿来说脂肪是完美的食物，因为他每次只能吃少量食物。母乳和配方奶中大约有一半的热量来自于脂肪。因此，当你开始给宝宝添加辅食的时候，重要的是不要停止母乳喂养或者喂配方奶，因为宝宝需要通过奶来获取能量。随着引入的食物越来越多，婴儿的饮食中应该包括少量高脂肪的食物。低脂食品和脱脂食品对婴儿来说是不适合的。

维生素 B 有助于婴儿从碳水化合物和脂肪中获取能量。

强健骨骼和牙齿

钙对于婴儿的骨骼和牙齿的生长和发育是必不可少的。在出生后的头几个月里，母乳喂养和配方奶都能为婴儿提供这种矿物质。在你开始给宝宝添加辅食之后，尤其是在奶量逐渐减少的情况下，虽然奶始终是钙的重要来源，但宝宝的日常饮食中必须包括富含钙的其他食物。

维生素 D 对婴儿起到多种保护作用，它还和钙共同作用，有助于形成骨骼和牙齿。在出生后的第一年里，维生素 D 摄入量不足的婴儿有可能出现骨软化，罹患佝偻病。由于骨骼发育不正常，这些婴儿的站立和走路将受到佝偻病的影响。大部分维生素 D 经由皮肤接触阳光而在体内合成，人体还会将一部分维生素 D 储存起来，以度过阳光不充足的日子。之所以佝偻病在某些发达国家重现，是因为儿童在户外晒太阳的时间不够充足。即使人们对某些婴儿食品强化了维生素 D，例如婴儿早餐谷物，但富含维生素 D 的食物仍非常少。

维生素 A 有助于婴儿的骨骼茁壮生长。

健康的免疫系统和强大的自愈功能

锌是一种能够促进成长、增强免疫系统的矿物质，同时它也有利于伤口愈合。例如在英国，很多学步儿童没有摄取足够的锌，导致身体发育出现问题，因此，在婴儿出生后的第一年里，给他吃一些含锌的食物是很重要的。

维生素 C 在防止伤口感染和促进伤口愈合方面发挥着重要的作用。

维生素 A 有助于人体抵抗感染。有一些婴儿和学步儿童没有摄入足够的维生素 A，导致他们更容易被感染和出现并发症。

维生素 E 被广泛证实是一种对人体很重要的维生素，它能促进伤口愈合。

了解宝宝需要的营养

你的宝宝摄入的每一种食物都是由各种营养素构成的，其中包括必需的维生素和矿物质，因此，给宝宝吃多种多样的健康食物有助于他茁壮成长。下面的表格列举了各种营养素的最佳食物来源。本书的菜单计划正是为了给婴儿提供健康、均衡的饮食而设计的。

脂肪	
食物来源	油性鱼，如三文鱼、鲭鱼和沙丁鱼
	全脂乳制品：奶酪、酸奶和奶*
	肉类
	油，如菜籽油、橄榄油和蔬菜油
	坚果和籽类（非整颗）

脂肪是由不同种类的脂肪酸混合构成的。蔬菜油、种子和坚果里含有更多的单不饱和脂肪酸和多不饱和脂肪酸。与饱和脂肪酸相比，不饱和脂肪酸对人体的健康更加有益，而在一些深加工食品、乳制品和肥肉中则比较多见饱和脂肪酸。在一些品质较差的食品中还经常含有反式脂肪，这种脂肪对人体健康尤为不利。

欧米伽3脂肪酸	
食物来源	油性鱼，如三文鱼、鲭鱼和沙丁鱼
	鱼油补充剂+
	坚果和籽类（非整颗）
	蔬菜油

鱼油中天然含有某些对人体尤为有利的欧米伽3脂肪酸。另外一些来源于植物性食物的欧米伽3脂肪酸需要在人体内转化成为更容易被利用的类型。

碳水化合物（包括淀粉类食物和糖）	
食物来源	面包
	土豆（既是淀粉类食物也是蔬菜）
	米粉和其他谷物
	早餐谷物
	水果
	蔬菜
	奶*
	酸奶

蛋白质	
食物来源	奶*
	鸡蛋
	猪肉、牛肉、羊肉等
	禽肉
	鱼类
	豆类
	豆腐、素肉等大豆制品
	坚果和籽类的酱

铁	
食物来源	沙丁鱼罐头
	动物肝脏**
	瘦牛肉、瘦羊肉和瘦猪肉
	鸡肉或火鸡肉的深色部分，如鸡腿
	香肠
	鱼糜
	强化早餐谷物
	鸡蛋
	面包
	豆类，尤其是红腰豆和菜豆
	焗豆
	豆腐
	水果干：西梅干、无花果干、葡萄干
	花椰菜、西蓝花

铁的来源有2种，一种来源于动物性食物，另一种来源于植物性食物。来源于动物性食物的铁更容易被人体吸收。维生素C有助于人体吸收植物性食物中的铁。如果你很少或者几乎不给宝宝吃肉，尝试每天给他喝一杯无糖果汁，按照1份果汁兑10份水的比例稀释，且只在吃饭时提供。

钙

食物来源
硬奶酪和大豆奶酪
带鱼骨的鱼糜罐头（沙丁鱼或三文鱼）
豆腐
奶*
酸奶
白面包或精白粉制成的食品
牛奶冰激凌
大豆、小扁豆和鹰嘴豆
南瓜、甘薯
西蓝花、菠菜和甘蓝
豌豆
椰枣、葡萄干和免洗即食杏

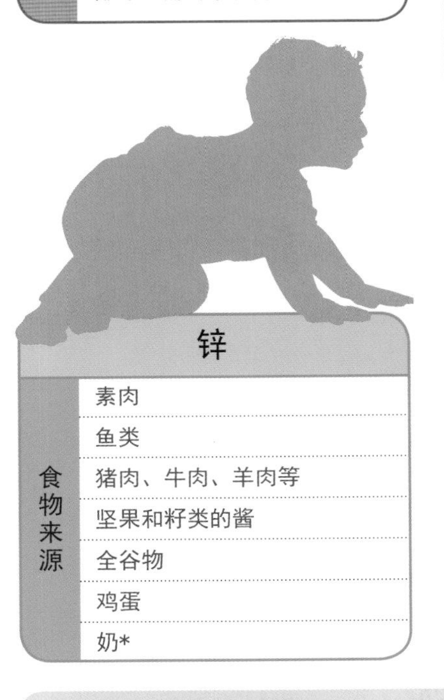

锌

食物来源
素肉
鱼类
猪肉、牛肉、羊肉等
坚果和籽类的酱
全谷物
鸡蛋
奶*

维生素A

食物来源
动物肝脏**
油性鱼，如三文鱼、鲭鱼和沙丁鱼
鱼油补充剂+
黄油
鸡蛋黄
胡萝卜、甘薯和杧果
奶油南瓜、菠菜、红甜椒和甘蓝
甜瓜
番茄、杏干和西蓝花
南瓜

维生素B2

食物来源
动物肝脏**
强化早餐谷物
奶酪
扁桃仁（磨碎）
奶*

维生素B12

食物来源
动物肝脏**
鱼类
猪肉、牛肉、羊肉等
鸡蛋

维生素C

食物来源
红甜椒和黑醋栗
草莓
抱子甘蓝和猕猴桃
橙、克莱门氏小柑橘和杧果
油桃和树莓
葡萄柚
木瓜
花椰菜
芜菁甘蓝
卷心菜
嫩土豆
菠萝和豌豆

维生素D

食物来源
油性鱼，如三文鱼、鲭鱼和沙丁鱼
鸡蛋
强化早餐谷物
黄油和各种涂抹酱

维生素E

食物来源
蔬菜油
坚果和籽类（非整颗）
鳄梨
鸡蛋

叶酸

食物来源
动物肝脏**
强化早餐谷物
西蓝花
抱子甘蓝和菠菜
斑豆和黑眼豆
甜菜根和橙

* 儿童未满12个月不能喝牛奶。

** 动物肝脏含有极为丰富的维生素A，通常不推荐未满1周岁的婴儿吃。如有必要，只能偶尔吃。可采取其他方法补充维生素A。

\+ 鱼油补充剂必须是适合婴幼儿的，如果是人工喂养，则不需要补充。应该就鱼油补充剂咨询医生。

最适合婴儿的食物

鼓励你的宝宝从一开始就吃健康的食物。这不但有利于他的成长，使他从一个健康的学步宝宝发育成健康的儿童，而且能对他未来的身体健康和幸福感产生积极而长远的影响。在保证宝宝吃得健康这件事上，除了确保他的饮食涵盖各种富含必需维生素和矿物质的膳食种类之外，你也应该掌握有关小婴儿膳食需求的知识。

避免添加不必要的糖

为什么？

饮食中含有过量的糖不但可导致龋齿，而且还容易使婴儿在早期养成爱吃甜味食物、不爱吃咸味食物的偏好，从而带来肥胖和营养不良的长期后果。

如何小心应对：如果你采取母乳喂养，在添加辅食之前，宝宝已经习惯了母乳的甜味。因此，当你开始引入固体食物的时候，让宝宝学习接受咸味非常重要，所以不应该用糖来给食物调味。相关研究结果也显示，最好不要将甜味和咸味混合在一起，这样有助于你的宝宝学习品尝单一味道。

确保外购食品也是没有加糖的。食物中的糖以各种形式出现，包括蜂蜜（未满 12 个月的婴儿不应食用）；蔗糖糖浆、葡萄糖糖浆、果糖糖浆或金黄糖浆；红糖、蔗糖或甜菜糖；浓缩果汁等。

白面包、意大利面条和大米做成的食物适合婴儿食用

在从学步期到学龄前的时间段里，从偶尔吃全谷物开始，逐步增加全谷物的摄入量。

为什么？

富含膳食纤维的食物（膳食纤维能够帮助消化，促进健康），例如蔬菜、水果和全谷物，通常体积大，不能给婴儿提供很多能量。如果你是一位关注体重的妈妈，它们是很好的食物，但对宝宝来说却不是。他小小的胃很容易被低热量的膳食纤维填满，非但无法给他提供充足的能量和其他营养素，以满足生长的需求，而且挤占了其他更有营养的食物的空间。

如何小心应对：水果和蔬菜可以提供多种必需的营养素，因此，如何权衡便成为一个问题。太多膳食纤维含量高的食物将挤占其他营养食物（例如乳制品、肉类、鱼类、鸡蛋和健康的油脂等）的空间。如果你家只吃全麦面包，只要不给宝宝吃太多其他膳食纤维含量高的食物，例如豆子，吃全麦面包也是没有问题的。

婴儿食物中绝对禁止加盐

同时还要注意一些食物中隐含的盐，例如腌制或者熏制的肉和鱼、在盐水中浸泡的食材，以及含盐量高的奶酪。

为什么？

盐会使婴儿还未完全发育的肾脏不堪重负，因此，婴儿食物里不能加盐，这非常重要。很多食物本身就含有一定量的盐，远远超过了婴儿对盐的需求量。虽然与你爱吃的食物相比，婴儿食物显得淡而无味，但对宝宝的需要来说则是完美的。

如何小心应对：当宝宝大一点的时候，假如你打算让他与家人一起分享家常菜，应该谨慎使用含盐量高的食材。如果必须用的话，在添加含盐量高的食材，例如培根、腌制或者熏制的肉和鱼、腌制的橄榄，以及其他用盐水浸泡的食材之前，先把宝宝的那份盛出来。

阅读食品标签上列出的食物成分，选购那些含盐量最低的食品。选购用清水或者油浸泡的鱼或者蔬菜，而不要购买用盐水浸泡的；避免购买含盐量高的奶酪，例如帕玛森奶酪；选购无盐的番茄蓉和番茄膏。

像薯条、薯片或者玉米片这样的咸味零食含盐量高，不适合婴儿食用。

不适合婴儿的食物

儿童未满 1 周岁应该避免食用：

- 蜂蜜，有引发食物中毒的轻微风险，有毒细菌可导致肉毒中毒
- 整颗坚果，存在窒息的风险
- 贝壳类，存在食物中毒的风险
- 鲨鱼、旗鱼和剑鱼，可能含有汞或者其他潜在的毒素
- 动物肝脏，过高的维生素 A 含量可引起中毒
- 未经巴氏灭菌法处理的奶酪或者乳制品
- 减肥食品，低脂和脱脂食品，减糖食品及饮料

有机还是非有机？

有机农场确实较少使用化学制剂，但是有机食品是否因此就更有营养呢？相关的研究有很多，答案取决于食物的种类、种植季节，甚至是该农场进行有机种植的时间长短。大部分专家认为有机食品并不能提供更加丰富的营养。如果你购买新鲜的有机食品，务必牢记于心的是有机食品的保质期比较短，而且在食用之前务必仔细清洗。

对用于工业化生产的婴幼儿食品的原料，监管是十分严格的。因此有机食品和非有机食品之间几乎不存在差异，即使有，也是极其细微的差异。

婴儿需要维生素补充剂吗？

对于饮食单一或者挑食，以及那些每日配方奶量不足 500 毫升的婴儿，服用维生素 A、维生素 D 和维生素 C 补充剂是非常重要的。如果你采取母乳喂养，建议你自己每天服用 10 微克的维生素 D 补充剂。另外，亚裔、中东裔和生活在某些国家和地区的非洲裔婴儿也需要维生素 D 补充剂，因为他们可能无法通过日晒获得足够的维生素 D。

选择添加辅食的方法

最常被大家采纳的添加辅食的方法是从果蔬泥开始，然后逐渐调整食物的质地，添加各种味道。另一种添加辅食的方法是婴儿主导法，侧重于从6个月起让婴儿自己吃完整的食物。不论你采用哪种方法，目标都是一致的：到你的宝宝满12个月的时候，他可以和家人一起享用健康、营养均衡的家常菜。

果蔬泥法

在全世界各种不同的文化里，添加辅食大多从用勺子给婴儿喂食果蔬泥开始。食物的质地千差万别，最开始是稀薄的果蔬泥，逐渐过渡到捣烂的食物，混合着软烂的小块食物，柔软的手指食物，之后则是切碎的食物或者剁成块的食物搭配较硬的手指食物。在添加辅食的每一个阶段，婴儿学习吃新食物，同时掌握新技能。这样做的目的是为了让婴儿在1周岁的时候，能够吃适合他的家常菜（切碎），并且可以用勺子或者用手自己吃饭，以及用杯子喝水（吸管杯或者普通杯子）。婴儿将获得大量机会尝试涵盖所有食物大类的各种食物，从而成为家庭餐桌和社交聚餐上的一分子。

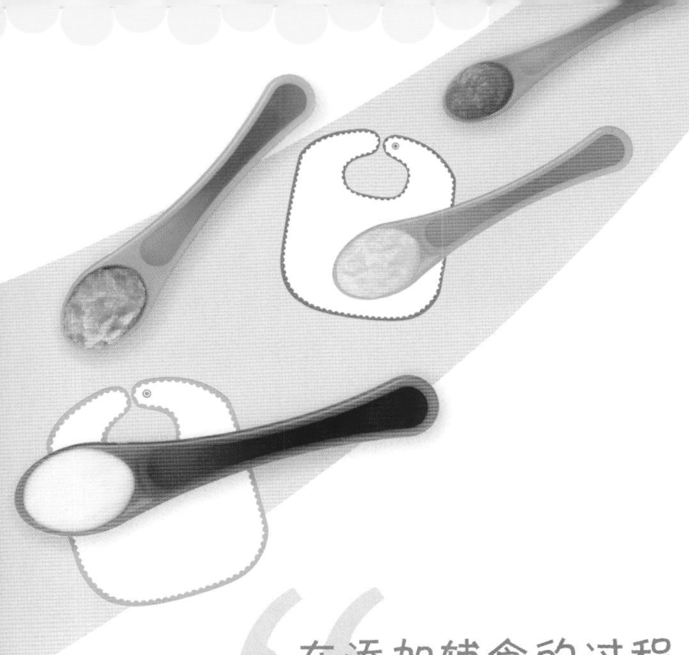

“在添加辅食的过程中，逐渐把宝宝将在未来吃到的各种食物介绍给他。”

婴儿主导法

这种方法提倡给婴儿提供完整的熟食或者柔软的生食，而不是果蔬泥，并且从一开始便允许他自己吃饭，而不是用勺子喂。婴儿主导法由婴儿引领添加辅食的进程，自主选择吃什么食物以及什么时候吃。虽然有可能弄得一片狼藉，但由于婴儿在吃饭的时候能够享受触摸食物、挤压食物以及玩耍食物的乐趣，因此人们常说这是一种更加放松的添加辅食的方法。

婴儿主导法的支持者声称，采取这种添加辅食方法的婴儿不易挑食，而且对食欲的控制能力更佳，从而减少超重的风险。然而，这种说法是否成立还需要相应的研究结果进一步证实。

你该怎么选择？

两种添加辅食的方法各有利弊。更为常见的果蔬泥法已经被无数人尝试和验证过，相关研究也证实这种方法在营养和发育方面是行得通的。但它的风险在于如果给婴儿吃稀薄的果蔬泥时间过长的话，从果蔬泥过渡到小块食物的时候将比较困难。

采取婴儿主导法的婴儿需要具备良好的手眼协调能力以便抓取食物，这也正好与目前官方推荐的延迟到6个月再添加辅食的建议相符。然而，有关婴儿主导法的研究还比较少，采用这种方法可以减少日后挑食的观点尚未得到证实。而且，人们也不清楚婴儿是否从一开始就能摄取到足够的营养，特别是铁。因此，假如你采取这种方法，需要确保宝宝的饮食是富有营养且均衡的，并非直接把你吃的食物分给宝宝那么简单。

你的决定也许会受到你的个性和宝宝能力的影响。果蔬泥法更容易掌控。在积累足够的信心之前，宝宝可能更喜欢你用勺子喂果蔬泥，同时你可能也喜欢这样的安排。或许你的宝宝已经具备良好的手眼协调能力，而且也比较独立，如果你不在意乱糟糟的场面，婴儿主导法也许可运行顺畅。

当然，你完全有理由将这两种方法结合起来使用，或者先试试这一种，之后再试试那一种，然后逐步摸索出一套最适合你和宝宝的方法。

学着吃固体食物

正如大家所说，添加辅食一般需要经历 3 个阶段。在每一个阶段，除了尝试新食物和新口感，婴儿也学习新技能，而这些技能有助于他吃各种固体食物。他学着如何用舌头，如何吞咽不同口感的果蔬泥，如何咀嚼食物，然后翻转食物继续咀嚼，以及如何用勺子舀起或者用手抓起食物并送到嘴里。他还将学习用嘴唇将食物从勺子上刮下来，以及用杯子喝水。

第一阶段　7个月之前

在第一阶段，婴儿将学习：

- 以嘴巴包住勺子的方式把食物吃到嘴里
- 把食物从嘴巴前端移到后端并吞咽下去
- 明白不同的食物味道不同
- 接受果蔬泥，然后吃捣烂的食物，也许能吃一些手指食物

稀薄的果蔬泥

黏稠的果蔬泥

捣烂的食物

第二阶段　7~9个月

在第二阶段，婴儿将学习：

- 将小块食物在嘴里打转
- 更有信心咀嚼软的小块食物
- 以钳握式抓起柔软或质地疏松的手指食物并自己吃
- 用杯子啜饮或者吮吸训练杯的吸管
- 接受更加丰富多样的食物
- 每天至少吃一次正餐

第三阶段　9~12个月

在第三阶段，婴儿将学习：

- 掌握动作要领，咀嚼绞碎或剁成块的食物
- 吃多种手指食物，包括较硬的手指食物
- 用嘴唇把食物从勺子上刮下来，而且更加熟练地用勺子自己吃
- 使嘴唇贴合杯子或者训练杯
- 接受更多适合他的家常菜
- 一日三餐

婴儿主导法

大约从6个月开始

- 如果你采取婴儿主导法，应该从宝宝大约 6 个月的时候开始，他应该在用餐时间和你坐在一起（只要有可能）。给他准备一些完整的熟食或者柔软的水果，并切成容易抓握的小块。刚开始的时候，宝宝可能只是拿着食物玩耍，也许会吮吸食物，然后逐渐开始咀嚼并吞咽食物。
- 如果你打算将婴儿主导法与果蔬泥法结合起来使用，在宝宝大约 6 个月的时候，在你给宝宝准备果蔬泥的同时，再准备一些柔软的手指食物。
- 为了确保宝宝饮食均衡，你可以参考本书的菜单计划，将烹饪好的辅食切成适合宝宝吃的小块，而不是直接喂果蔬泥或者将食物捣烂。

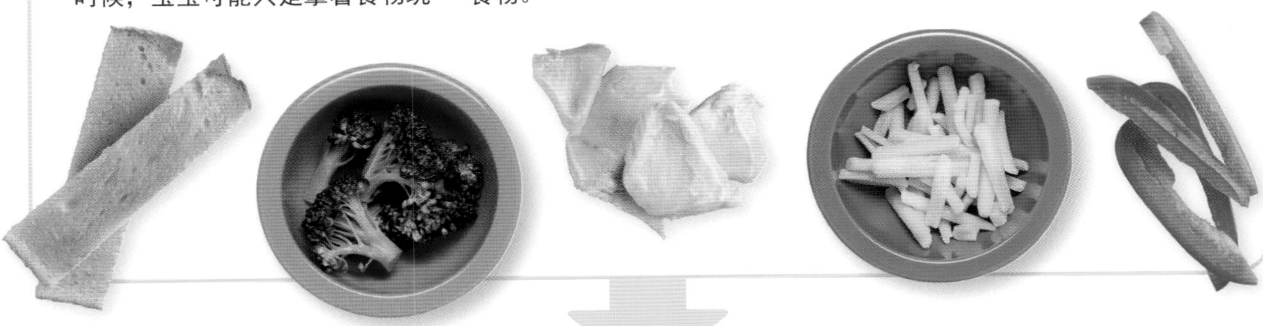

家常菜

大约从12个月开始

宝宝满 12 个月的时候应该：

- 能够吃切成小块的家常菜
- 只要有可能，与家人一起吃饭
- 会用有盖的杯子或者训练杯喝水

切成小块的家常菜

选购辅食食材

一旦你的宝宝开始吃辅食，你肯定希望每次从超市货架上挑选的都是适合宝宝吃的食物。谢天谢地！除了极少数食物，我们所吃的大部分日常食材对宝宝来说都是安全的。分辨哪些食物适合宝宝，哪些食物不适合宝宝，将有助于你在挑选食物时更有信心，选购最适合宝宝的食物。

涂抹酱：用橄榄油或葵花籽油做成的全脂涂抹酱。

奶酪：烹调时可使用全脂硬奶酪，绵软的全脂奶油奶酪可以抹面包或者当作蘸酱。

油：富含多不饱和脂肪酸的蔬菜油，例如菜籽油和橄榄油。

酸奶和鲜奶酪：选购原味、全脂、无糖的。你可以用自制的果蔬泥或炖水果来增加甜味，这是最自然的方法。

早餐谷物：低糖和低盐；进行过铁强化。

速冻蔬菜：例如菠菜、豌豆、奶油南瓜，有时比新鲜采摘时具有更高的营养价值，因为它们是在最佳生长期被采摘并速冻起来的。

奶：婴儿满6个月以后，全脂牛奶可以作为食材使用。在婴儿满1周岁之前，牛奶是不能作为饮料的，因为它无法提供足够的铁。

碎番茄罐头和番茄膏罐头：烹饪家常菜的时候很有用，因为大孩子也可以吃。选购无糖和无盐的。

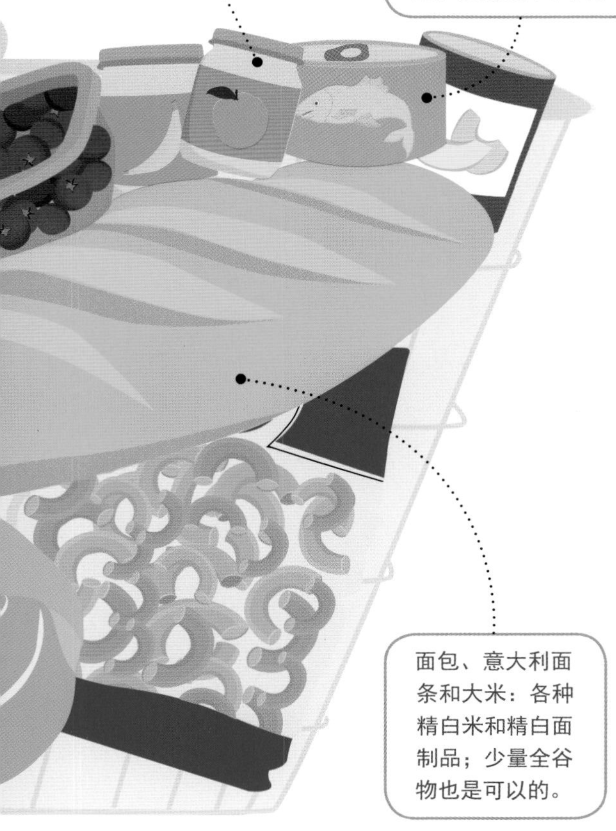

香辛调味料，各种香草，姜和蒜

工业化生产的婴幼儿食品：市场上有很多不错的婴儿食品出售，大部分产品涵盖多种食材，同时又能提供丰富的营养。

罐头食品：挑选浸泡在原汁里的水果；浸泡在清水里的蔬菜和豆类；浸泡在清水或油里的金枪鱼。罐头食品使用方便，而且在非应季的时候，水果罐头和蔬菜罐头可以让你的餐桌色彩斑斓且口味丰富。

面包、意大利面条和大米：各种精白米和精白面制品；少量全谷物也是可以的。

水果和蔬菜：各种各样颜色丰富的应季水果和蔬菜。

不要选购！

以下食物不应出现在婴儿的餐盘里：

- **果汁**富含维生素 C，但含有大量的糖，将导致龋齿，并且容易使婴儿养成偏爱甜食的嗜好。严格限制饮用量或者避免饮用，除非你的宝宝是素食者，你可以在吃饭时给宝宝喝一点无糖果汁。果汁必须以 10 倍水稀释，以帮助宝宝吸收铁。
- **果汁汽水和甜果汁饮料**同样也会使婴儿偏爱甜食，并且导致龋齿。销售对象为成人的碳酸饮料和含有人工甜味剂的减肥饮料应该绝对避免饮用。
- **含咖啡因的饮料**不适合婴儿和儿童饮用。茶和咖啡是一种促兴奋饮料，并且含有单宁酸，这种物质会妨碍人体对铁的吸收。
- 避免**含盐量高的食物和酱汁**，例如酱油，番茄酱，辣的咖喱酱，含有奶酪、火腿或者培根的酱汁，酸辣酱和泡菜，腌制的肉（培根、萨拉米香肠），薯片和其他咸味零食，腌制的橄榄，成人方便食品，以及浓缩固体汤料。
- **辣椒**不适合婴儿食用。
- 婴儿不需要**糖和糖果**。除了在烹饪酸味水果时，可以加一点糖来调味之外，应该避免给你的宝宝吃甜味的加工食品，例如果酱、某些早餐谷物、蛋糕、饼干、冰激凌和棒棒糖。偶尔吃点蛋奶布丁是可以的，但应该确保它们是用贝塔胡萝卜素着色的。如果你想使用布丁粉，应尽量购买含糖量最少的品种。
- **山羊奶和绵羊奶**容易引发过敏反应，而且在婴儿满 1 周岁之前，它们也不能提供足够的营养。
- **黄油**含有大量的饱和脂肪，所以你的宝宝应尽量少地食用。

走进厨房

使用合适的厨房器具，准备好食材，在家里自制果蔬泥其实很简单。你需要精心保持厨房卫生，并且恰当地储存食物，尽可能使食物保持新鲜。在你对新鲜食材切块和切片的时候，最好也考虑一下食物量：如果你做的食物量多于宝宝一顿的量，意味着你可以将剩余的果蔬泥冷冻起来，以便繁忙时手边随时都有应急的果蔬泥。

安全第一

与成年人相比，婴儿更容易被感染。因此，在给宝宝准备食物的时候，你应该遵循卫生操作指南，将传播病菌、导致宝宝感染的风险降到最低。

- 接触食物之前，用肥皂洗净双手。
- 在准备食材和烹调食物之前和之后，应该用干净的抹布擦拭所有表面，抹布必须在热的肥皂水里清洗过，以消灭微生物和细菌。使用一次性抹布，或者每天轮换使用干净的抹布。
- 如果家里有宠物，不要让宠物卧在厨房器具或者操作台面上，也不要靠近食物。用宠物专用器具准备宠物食物，食盆也应专用。
- 在处理水果、蔬菜之前应该清洗干净。
- 煮鸡蛋时，确保蛋黄和蛋白完全凝固；烹调肉类时应确保彻底煮熟，没有血水。

准备食材

在家给宝宝做健康的食物，准备工作需要花费相当长的时间：因为需要将新鲜食材去皮、切切剁剁。也许你已经准备好了所有需要用到的物品和器具，但检查你的刀具是否锋利，案板是否已磨损，仍然是值得的。如果愿意的话，你可以购买一台食物料理机，以帮助你加快准备食材的速度；市面上有很多款式可供选择，可根据你的需要选购。

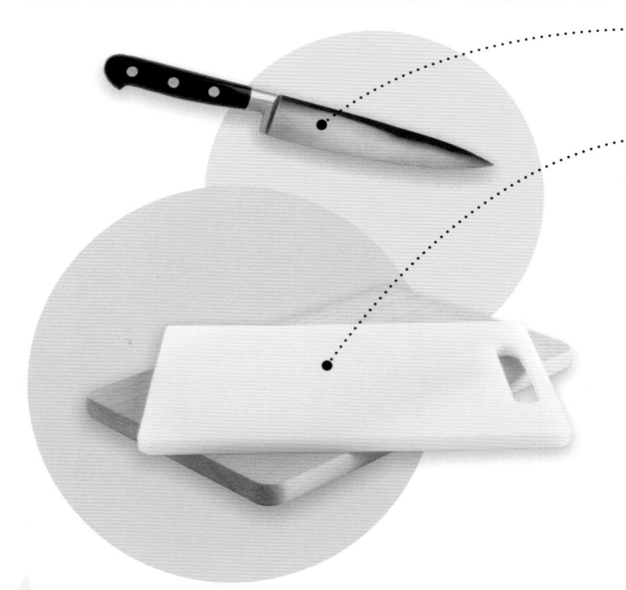

锋利的刀具

一把锋利的刀是家庭高效烹饪的必备工具。

案板

案板应该生熟分开。一块案板用于准备生食，例如肉和鱼；处理熟食或者生食的水果、蔬菜时则用另一块案板，以防止交叉污染。

食物搅拌器

食物搅拌器能够快速处理少量食物。选购具备多档速度的款式，以便于控制食物的粗细口感。

食物料理机

市面上有多种多样的食物料理机出售，其功能包括切片和做果蔬泥，价格也因功能不同而有高有低。如果你喜欢烹饪，可以考虑购买一台价格较贵的食物料理机，这些料理机通常具备研磨和切薄片的功能。

批量烹饪和冷冻

宝宝每顿吃的食物很少，因此，批量烹饪并把大部分食物冷冻起来可避免浪费，还能够节约烹饪时间。食材里的维生素会在切削和储存时损失一部分，因此，快速使食物降温并冷冻可将这种损失降到最低程度。

冷冻：将热的果蔬泥直接倒进冰格或者小盒子里，盖好盖子，直到完全冷却（不要放进冰箱冷藏室），然后直接放进冷冻室。在炎热的夏天，你可以把食物分装到密封盒里，再把盒子放到一碗冰水里，以加快食物冷却的速度。在盒子或者冰格上贴标签，记下食物种类和制作日期，然后以 -18℃的温度冷冻储存。

解冻：最安全的解冻方法是前一天晚上将冷冻的食物移至冰箱冷藏室里解冻。你也可以根据操作说明，把食物放在碗里用微波炉进行解冻。不要在室温下解冻，尤其当食物里有肉或者鱼的时候。

加热：解冻后的食物可以用微波炉（或者平底锅）加热，直至热透，然后盛出来，搅拌均匀，避免局部温度过高。在给宝宝吃之前，要将食物晾凉，你可以取一小块食物，放在你的手腕内侧以测试温度：食物应该不烫，但也不应该是冷的。如果食物温度仍然较高，再冷却几分钟。解冻的食物只能加热一次。

实用的储存工具

有盖塑料盒和冰格

把食物分装在有盖塑料盒里，存放在冰箱里非常方便，但它们与其他食物要分开放置。独立的冰格或者有盖分格食物盒是储存冷冻果蔬泥的最理想的容器，你只需拿出刚好够宝宝吃一顿的果蔬泥来解冻。

食物储存

参考以下建议，可以更好地在冰箱里储存易腐败变质的生鲜食物：

- 把冰箱冷藏室的温度设定为 4°C。
- 把那些最容易腐败的食物，例如肉和鱼等放在冰箱里最冷的位置。
- 肉和鱼等未加工的生食应该仔细包装好再冷冻，或者放在密封容器里，以免污染其他食物。
- 蔬菜和水果应该松松地放在保鲜袋里。
- 检查保质期短的食物的“截止食用日期”，例如乳制品、鱼、肉等；过期之后再食用是不安全的。如果食品标签上标明“拆开包装后 3 天内吃完”，超过期限再食用就不安全了。
- 宝宝吃剩的食物不应该再次储存。

在食物柜里储存不易腐败变质的食物应该：

- 保持橱柜阴凉干燥。
- 食物应倒序放置，新购入的食物放在后面，确保最早购入的食物最先被吃掉，而且储存时也要遵循食品标签上的说明。
- 注意查看意大利面条、谷物和婴儿米粉等食物包装袋上的“最佳食用日期”。如果超过期限，再食用这些食物并非意味着不安全，而是味道和品质有所下降。但是，鸡蛋则是例外，应该在超过“最佳食用日期”的几天之内食用。

怎样制作果蔬泥

制作果蔬泥其实相当简单，而且在给宝宝烹饪营养美食的过程中，你还能收获无与伦比的开心和满足。提前做好规划，在宝宝饥饿难耐、变得心烦意乱之前就准备好一顿美味的营养餐，将使你们在吃饭时更加舒心。你要确保所有食材都处在最佳营养状态，同时应该彻底煮熟食物，以免宝宝食物中毒。

1 食材变软即可

除了某些可以直接生吃的水果之外，在添加辅食的早期，绝大多数辅食需要经过烹调，以减少食物中毒的风险。食物中大约一半的维生素 C 和部分 B 族维生素在烹调的过程中会被破坏（假如煮食物的水被倒掉的话，损失更多），所以尽可能用蒸的方法，可以保留食物中的大部分维生素和矿物质。

在某些情况下，烹调能使食物里的某些营养素的含量增加。举个例子来说，番茄里含有一种天然化学物质——番茄红素，这种物质对人体健康有特殊的益处，在烹调的过程中更容易被释放出来。除此之外，烹调也会使食物中的膳食纤维更有利于人体吸收。

蒸

蔬菜（尤其是土豆）非常适合采用这种方法，因为蒸比煮的速度快，而且由于食物不需要接触水，维生素和矿物质损失较少。

烤

有些水果和蔬菜可以烤软。如果你家里已经有烤箱的话，这是一种非常经济的烹调方法。

炖

苹果和梨等水果需要用少许水将其炖煮变软。炖煮的汤汁可以在之后做果蔬泥时再加回去。

煮

意大利面条、大米及其他谷物需要用无盐的水煮熟，沥干水分后和其他的食材混合，再给宝宝吃。

猪肉、牛肉、羊肉和禽肉等肉类需要更长的时间才能变软，最佳的烹调方法是把它们和蔬菜一起用清水炖煮，或者用无盐高汤炖煮。

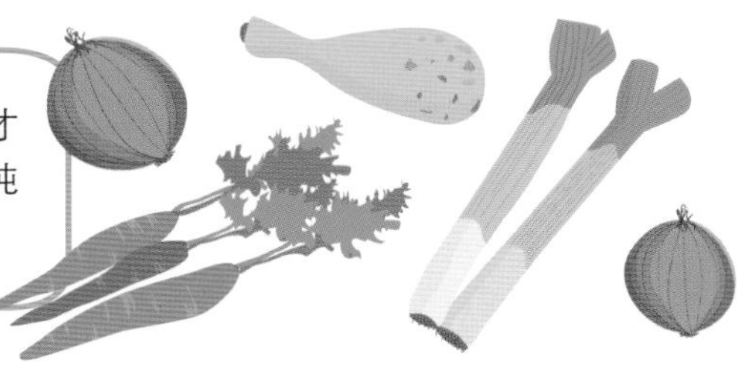

2 把食材倒入制作果蔬泥的器具里

给宝宝添加果蔬泥的头几个星期里，在宝宝吃之前，你要确保果蔬泥的稠度刚刚好（见下文）。为了做出口感好的果蔬泥，你可以把做熟的食物倒在筛网上，用叉子用力按压，让食物通过筛网的网眼，如果你乐意在厨房器具上投资的话，购买某些厨房器具也可以达到目的。

厨房器具

有些器具具有多种功能，而有些器具只有一两种功能。不过，你很容易被五花八门的器具弄得眼花缭乱，所以应该在购买之前考虑好自己的需要。你需要能做出不同口感的器具吗？当宝宝度过吃辅食阶段之后，你还会继续使用吗？它是否容易清洗，是否可以用洗碗机清洗？它是否占用很大空间？

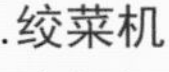

绞菜机

绞菜机是把食物压入一个旋转的格栅盘，可以将食物绞得均匀细腻。在英国，这种器具常常被人们用来制作土豆泥，这是由于用搅拌机或者食物料理机做土豆泥时刀片经常被粘住。但人们很少用它来处理其他食物。

捣碎器或压泥器

捣碎器能有效地把食物捣成较粗的泥状，而压泥器则是通过外力挤压，使食物通过底盘的小孔。底盘孔径有不同尺寸，可根据需要更换。压泥器非常适合处理土豆等根茎类蔬菜，其他用途有限。

手持电动料理棒

它非常适合做果蔬泥，还能用来做汤，打碎调味汁或者蘸酱里的大块食材。有些料理棒还附带多种附件和实用的刀片。选择具备多档速度的款式，可以做出不同质地的食物。

食物料理机、迷你切菜器和搅拌机

食物料理机可以用来绞碎、切片和制作果蔬泥；更加小巧轻便的迷你切菜器也具备这些功能。选择具备多档速度的款式，可以帮助你控制果蔬泥的质地。搅拌机的功能通常少一些，但也足够用来做果蔬泥了。

3 充分搅拌直至顺滑

一开始的时候，宝宝的果蔬泥应该像非凝固型酸奶那样稀薄。假如果蔬泥过于黏稠，你可以加点宝宝平时吃的奶或者冷开水来调整质地。如果果蔬泥太稀薄了，可以多加一点蔬菜、水果，或者加一勺婴儿米粉增稠。

在添加辅食的过程中，肉的引入相对晚一点，通常在宝宝开始吃口感稍粗的食物时才引入。这样做对宝宝是有好处的，因为肉类纤维往往不容易处理得很细腻。

开饭啦！

食物已经做好，也冷却到了适宜的温度，现在可以给宝宝“上菜”了。有一些实用的工具能使宝宝吃得更加顺利，让你和你的宝宝都能专注于吃饭这件事，因此值得你购买或者借用。

给宝宝上菜

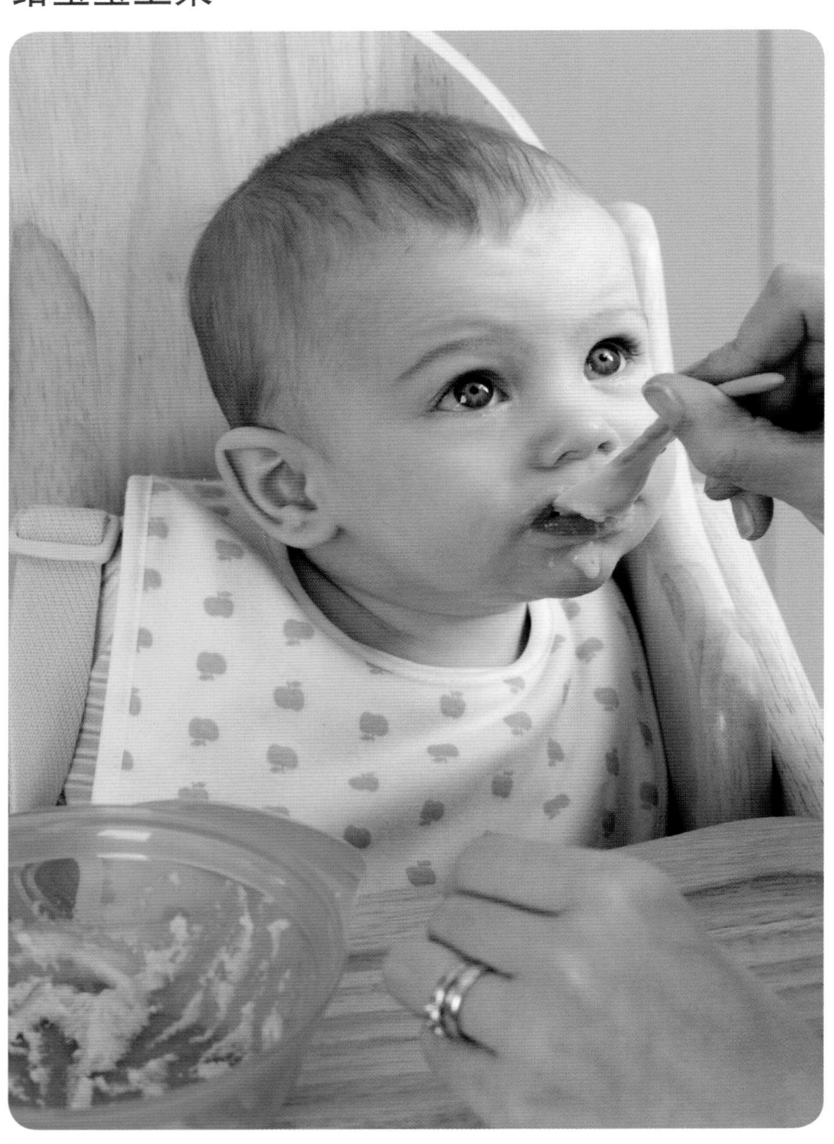

安全的婴儿餐椅或者高脚椅

配有安全带且能提供支撑的高脚椅能确保宝宝的安全。当你选购高脚椅的时候，应该考虑家里的可用空间；椅子是否方便清洗和携带；如果要去亲戚或者朋友家拜访，它能否折叠起来。另外，它的餐盘是否可以拆卸下来，以便你让宝宝和你在同一张餐桌上吃饭？

围嘴

戴围嘴可以避免没完没了换衣服的烦恼。对于小婴儿来说，柔软的织物围嘴更舒服；吃饭衣则更适合那些吃手指食物的婴儿；硅胶围嘴的底部有一个承接食物的饭兜，用于接住掉落下来的食物。

勺子

你需要多准备几把柔软、有弹性的长柄塑料辅食勺，因为宝宝更乐于你用这些勺子喂他食物。他可不喜欢那些硬邦邦、冷冰冰的金属勺。

有盖的杯子

大约从宝宝 6 个月大的时候开始，你可以引入有盖的杯子。让宝宝用这样的杯子喝水或者吃配方奶，有助于锻炼他的手眼协调能力和吞咽食物的能力。

保持卫生

- 婴儿未满 6 个月的时候，辅食勺和奶瓶应该进行消毒。
- 满 6 个月后，可以用洗碗机或者热水清洗宝宝用过的碗和勺子等餐具，然后用干净的茶巾或者抹布把餐具擦干。
- 每餐过后，彻底清洁宝宝的高脚椅，把所有遗留在椅子上的食物擦掉。
- 在宝宝吃饭之前，务必给他洗手。

吃得一团糟

随着宝宝逐渐成长，他将自然而然地开始用手探索食物，吃饭时势必会制造出一片混乱。可以肯定的是，当他这么做的时候，你特别想把他擦干净，但允许宝宝与食物进行亲密接触是学习自己吃饭的重要部分。宝宝触摸食物、挤压食物，并把食物涂得到处都是的过程，其实是他在研究食物的质地、大小、温度和形状。当宝宝抓握食物的动作逐渐精巧，并试图用手把食物送到嘴里的时候，实际上也是运动协调能力逐步发育的过程，这一探索过程最终将使他学会用勺子自己吃饭。

每一次新的尝试对宝宝来说都是激动人心的体验，允许宝宝自主探索食物，这样做意味着他更容易接受新的食物，同时也能够避免他日后挑食。你可以在宝宝的高脚椅下铺一块防污垫或者几张旧报纸，能够将混乱程度降到最低。

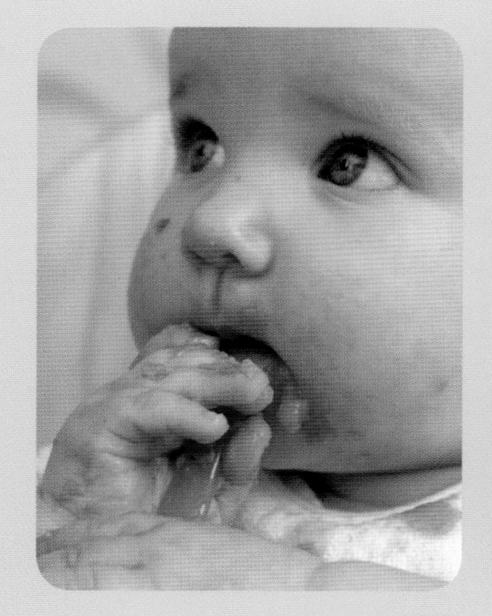

会导致过敏的食物

究竟应该在什么时候，以及如何将那些具有较高过敏风险的食物引入婴儿的饮食，父母对此总是焦虑不安，而各种互相矛盾的建议无异于火上浇油，加重了父母焦虑的情绪。有时，不少前沿的科学研究甚至与官方指南南辕北辙。越来越多的婴儿对食物产生不良反应，如果你的宝宝也有这种反应，你必须当心。不过，令人欣慰的是，目前只有极少数的食物会导致过敏或者引发致命的反应，而且很多儿童在 5 岁之前就可以摆脱大部分常见过敏的困扰，比如牛奶和鸡蛋。

食物过敏还是食物不耐受？

食物过敏和食物不耐受都是指由于一种食物引发人体产生不良反应，从而导致对这种食物的“超敏性”。当人体发生过敏反应时，人体的免疫系统对某种食物产生非正常的反应，触发身体释放针对该食物中所含蛋白质的抗体，通常会立刻出现症状。而食物不耐受与免疫系统无关，由于产生症状的过程比较缓慢，而且有可能与其他儿童疾病相关，因此比较难以判断。

我的宝宝能吃含有面筋蛋白的食物吗？

小麦、黑麦、大麦和燕麦中含有面筋蛋白。由于遗传易感性，有些人无法消化吸收面筋蛋白，导致罹患乳糜泻，人体的免疫系统会把面筋蛋白当作潜在的威胁进行攻击，引起消化道疼痛和炎症。关于什么时候可以引入面筋蛋白，目前的建议也是相互矛盾的。例如，英国政府建议未满 6 个月的婴儿应该避免接触含面筋蛋白的食物。但是欧洲食品安全局列举的证据显示，在婴儿 6 个月以前（但不能早于 17 周）添加含面筋蛋白的食物，同时进行母乳喂养，可以降低婴儿罹患乳糜泻、Ⅰ型糖尿病、小麦过敏的概率。因此，最好的建议也许就是，当你引入小麦、黑麦、大麦和燕麦等食物时，继续坚持母乳喂养，在你的宝宝满 17 周之前，切勿给他吃这些食物。

识别不良反应

食物过敏的时候，婴儿可能出现下列一种或几种症状：

- 嘴巴、鼻子和眼睛周围有皮疹
- 嘴唇、眼睛或者脸肿胀
- 嘴巴和喉咙发痒；喉咙红肿
- 流鼻涕或者鼻塞、流眼泪
- 恶心、腹泻

食物不耐受的症状包括：

- 腹泻或者便秘，大便里有血或者黏液
- 胀气
- 湿疹
- 反流

应该如何处理？

如果你怀疑你的宝宝对某种食物产生不良反应，应该听取专业人士的建议，而不是直接将这种食物从宝宝的饮食中永久剔除。这一点非常重要，宝宝可能因此缺乏某种重要的营养素。记录下宝宝吃的食物和吃后的反应，在你与医生沟通之前，暂时不要给宝宝吃这种食物。

与此同时，你还应该避免给宝宝吃那些与有可能引发不良反应的食物相类似的食物。因此，如果你认为宝宝对作为食材使用的牛奶过敏，在得到医生建议之前，也应该避免给宝宝吃其他乳制品。根据不良反应的严重程度，医生会安排宝宝在变态反应科做进一步的检查。

常见的过敏“元凶”

以下是最常见的可引起过敏反应的食物：

降低过敏风险

应该推迟给婴儿吃易引发过敏的食物，还是在添加辅食初期就引入？究竟哪一种说法是正确的，相关的证据是相互冲突的。目前的建议是当婴儿满 6 个月时，再引入那些有潜在致敏风险的食物。只有当你的宝宝已经被确诊为食物过敏或者医生建议时，你才需要每次只引入一种食物。

有些家庭由于遗传因素，更易于发生食物过敏。如果婴儿的亲密家庭成员中有人患有严重的湿疹、哮喘、花粉症或者食物过敏，那么，相对于家庭成员中没有这种情况的婴儿，他发生食物过敏的风险要高得多。如果婴儿患有严重的湿疹，尤其是在他未满 3 个月就开始患病的情况下，那么他对牛奶过敏的风险则比较高。假如你的宝宝过敏风险较高，你应该与医生沟通，了解如何引入易引发过敏的食物。在添加辅食的时候继续进行母乳喂养，可以为婴儿提供一些保护，预防食物过敏的发生。因此，如果你的宝宝有家族过敏史，在给他添加辅食的时候，最好继续母乳喂养，从而降低他发生过敏的风险。

与过敏和平共处

如果宝宝被确诊为食物过敏，应该避免给他吃相关食物，以及可能含有这种食物的加工食品。食物成分会被标示在食品标签上；变态反应科的医生也可以给你提供建议，应该当心哪些食物。关于如何确保宝宝不会缺乏重要的营养，儿科营养师可以给你提供指导。当你带宝宝去朋友家做客时，提前告知主人宝宝不能吃哪些食物，同时带上自己在家准备好的食物，以防朋友忘了宝宝食物过敏。

需要立即就医的严重过敏反应包括：

- 喘息、咳嗽以及类似哮喘发作的呼吸困难
- 皮肤瘙痒或者起红疹
- 舌头或者咽喉肿胀；声音嘶哑
- 血压下降
- 意识模糊、头晕、昏倒或者失去意识

如果你怀疑宝宝发生过敏反应，立即呼叫救护车。

给早产儿添加辅食

如果你的宝宝是早产儿（未满 37 周出生），他便失去了本应在晚期妊娠阶段在子宫内储存必需营养的机会。在出生后的头几个星期或者几个月内，医生会建议你给宝宝喂营养强化的配方奶，而如果采取母乳喂养，则需要给宝宝服用维生素补充剂，从而为宝宝提供维生素和矿物质，其中包括铁，以确保他能健康地成长发育。在你开始给宝宝添加辅食的时候，你当然也希望确保宝宝的营养需求能够得到满足。

什么时候添加辅食？

应该用实际出生日期来估算何时开始给你的早产宝宝引入固体食物，而不是用医生告诉你的预产期。假如你的宝宝是小早产儿或者出生时体重非常轻，那么在宝宝出生的头几个星期或者几个月内负责照顾他的医疗团队将告诉你何时开始给宝宝添加辅食。

如果你的宝宝只早产了几个星期，而且没有任何其他健康问题，医生会建议你以实际出生日期为准，5~8 个月开始添加辅食，同时也不要早于从预产期开始计算的 3 个月。与所有婴儿一样，你的宝宝必须表现出已经准备好吃固体食物的迹象（见 11 页）。如果你想获得更多的建议，可向医生或者其他专业人士咨询。

有些早产儿会罹患反流之类的疾病。如果你的宝宝也是这样，你应该向儿科医生、营养师或者言语和语言治疗师寻求专业帮助，避免造成营养不良和喂养不当等问题。

我的宝宝吃辅食的时间是否更长？

与那些接近预产期出生的婴儿相比，有的早产儿确实需要多花一些时间学习吃饭。如果你的早产宝宝同时伴有复杂的健康问题，例如腭裂，你需要寻求专业营养师和言语治疗师的帮助，当你开始添加辅食的时候，这将影响宝宝辅食喂养时间的长短。不过，本书的菜单计划仍然适用于你的宝宝，只是需要你依据宝宝的发育程度来进行调整。比如，如果你的宝宝喜欢吃东西，但是自己动手能力比较差，你应该将煮熟的蔬菜捣成泥或者把可做手指食物的蔬菜切碎，并且延长用勺子喂食的时间。你的宝宝迟早会赶上来的，因此尽量不要过于担心。

我的宝宝需要更多热量吗？

不论是否早产，每个婴儿的营养需求都是独一无二的。健康专家通过称体重和测量各种数值来评估你的宝宝：如果宝宝如预期的一样持续稳定增长体重，他们将高兴地告诉你，宝宝获得了充足的热量。一旦你开始给宝宝添加辅食，针对他的建议与所有婴儿都是一样的，而且你要确保纯蔬菜泥或者纯水果泥不要吃得太久，因为这两种食物提供的能量太少。如果宝宝出现任何发育方面的问题，意味着你应该慢一点引入新口感，你可以在宝宝平时吃的奶里加入水果泥和蔬菜泥，或者加一点婴儿米粉来为他补充热量。假如你的宝宝在出生后一直服用维生素和矿物质补充剂，医生将告诉你是否继续服用。

我的宝宝需要更大份的食物吗？

不要试图通过鼓励宝宝多吃的方式使他赶上发育的速度，这一点非常重要。除非健康专家建议你这么做。否则，你的宝宝应该与其他婴儿一样，采用同样的添加辅食方法，吃同样分量的食物。

我的宝宝是否更容易发生食物过敏？

早产儿出生时，消化系统尚未完全发育，因此，父母自然很想了解，相对于足月婴儿，早产是否意味着自己的宝宝发生食物过敏的风险较高。令人欣慰的是，若干研究结果表明，只要你遵循添加辅食的指南和健康专家的建议，这种情况就不会发生。

每日计划

让我们开始吧！在这一章里，你将看到关于婴儿添加辅食的3个阶段的基本介绍，有针对每个年龄段的食谱，还有每天的菜单计划。一开始的菜单并不复杂，只有一种口味，但随着时间的推移，宝宝的饮食会变得越来越丰富。

怎样使用每日菜单计划？

在本章里，每日菜单计划将涵盖添加辅食的3个阶段：第一阶段指从出生到7个月，第二阶段为7~9个月，第三阶段为9~12个月。菜单计划的设计目的是指导父母度过添加辅食的不同阶段，逐步改善食物的口感，并持续稳定地引入新口味，以便婴儿能够逐渐熟悉各种食物，并提高咀嚼的能力。菜单计划的目标是当婴儿满1周岁的时候，他吃的食物涵盖全部4个大类，并且能够跟家人一起分享家常菜。

让菜单计划适合你

添加辅食的第一阶段可以根据你开始给宝宝添加辅食的时间进行调整。本书制定了一个长达8周的菜单计划，如果你打算从宝宝5个月的时候开始添加辅食，可以严格执行菜单计划。如果你在宝宝快6个月的时候开始添加辅食，41页上的建议将告诉你如何加快速度。假如你认为你的宝宝虽然还未满5个月，但已经准备好吃固体食物了，先咨询相关专家或者医生再采取行动；绝对不能在你的宝宝满17周之前给他添加辅食（见10~11页）。

每一个星期，菜单计划都会针对不同添加辅食阶段给出每日菜单推荐。在第一阶段开始的时候，每天只有一种口味，而到第一阶段结束的时候，你的宝宝每天可以吃两顿了。当宝宝进入第二阶段的时候，他可以规律地享用一日三餐。每一种口味和每一餐都可以与食谱相互参阅。如果你愿意的话，完全可以精确参考菜单计划里的每日推荐菜单，这样可以确保宝宝在一周内摄取均衡的营养。大部分食谱的菜量足够分几顿吃，因此，你不妨将多余的食物冷冻起来，当下一周的菜单里又出现这个辅食的时候，你就可以拿出来用了。从第二阶段开始，如果你不太想做菜单计划里的辅食，或者你的宝宝对菜单计划里的某种食物过敏或者不耐受的话，你可以采纳每周的备选方案。当然，如果你乐于把菜单计划视为参考工具也是没问题的，用它来激发你的想象力，同时把它作为达成均衡膳食的指南。

从第二阶段开始，菜单计划里会列出一顿主餐和一顿小餐，还有关于早餐的建议。主餐通常作为晚餐，但也不必死板地遵守。假如有一天，你在午餐时间比较方便，那你可以直接把主餐换到中午吃。同样地，很多早餐也可以成为一顿不错的午餐，午餐时吃布丁也没问题。

如果你打算根据自己的实际情况对菜单计划进行调整，本书也给出了一些建议。在本书80~81页上有关于外出时如何应用菜单计划的建议，92~95页给出了其他关于如何调整菜单计划的建议。

第一阶段的菜单计划是依据果蔬泥法设计的。如果你计划采用婴儿主导法，本书给满6个月的婴儿推荐了各种各样的手指食物，涵盖了4大类食物。当你给宝宝制作营养餐的时候，这些建议可以为你提供很多思路。如果你愿意，你也可以给宝宝吃一些完整的食物，而不必把它们捣烂。

如果宝宝是纯素食喂养，你会发现本书的菜单计划里有大量的素食食谱，你可以拿来作为宝宝多样化饮食的基础。本书76页列出了素食膳食中蛋白质的主要来源，务必确保宝宝每日的饮食中包括足量的蛋白质。

为双胞胎添加辅食

如果你有一对双胞胎，你会发现一个宝宝已经做好了添加辅食的准备，而另一个还不行，或者他们的步调不一致，有可能一个宝宝更容易接受新风味，而另一个则更快接受小块食物。把每个宝宝都当作一个独立的个体对待，让他们按照自己的节奏接受辅食，这一点非常重要。你可以调整食物，以适合他们各自的需要。如果一个宝宝还没有在口感上接受这个阶段的辅食，你可以用食物料理机处理他的食物，剩下的那份则可以手工切碎，给另一个宝宝吃。

批量烹饪既可以给每个宝宝提供不同的味道和口感，也可以避免每餐都准备两份食物的麻烦。添加辅食的目标是让婴儿在满12个月的时候能与家人一起吃饭，随着宝宝们逐渐长大，进度最终会扯平的。

考虑过敏因素

随着幼儿过敏性疾病的增多，目前的喂养指南建议家长在婴儿满6个月之后再引入某些食物（见41页）。第一阶段的菜单计划和食谱已经将这个因素考虑进去了，回避了那些有可能导致未满6个月的婴儿过敏的食物。如果你在宝宝未满5个月就开始添加辅食，确保在宝宝满6个月前不接触本书41页上列举的食物，如果有必要，满6个月之后的头几周也应避免。

从第二阶段开始，食谱中将出现花生。但在菜单计划中，花生通常只出现在备选方案里，因此，如果你不想引入，操作起来很容易。例如，作为菜单计划中的一道主菜，香滑素肉末（见126页）的备选方案里才有花生，所以你仍然可以轻松避免。如果你的家族有过敏史或者不确定能否给宝宝吃某种食物，建议向医生咨询，寻求最好的办法。

应对窒息

当宝宝开始吃固体食物的时候，父母担心发生窒息是很正常的。在婴儿学着协调肌肉，以便在保持呼吸的同时咀嚼食物的过程中，噎住和窒息是非常危险的。当婴儿开始吃固体食物的时候，有时候会把食物吐出来，这种现象很常见。当有窒息风险时，这是一种自然反射行为。你的宝宝正在学习控制嘴里的食物，并学着协调咀嚼和吞咽食物的动作，因此有时显得很笨拙，这是正常的。如果你的宝宝被食物噎住了，尽量不要惊慌失措，因为通常情况下他能够把食物移到口腔的前端。同时，这也能让宝宝意识到咀嚼的重要性，无疑是珍贵的一堂课。当气道被完全堵塞的时候就会出现窒息，宝宝将无法进行呼吸。本书220页的“窒息的处理措施”将告诉你，当宝宝发生窒息的时候应该如何应对，但阅读并不能替代急救知识培训课程或者观摩现场演示。你家附近的亲子小组可能会组织此类活动，另外，你也可以上网，例如红十字会官网，查询相关急救组织的信息。

你可以采取一些小措施来降低窒息的风险，比如在宝宝熟练咀嚼食物之前，剔掉肉皮或者鱼皮，并给水果去皮；把葡萄和樱桃番茄这样的食物切成两半，因为整个吞咽的话有可能阻塞气道；在宝宝逐渐适应咀嚼之前，先提供稍加烹饪的食物，然后再提供生食。当宝宝吃东西的时候，务必时刻陪伴在他身边，以便及时发现危险——当婴儿发生窒息的时候，他是无法哭出来或者咳嗽的，所以，你不能等着这种现象出现才提高警惕。

第一阶段概览

添加辅食的第一阶段通常从婴儿5~6个月大的时候开始，持续到约7个月大的时候。在这个阶段，你要让你的宝宝知道食物并不都是液体的。如果你采用果蔬泥法，食物是用勺子喂给宝宝的，宝宝会学着把食物从嘴巴的前端移到后端，然后吞咽下去。

第一阶段进程

最开始的食物主要是为了让宝宝体验新的味道和口感，因为他此时依然通过奶来获得所需营养。

菜单计划和简单的食谱将指导你度过添加辅食的最初几周，告诉你哪些食物是适合婴儿的入门食物，并确保你的宝宝能够吃到营养丰富的多种食物。这个阶段的菜单计划可覆盖8周时间。如果你希望早一点或者晚一点开始添加辅食，可以相应地延长或者缩短菜单计划。

宝宝现在吃什么？

在宝宝出生后的头几个月里，奶是饮食中最重要的部分，能够提供他所需的所有营养和热量。当你开始给宝宝添加固体食物的时候，应该继续让他吃母乳或者配方奶。

- 大约6个月的时候，奶依然扮演着非常重要的角色，但无法继续提供宝宝所需的铁和锌，所以宝宝需要吃固体食物了。
- 对宝宝来说，单一味道的简单食物是最好的入门食物，通常包括蔬菜、水果和谷物，比如大米和小米。每次只提供一种食物，有助于宝宝分辨每种食物的味道。对于某些略带苦味的蔬菜，这样做尤为重要，它们是健康且营养均衡的膳食的必要组成部分。你的宝宝需要知道西蓝花和菠菜的味道，所以，不要试图在宝宝最初品尝的绿色蔬菜里添加甜味水果或欧洲防风。
- 在给宝宝品尝过一些单一味道的食物后，可以把各种食物混合起来。
- 肉类（包括禽肉）、鱼类和豆类能提供矿物质，比如铁和锌，可以从6个月左右开始引入。

新鲜体验

研究显示，为了使婴儿接受一种新食物，可能需要多达10次的尝试，而且相关调查显示，在婴儿满7个月之前引入新食物或者较难接受的口味，相对来说容易一些。一旦你的宝宝适应了最初的那些口味，那么接下来便可以引入肉类（包括禽肉）、鱼类和豆类。5~7个月是一个关键时期。针对不太好吃的味道，例如绿色蔬菜，相对于7个月之后才接触的婴儿，5~7个月大的婴儿接受起来更快。

研究还显示，如果婴儿在满9个月之前一直吃果蔬泥，那么他接受块状食物则比较困难。所以，一旦宝宝能熟练地用勺子吃饭，你应该快速以较黏稠的果蔬泥替代最初那些稀薄的果蔬泥，然后便引入捣烂的食物。如果你采取婴儿主导法（见21页），无论是作为与果蔬泥混合喂养的一部分，还是单独提供，手指食物都是非常重要的，它们能帮助你的宝宝学习咀嚼和应对小块食物。

第一阶段——速览

口感	在添加辅食的第一阶段，婴儿食物的口感应该从稀薄的果蔬泥开始，之后过渡到黏稠的果蔬泥，然后引入捣烂的食物。
引入	到第一阶段结束，也就是宝宝大约7个月大的时候，应该已经吃过：水果、蔬菜、谷物（包括小麦）、第一种肉类、鱼类、豆类、乳制品和熟鸡蛋。
避免	不要给宝宝吃加工肉制品，包括香肠、火腿、蜂蜜、动物肝脏和整颗坚果 （见19页）。

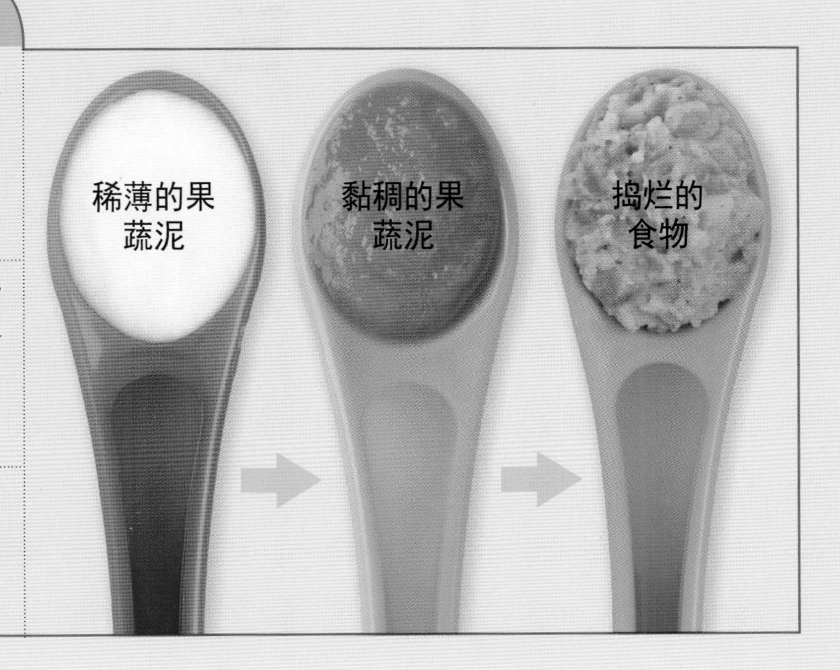

早添加辅食还是晚添加辅食？

如果你在宝宝未满6个月的时候开始给他吃固体食物，那么在添加辅食的第一阶段，你的节奏可以放缓一些，因为奶仍能满足他的营养需要。我们的菜单计划覆盖了8周时间。假如你在宝宝5个月大的时候开始引入固体食物，你可以根据需要，严格执行菜单计划。如果你想尝试多样化饮食，则可以选择其他食材，并将它们与食谱中的食材结合起来使用。

如果你在宝宝未满6个月时开始添加辅食，通常的建议是不要给宝宝吃鸡蛋、动物肝脏、坚果和籽类、鱼类和贝壳类、乳制品、含有面筋蛋白的食物（例如小麦）以及柑橘类水果。为了确保宝宝在满6个月之前不会接触到这些食物，本书的菜单计划在设计时排除了这些食物。

如果你直到宝宝到了专家推荐的6个月才开始添加辅食，宝宝这时所需要的营养和热量都提高了，那么你应该加快第一阶段的进程，这一点非常重要，因为水果泥和蔬菜泥除了热量不高之外，还缺乏铁和锌。到宝宝6个月大的时候，他只吃蔬菜泥和水果泥的时间不应超过一两周，然后必须快速过渡到肉类、鱼类和豆类。这意味着，某些单一味道的食物不应该频繁地重复提供，特别是宝宝不管怎样都会喜欢的水果。本书的食谱里有很多常见食材，例如西蓝花，最初它会单独出现，然后会与米粉一起用，之后与米粉、鸡肉一起用。因此，如果直到宝宝满6个月，你才开始给他添加辅食，你可以用相对较快的速度从简单的食物过渡到复杂的食物组合。

宝宝的第一顿饭

宝宝的第一顿饭是大事，要考虑吃什么以及什么时候吃，而且，你也担心宝宝会不喜欢。当宝宝吃第一口食物的时候，他既有可能把食物吃掉，也有可能吃进去后又吐出来。他无时无刻不在关注着你的反应，无论你是紧张还是兴奋，你的情绪都会影响宝宝。因此，尽可能表现得放松和积极，这非常重要。假如你完全准备好了，就更容易做到这一点。

第一口

宝宝的饭已经做好，并冷却到合适的温度，你也很满意它的黏稠度——这时的果蔬泥的口感应该是稀薄的——现在可以上菜啦。遵循下面的方法，可以使喂饭的过程更加顺利。

- 确保宝宝舒适、安全地坐在高脚椅里。假如你在宝宝未满6个月便开始添加辅食，他可能不大容易在高脚椅里坐直。你可以把宝宝放在你的腿上并稳稳地抱着。如果你家有婴儿摇椅，也可以让宝宝坐在摇椅里并系好安全带。
- 给宝宝戴上围嘴，添加辅食的初始阶段会一团糟，戴上围嘴可以避免没完没了地换衣服。
- 用柔软的勺子，如果宝宝还未满6个月，使用之前需将辅食勺消毒。
- 确保食物的温度合适，你可以取一点食物放在你手腕的内侧，食物既不能烫嘴，也不能太凉。

1 将辅食勺送到宝宝嘴边，让他张开嘴。

2 慢慢地将勺子伸进宝宝的嘴里，以便他品尝味道，然后让宝宝闭上嘴巴包住勺子。

3 有些食物可能会流出来！用勺子刮掉，重新喂给宝宝。

如果宝宝喜欢吃，可以再给他一勺。如果宝宝拒绝，不要强迫他吃，等下一顿再尝试。

> 宝宝的表现可能跟你的预期不一样。皱鼻子并不一定表示他不喜欢吃这种食物。再尝试一次，假如宝宝张开嘴巴，你会发现他还是愿意吃的。如果他拒绝，换个时间再尝试。

完美时机

可能你对宝宝究竟什么时候吃第一顿饭才是最佳时机感到很焦虑，请记住，当宝宝不是太疲倦或者太饥饿的时候，他的反应是最好的。宝宝已经习惯了在饥饿的时候通过吃奶来快速填饱肚子，因此，如果宝宝非常饿的话，他适应不了用勺子吃饭的新体验，也对付不了手指食物。选择一个宝宝比较精神，而且刚吃了点奶的时间。同时，这个时机也应该适合你，因为你必须心平气和、不慌不忙，无论是早餐还是午餐，抑或是安排在下午，都是可以的。避免选择一天中太晚的时候，因为你和宝宝可能都已经疲倦了。而且，如果你不走运，宝宝对某种食物产生不良反应，而他吃完后不久就上床睡觉了，你也许会错过发现症状的机会。

第一份果蔬泥

宝宝的第一份果蔬泥需要引入不同的蔬菜、谷物和水果。

第一份早餐谷物

米粉通常是入门食物，婴儿米粉是经过营养强化的，添加了维生素和矿物质。你也可以试试给宝宝吃粟米片。

6个月的婴儿可以吃含有谷物的谷类加工食物，比如小麦和大麦，但应避免那些加了很多糖和（或）盐的产品。

第一份蔬菜

绿色蔬菜和十字花科蔬菜在饮食中占据着非常重要的地位，因为它们含有铁以及其他各种营养成分。例如：

西蓝花 · 菠菜 · 花椰菜 · 羽衣甘蓝

根茎类蔬菜吃起来通常是甜的，橙色的根茎类蔬菜能够提供维生素A。土豆、甘薯和山药是优质的能量来源，而且当你需要给果蔬泥增稠时，它们很有用。例如：

胡萝卜 · 欧洲防风 · 奶油南瓜 · 芜菁甘蓝 · 芜菁 · 南瓜 · 甘薯 · 山药 · 土豆

其他能够提供多种营养成分并且为广大婴儿所喜爱的食物包括：

豌豆 · 甜玉米

第一份水果

颜色各异的水果能够提供多种维生素和植物性营养素，植物性营养素是一种能够帮助人体抵御疾病的自然物质。例如：

苹果 · 梨 · 香蕉 · 杏 · 鳄梨 · 杧果 · 桃 · 蓝莓

吃多少才合适？

现在，你的宝宝开始吃固体食物了，你可能很关注宝宝到底需要吃多少食物。事实上，宝宝天生具备一种“机制”，能够帮助他知道自己该在什么时候停止进食，你只需要读懂他发出的信号，就能知道他是否吃饱了。通常来说，在开始吃辅食的最初几天，宝宝也许每顿只能吃几口，也就相当于一两茶匙的量。随着宝宝学会吞咽食物并开始喜欢各种味道，他的食量会逐渐增大（见45页）。在进入添加辅食第二阶段的时候，宝宝每顿能吃两汤匙的量，或者吃得更多（见77页）。

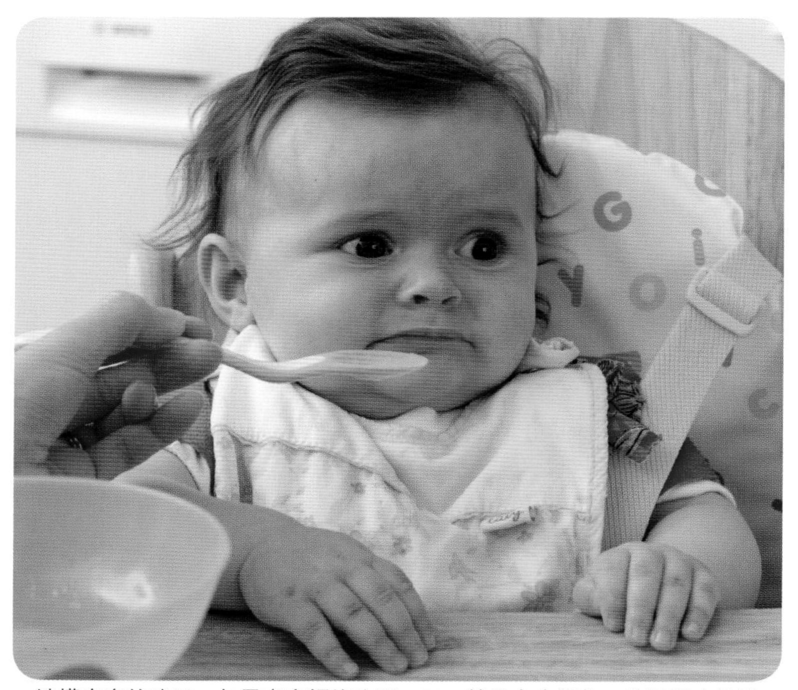
读懂宝宝的暗示。如果宝宝拒绝吃下一口，就是在告诉你：他已经吃饱了。

读懂信号

在给宝宝喂饭的过程中，你应该留意观察以下几个信号，以帮助你识别宝宝是否已经吃饱了：

- 他把头转向另一边，从而躲开下一口食物。
- 在吃了几口食物之后，他拒绝张嘴。
- 他将食物吐出来。在添加辅食的早期阶段，假如挺舌反射还没有消失，他肯定会这样做的，因为挺舌反射促使婴儿将食物推向嘴巴前端。如果出现这种情况，说明你的宝宝还没有做好添加辅食的准备。你需要等待一两个星期，然后再次尝试。到那时，宝宝便能够把食物从嘴巴的前端移到后端了。

让宝宝的反应引领你

研究人员一直在寻找防止幼儿超重的方法。研究发现，鼓励儿童吃得比他实际能吃的多或者强迫他吃光盘子里的食物，对儿童培养自我控制食量的能力将产生负面影响。而另一些研究却显示，如果过度担心喂养过量，严格限制宝宝的进食量对成长发育也是不利的。

对父母来说，找到完美的平衡点可能相当棘手。尽量听从宝宝的指引，观察宝宝发出的“已经吃饱”的暗示（见本页）。假如宝宝看上去不想吃了，就不要强迫他。

宝宝吃的奶

在添加辅食第一阶段即将结束的时候，宝宝每天会吃两顿，其中包括早餐。不过，这些食物也只是几勺果蔬泥或者早餐谷物而已，因此，他依然需要维持日常的奶量，即每天大约4~5次母乳哺喂或者600毫升配方奶。

随着添加辅食过程的延续，宝宝的奶量将逐渐减少。如果你继续母乳喂养，宝宝通常会自然而然地减少奶量，你的乳房将适应这种变化，相应地减少泌乳量。

假如你希望终止母乳喂养而改喂配方奶，你需要更加小心谨慎地制订计划。通常的建议是如果可以的话，尽量慢慢来。这样做对宝宝来说，能让他更安心；宝宝已经习惯了吮吸乳房带来的舒适感，如果这种舒适感被剥夺得太快，他有可能变得沮丧和难过。从母乳喂养慢慢过渡到人工喂养，也能降低你的乳房因肿胀而导致不适的风险。花上几周时间过渡是最理想的，每周用一顿人工喂养替代日间的一顿母乳哺喂。

婴儿从不掩饰他们对食物的热情。跟随宝宝的步伐，如果他有点小心谨慎，那就慢慢来。

食物分量（每份）

下表列出的食量适合已经接受最初几种固体食物的婴儿。
婴儿的食量千差万别，随着他们逐渐长大，他们每顿吃得越来越多。

食物种类	典型时间段	7个月以下婴儿的平均食量
入门蔬菜和水果（每次尝一种）	随意	每顿5茶匙
婴儿早餐谷物或土豆，混合日常吃的奶	早餐	1~5茶匙早餐谷物或土豆与4~10茶匙奶混合
肉类、鱼类、鸡蛋或豆类混合蔬菜	午餐或晚餐	每顿5茶匙
奶——母乳或配方奶	全天	至少600毫升配方奶或4~5次母乳哺喂
乳制品或乳制品混合水果	甜点或早餐	每顿5茶匙
高脂肪和高糖的食物	不适合	不适合

宝宝的饮料

在出生后的第一年里，宝宝一直以母乳或者配方奶作为能量和某些营养素的主要来源。随着他逐渐长大，需要额外补充液体，弥补以尿液、大便和汗液的形式排出体外的水分。与奶不同，水容易被人体吸收和利用，是婴儿的最佳饮料。冷开水是最适合婴儿的，而有些矿泉水含有过多的钠或者硫酸盐。由于宝宝无法向你表达他要喝水的意愿，你应该在吃饭时给他喝些水，作为母乳和配方奶的补充。

我的宝宝该喝多少水？

未满6个月的时候，人工喂养的婴儿经常需要额外补充水分，以防止便秘，而纯母乳喂养的婴儿则不需要额外喝水。对于未满6个月的婴儿来说，冷开水是最佳选择，你可以把自来水煮沸再冷却，然后喂给宝宝。一旦你的宝宝开始吃固体食物，不论你是采取母乳喂养还是人工喂养，他的饮水需求都提高了。6~12个月大的婴儿每天大约需要摄入1升水，其中一部分是母乳或者配方奶里的水，其余则来自食物和饮料。而在某些地区，婴儿满6个月以后，就没有必要将水煮沸再冷却了，他们可以喝直饮水。除了常规的奶，你不必精确计算宝宝的饮水量，只需在宝宝吃饭的时候给他一杯水，让他自己决定喝多少。如果宝宝生病了，你需要额外给他补充液体，尤其是在他对吃奶失去兴趣的时候。

婴儿应该学会控制自己的食欲、分辨饥饿和口渴的差异，这对他们来说非常重要。如果你在两餐之间给宝宝喝很多水，他在学习识别这种与生俱来的线索时会遇到困难。

杯子和奶瓶

一旦你的宝宝逐渐习惯吃固体食物，便是抛弃奶瓶和奶嘴、引入有盖吸管杯的时候了。这是因为宝宝需要学习用啜饮取代吮吸，另外，宝宝喝的饮料在嘴里停留的时间越短越好，特别是甜饮料，从而使它对正在萌出的乳牙产生伤害的风险降到最低。

在宝宝满6个月的时候，给奶瓶更换快流速的吸管，并从这时开始，务必让他在满12个月的时候（当然是越快越好）能用有盖或者无盖的杯子喝水和配方奶。

有盖吸管杯

有杯盖、吸管和易抓握手柄的杯子或者大口杯是宝宝的入门杯子，可使宝宝更顺利地从奶瓶过渡到杯子。有翻转吸管的杯子用来喝水容易些，而且当吸管被压下去的时候，水也不会流出来；鸭嘴杯需要宝宝更用力地吮吸。

能喝果汁和风味饮料吗？

即使无糖果汁也含有天然糖分，正因为如此，奶和水才是婴儿最好的饮料。婴儿应该避免甜饮料的3个主要原因如下：

- 甜的液体损害婴儿的牙齿。
- 婴儿可能养成偏爱甜食和甜饮料的习惯。
- 甜饮料很容易饮用过量，进而导致超重。

如果你以素食方式养育宝宝，可以给宝宝喝无糖果汁，以1份果汁兑10份水的比例将果汁稀释，在吃饭的时候给他喝。果汁中含有的维生素C有助于人体吸收植物性食物中的铁。如果没有采取素食方式，宝宝吃饭的时候最好喝水。

如果你确实想给宝宝喝果汁，确保果汁是无糖的、用水稀释过的，而且不要用奶瓶和奶嘴，应该倒在大口杯里，只在吃饭的时候喝，这样可以让宝宝更快喝完。在两餐之间，除了奶或者水，不要给宝宝喝其他饮料。还有一些饮料也应该绝对避免。常规的果汁汽水里添加了糖，而低糖或者无糖配方的果汁汽水则含有不适合婴儿的甜味剂。风味牛奶的含糖量很高，碳酸饮料对于婴儿和幼童来说也是不适合的，因为它们含有的酸性物质会损害牙齿。含糖的草本饮料，以及那些冠以“婴儿”果汁汽水和甜果汁饮料名称的饮料也不适合婴儿饮用，而且你也不要尝试给宝宝喝稀释的茶和咖啡，因为它们含有咖啡因和单宁酸，会妨碍人体对铁的吸收。

宝宝吃的奶

如果你一直采取母乳喂养，现在想给宝宝吃配方奶，哪一种配方奶才是最适合宝宝的呢？假如宝宝已经在吃配方奶了，随着他逐渐长大，你是否有必要换另一种配方奶呢？

- 婴儿配方奶适用于1岁以下的婴儿和1岁以上的儿童。
- 2段配方奶是经过铁强化的配方奶，适合6个月以上的婴儿。假如你的宝宝可以从饮食中获得所需的所有铁，没有必要更换为2段配方奶。
- 成长配方奶是营养更丰富的配方奶，适合1岁以上的儿童。
- 只有当营养专业人士建议时才可以给婴儿喝配方豆奶，因为有可能引起过敏，而且大豆含有植物雌激素，存在一定的健康隐患。配方豆奶也是含糖的，可能损害牙齿。

其他的奶：

- 在满1岁之前，牛奶是不适合作为饮料给婴儿喝的。到婴儿满1岁的时候，全脂牛奶可以作为饮料引入。从2岁开始，假如你的宝宝发育良好，饮食健康且丰富多样，可以给他喝半脱脂牛奶。
- 豆奶不适合未满2岁的儿童，因为大豆所含的铁、脂肪和卡路里都不高。有时候，出于治疗需要，医生可能建议儿童喝一种特殊的幼儿豆奶。
- 大米乳和坚果乳不适合5岁以下的儿童，因为它们缺乏营养。

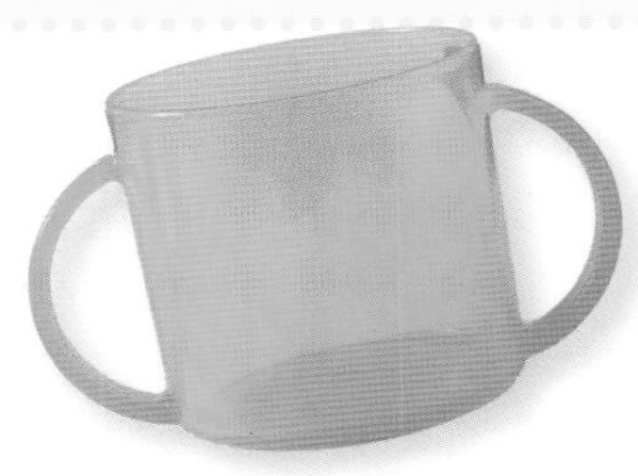

带手柄的大口杯

宝宝到了1岁的时候，或许更早一点，鼓励他用无盖的杯子喝水。

大口杯

随着宝宝逐渐长大，饮水量会越来越大，他应该可以自信地用没有手柄的塑料大口杯喝水。

培养好习惯

甚至在你还没有意识到自己怀孕的时候，宝宝的味蕾可能就已经开始发育了。大约在受孕15周后，宝宝的味蕾已经发育成熟，然后味觉受体开始发育。在子宫里时，婴儿不断吞咽羊水，因此，当你的宝宝出生的时候，你在怀孕期间吃过的很多食物的味道，他已经尝过了。

塑造宝宝的口味

你的宝宝通过观察你来学习，不论你喜欢与否，他都会模仿你的言行。所以，如果宝宝看到你和你的爱人吃蔬菜而且很喜欢蔬菜，他也更容易学会吃蔬菜。如果他感觉到西蓝花是一种令人生厌但却无法避免的东西，你自己不喜欢吃却强迫他吃，那么你就会遇到麻烦。

对于宝宝来说，与家人一起吃饭比独自吃饭有趣得多，所以，只要有机会，你应该和宝宝一起吃饭。如果可以的话，让宝宝看你如何给他准备食物，向他展示各种食材。学习这些对宝宝很重要。如果宝宝知道胡萝卜的样子，当你给他吃胡萝卜块而不是胡萝卜泥的时候，他就不会因为胡萝卜的样子不同而感到惊讶了。毕竟，婴儿食物也是食物，只不过口感适合婴儿而已。

在添加辅食第一阶段即将结束的时候，你可以开始引入一些柔软的手指食物。假如你采取婴儿主导法，可以从宝宝6个月的时候将手指食物作为添加辅食的开始。鼓励宝宝在吃东西时更加独立，当他学着以自己的步调吃东西的时候，帮助他接受新食物。与此同理，如果在你给宝宝喂饭的时候，他不停用手抓你的勺子，不妨把勺子给他，让他自己用勺子吃一口。如果你担心宝宝实际上没吃进去多少食物，你可以用两把勺子，一把给宝宝握着，在宝宝自己吃的间隙，你仍然可以用你手里的勺子喂他。假如吃饭速度因此变慢了，你也不要沮丧。让宝宝尝试自己吃饭，有助于让他感到自己也参与其中，使他对食物产生兴趣。当宝宝快过1岁生日的时候，他便能够既开心又放松地参与家庭聚餐了。

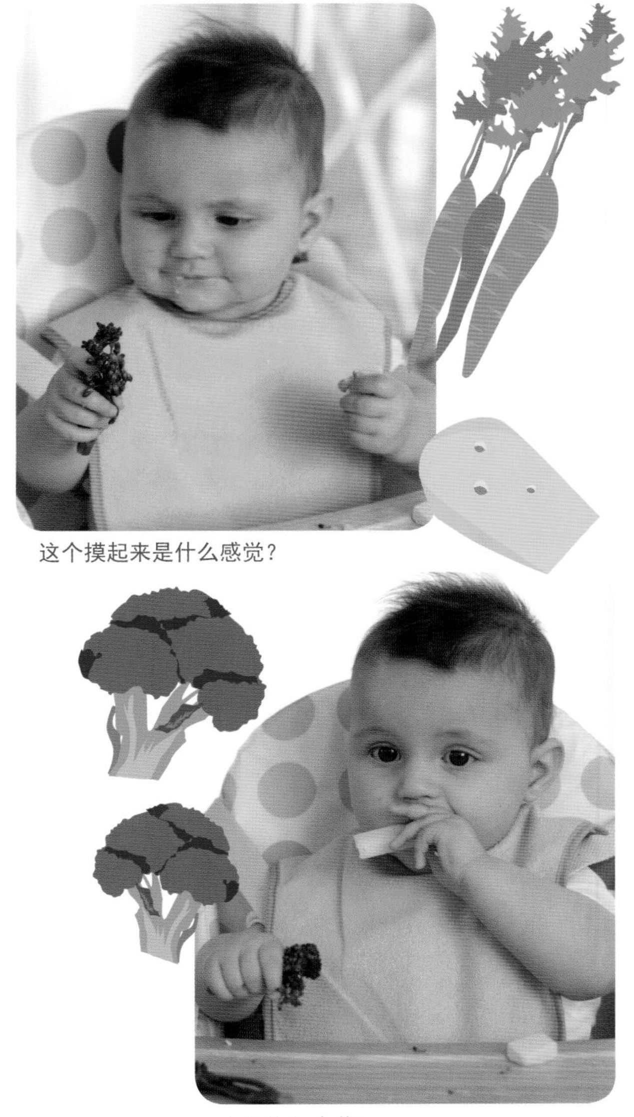

这个摸起来是什么感觉？

这是什么味道？

宝宝不肯吃！

婴儿对曾经喜欢吃的食物失去兴趣或者拒绝吃固体食物，这种情况并不少见。婴儿拒食的原因多种多样，了解其中的原因能够避免你过于担心。

- 当你的宝宝不舒服的时候，他可能不想吃东西，特别是在添加辅食的早期，相对于新近接触的固体食物，熟悉的奶更能安抚他。对于正在长牙的婴儿来说，如果牙龈疼痛、身体不适，他们也会对食物失去兴趣。尽量不要担心，一旦宝宝感觉好一些了，再尝试让他吃东西，不妨从他一开始就很喜欢吃的食物入手。
- 假如你是第一次让宝宝吃固体食物，而宝宝拒绝尝试，你应该确认宝宝已经在发育方面做好了吃固体食物的准备（见 11 页）。如果你没有看到那些发育迹象，应该过一段时间再尝试。
- 如果宝宝已经吃饱了奶，他也不会想吃东西。让宝宝的食欲引导你，如果宝宝不想吃了，不要强迫他把奶瓶里的奶吃完。

爱心美食

你花了大量时间给宝宝准备食物。假如这些食物并非每次都被宝宝吃掉，或许是因为宝宝不喜欢某种食物的味道，或许是他还不太饿，你可能会质疑付出这么多努力是否值得。那么，自己在家制作食物具有哪些优势呢？工业化生产的婴幼儿食品是否也有益于宝宝呢？

自制食物的利弊：

- 让婴儿接受新口感非常重要。自制食物可以提供更多样的口感，而且，即使是同一种辅食，每一次的味道也稍有差异，因此能让婴儿明白饭菜的味道吃起来有差别是很正常的。
- 当婴儿在子宫里时，以及在母乳喂养的过程中，已经体验过一些食物的味道了，因此，当他再次吃到这种味道的食物时，他更容易接受。
- 假如用恰当的方法准备食材，烹调的方法也合理的话，相比袋装食品和罐头食品，自制食物通常能够保留更多的维生素 C 和维生素 B。
- 如果婴儿能够看到食物是怎么做出来的，他便不会担心。
- 自制食物更加经济实惠，尤其是批量烹饪并进行冷冻储存的时候。

工业化生产的婴幼儿食品的利弊：

- 如果家庭饮食比较单调，工业化生产的婴幼儿食品可以保障婴儿摄取有益的营养。
- 食物原料的严格管理意味着工业化生产的婴幼儿食品有时候比自制食物在成分上更具营养优势。
- 在旅行途中，袋装食品和罐头食品更方便，在紧急情况下，工业化生产的婴幼儿食品也更便于储存。
- 如果家长在饮食上有某种禁忌，工业化生产的婴幼儿食品能够使婴儿吃到家长不能吃的食物。
- 有些自制食物是不适合婴儿的，比如那些含盐的食物。

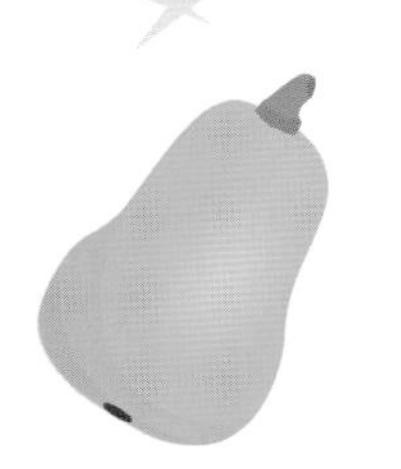

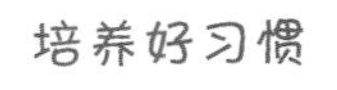

每日菜单计划

如果你一直等到宝宝满6个月才开始添加辅食，你可以跳过第一周，直接采纳第二周的菜单计划，每天给宝宝吃两种味道。

第一天

每天尝试一种辅食
婴儿米粉（见58页）

第二天

每天尝试一种辅食
胡萝卜泥（见58页）

第三天

每天尝试一种辅食
胡萝卜泥（见58页）

第四天

每天尝试一种辅食
西蓝花泥（见58页）

第五天

每天尝试一种辅食
西蓝花泥（见58页）

第六天

每天尝试一种辅食
梨子泥（见59页）

第七天

每天尝试一种辅食
梨子泥（见59页）

吃多少奶?

你的宝宝每天需要继续母乳喂养或吃与之前等量的配方奶。

你不必严格遵守菜单计划，但务必在添加辅食的头两周引入西蓝花、花椰菜和菠菜。

每日菜单计划

第一天

每天尝试两种辅食

第一种

南瓜泥（见59页）

第二种

梨子泥（见59页）

第二天

每天尝试两种辅食

第一种

南瓜泥（见59页）

第二种

杧果泥（见59页）

第三天

每天尝试两种辅食

第一种

苹果泥（见59页）

第二种

西蓝花泥（见58页）

第四天

每天尝试两种辅食

第一种

菠菜泥（见59页）

第二种

苹果泥（见59页）

第五天

每天尝试两种辅食

第一种

菠菜泥（见59页）

第二种

香蕉泥（见59页）

第六天

每天尝试两种辅食

第一种

花椰菜泥（见60页）

第二种

杧果泥（见59页）

第七天

每天尝试两种辅食

第一种

花椰菜泥（见60页）

第二种

蓝莓泥（见60页）

吃多少奶?

你的宝宝每天需要继续母乳喂养或吃与之前等量的配方奶。

每日菜单计划

如果你一直等到宝宝满6个月才开始添加辅食，你可以快速过渡到混合口味，并将食物做得硬一点，但不要混合太多种类，然后尽快过渡到正餐。或者跳过第一周、第三周和第七周的菜单计划。

第一天

早餐
香蕉泥（见59页）

第二餐
豌豆泥（见60页）

第二天

早餐
杏泥（见60页）

第二餐
豌豆泥（见60页）

第三天

早餐
苹果泥（见59页）

第二餐
胡萝卜南瓜泥（见63页）

第四天

早餐
李子苹果泥（见63页）

第二餐
胡萝卜南瓜泥（见63页）

第五天

早餐
杧果泥（见59页）

第二餐
花椰菜甘薯泥（见63页）

第六天

早餐
鳄梨泥（见61页）

第二餐
花椰菜甘薯泥（见63页）

第七天

早餐
香蕉粟米粥（见68页）

第二餐
西蓝花豌豆土豆泥（见65页）

吃多少奶？

你的宝宝每天需要继续母乳喂养或吃与之前等量的配方奶。

每日菜单计划

第一天

早餐
杧果泥（见59页）

第二餐
绿皮西葫芦菠菜番茄泥
（见64页）

第二天

早餐
苹果泥拌酸奶（见67页）

第二餐
绿皮西葫芦菠菜番茄泥
（见64页）

第三天

早餐
桃子泥（见61页）或
梨子泥（见59页）

第二餐
胡萝卜韭葱土豆泥（见64页）

第四天

早餐
梨子泥拌肉桂酸奶
（见67页）

第二餐
胡萝卜韭葱土豆泥
（见64页）

第五天

早餐
杧果泥（见59页）或
梨子泥（见59页）

第二餐
欧洲防风甘薯泥
（见65页）

第六天

早餐
苹果泥拌酸奶（见67页）

第二餐
西蓝花豌豆土豆泥
（见65页）

第七天

早餐
杏泥燕麦粥（见68页）

第二餐
西蓝花豌豆土豆泥
（见65页）

吃多少奶？

你的宝宝每天需要继续母乳喂养或吃与之前等量的配方奶。

每日菜单计划

吃饭的时候别忘了给宝宝喝水（见46页）。

第一天
早餐
杏梨泥（见66页）
第二餐
甜玉米南瓜番茄泥（见65页）

第二天
早餐
香蕉燕麦粥（见68页）
第二餐
牛肉胡萝卜土豆泥（见74页）

第三天
早餐
饼干泡奶（见70页）
第二餐
甜玉米南瓜番茄泥（见65页）

第四天
早餐
苹果泥拌酸奶（见67页）
第二餐
牛肉胡萝卜土豆泥（见74页）

第五天
早餐
香蕉泥拌酸奶（见67页）
第二餐
花椰菜奶酪土豆泥（见71页）

第六天
早餐
杧果泥拌酸奶（见67页）
第二餐
花椰菜奶酪土豆泥（见71页）

第七天
早餐
杏泥燕麦粥（见68页）
第二餐
三文鱼胡萝卜甘薯泥（见72页）

吃多少奶？
你的宝宝每天需要继续母乳喂养或吃与之前等量的配方奶。

每日菜单计划

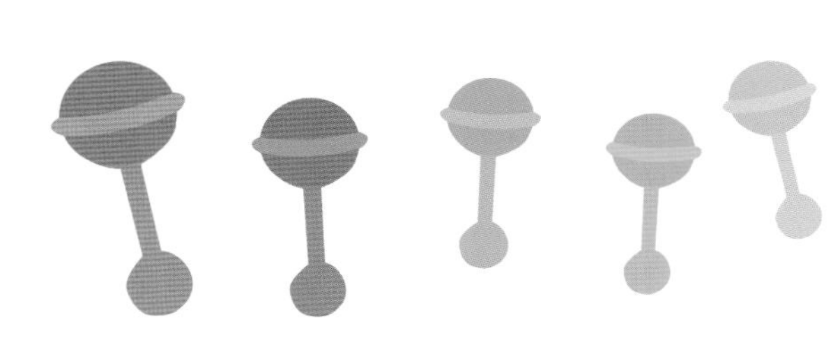

第一天

早餐
综合果泥拌饼干（见70页）

第二餐
三文鱼胡萝卜甘薯泥（见72页）

第二天

早餐
蓝莓泥拌酸奶（见67页）

第二餐
杏子羊肉泥拌米粉（见75页）

第三天

早餐
杏梨泥（见66页）
黄油吐司（见69页）

第二餐
杏子羊肉泥拌米粉（见75页）

第四天

早餐
杧果泥拌酸奶（见67页）

第二餐
里科塔奶酪土豆菠菜泥（见71页）

第五天

早餐
饼干泡奶（见70页）

第二餐
里科塔奶酪土豆菠菜泥（见71页）

第六天

早餐
综合果泥拌饼干（见70页）

第二餐
鳄梨香蕉泥（见66页）

第七天

早餐
苹果泥拌酸奶（见67页）

第二餐
利马豆欧洲防风甘薯泥（见73页）

吃多少奶?

你可能注意到宝宝的奶量比之前略少了一点，但你应该继续母乳喂养或给宝宝吃配方奶。

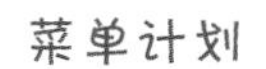

每日菜单计划

如果你一直等到宝宝满6个月才开始添加辅食，可以跳过第一周、第三周和第七周的菜单计划。

第一天

早餐
梨子泥拌肉桂酸奶（见67页）

第二餐
番茄芫荽小扁豆糊（见73页）
软梨片

第二天

早餐
杏泥燕麦粥（见68页）

第二餐
番茄芫荽小扁豆糊（见73页）
李子苹果泥（见63页）

第三天

早餐
李子泥拌酸奶（见67页）

第二餐
里科塔奶酪土豆菠菜泥（见71页）
香蕉片

第四天

早餐
酸奶、香蕉片配黄油吐司（见69页）

第二餐
杏子羊肉泥（见75页）
蓝莓泥拌米粉（见60页）

第五天

早餐
香蕉燕麦粥或香蕉粟米粥（见68页）

第二餐
银鳕鱼豌豆土豆泥（见72页）
鲜奶酪拌杏泥（见70页）

第六天

早餐
饼干泡奶配香蕉片（见70页）

第二餐
银鳕鱼豌豆土豆泥（见72页）
李子苹果泥（见63页）

第七天

早餐
综合果泥拌饼干（见70页）
配黄油吐司（见69页）

第二餐
鸡肉西蓝花泥（见74页）
拌米粉
杏泥拌酸奶（见67页）

吃多少奶？

你可能注意到宝宝的奶量比之前略少了一点，但你应该继续母乳喂养或给宝宝吃配方奶。

每日菜单计划

第一天

早餐
全熟水煮蛋配黄油吐司
（见69页）

第二餐
鸡肉西蓝花泥拌米粉
（见74页）
香蕉片或香蕉泥

第二天

早餐
鲜奶酪拌蓝莓泥（见70页）

第二餐
三文鱼胡萝卜甘薯泥
（见72页）
苹果片和杧果丁或软水果片

第三天

早餐
香蕉泥拌酸奶（见67页）

第二餐
三文鱼胡萝卜甘薯泥
（见72页）
鲜奶酪拌杏泥（见70页）

第四天

早餐
梨子泥拌肉桂酸奶（见67页）

第二餐
牛肉胡萝卜土豆泥
（见74页）
苹果泥
（见59页）

第五天

早餐
杏泥燕麦粥（见68页）配
黄油吐司（见69页）

第二餐
牛肉胡萝卜土豆泥（见74页）
桃片拌酸奶

第六天

早餐
饼干泡奶配软梨片
或杧果片（见70页）

第二餐
利马豆欧洲防风甘薯泥
（见73页）
蓝莓泥拌酸奶（见67页）

第七天

早餐
全熟水煮蛋配黄油吐司
（见69页）

第二餐
利马豆欧洲防风甘薯泥
（见73页）
香蕉片和梨片

吃多少奶?

你可能注意到宝宝的奶量比之前略少了一点，但你应该继续母乳喂养或给宝宝吃配方奶。

单一味道

入门食物使宝宝有机会品尝各种食物的味道，同时学习除了液体形式，食物还能够以其他形式出现在餐桌上。在添加辅食的头几周里，可以给宝宝尝试多种多样的果蔬泥。有些食物，比如香蕉、鳄梨或者婴儿米粉，应该现吃现做，而另一些食物则可以批量烹饪，然后冷冻起来。从单一味道开始，有助于宝宝区分每一种食物的味道。在最初的一两周里，尽量多给宝宝吃蔬菜，少吃水果，这样宝宝才不会变得喜好甜食。随着宝宝逐渐习惯吃固体食物，通过少加点水或者奶，多加一点婴儿米粉或者土豆泥的方式，把果蔬泥做得稠一些。下面介绍的食物量适用于添加辅食第一阶段的婴儿（见45页）。

把宝宝的食物冷冻起来

最好先把食物做好再冷冻。对于适合冷冻的果蔬泥或者其他食物，先把马上要吃的部分盛出来，然后将剩余的部分冷却，再盛到容器里冷冻起来，并贴上标签，注明制作日期和食物种类（见27页）。冷冻果蔬泥必须在6个月内吃完，并在低于4℃的冰箱冷藏室里解冻。

婴儿米粉

婴儿米粉里添加了极易溶解的维生素，是非常流行的入门食物，既能够使宝宝享受到熟悉的奶的味道，又能使他适应新的口感。在宝宝添加辅食的第一阶段，婴儿米粉还可以用来给果蔬泥增稠。

1份

食材

宝宝平时吃的奶
婴儿米粉

步骤

根据包装袋上的推荐量量取米粉，通常1茶匙（2克）婴儿米粉兑1汤匙奶（15毫升）。

胡萝卜泥

胡萝卜是维生素A的优质来源，而且甜甜的味道使胡萝卜成为最受婴儿和学步儿童欢迎的蔬菜。

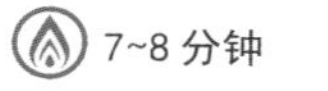
7~8分钟

4~5份

食材

1根大个的胡萝卜
60毫升冷开水或宝宝平时吃的奶

步骤

1 胡萝卜去皮，切掉头尾。切成薄片或者1厘米见方的丁。

2 蒸7~8分钟，或者直至胡萝卜变软。

3 稍微冷却，加水或者奶做成胡萝卜泥。

西蓝花泥

西蓝花含有大量的维生素A和维生素C，还能提供一部分铁。作为健康饮食的重要组成部分，有必要早些让宝宝尝试西蓝花泥。

8~10分钟

8~10份

食材

150克西蓝花，掰成小朵，洗净
120毫升冷开水或宝宝平时吃的奶

步骤

1 把西蓝花蒸8~10分钟，或者直至西蓝花变软。

2 稍微冷却，加水或者奶做成西蓝花泥。

梨子泥

梨不会引起过敏反应，因此成为一种经典的入门辅食。选用口感细腻且成熟的梨，比如考密斯梨或啤梨，不要用果肉粗糙的品种。

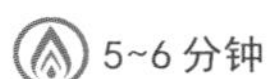
5~6 分钟

8~10 份

食材

2 个成熟的中等大小的梨

大约 1 茶匙冷开水或宝宝平时吃的奶（可选）

步骤

1 将梨去皮，切成 4 块，去掉梨核。把梨切成小块，蒸 5~6 分钟。

2 稍微冷却，做成梨子泥，需要的话可以加点水或者奶。

南瓜泥

南瓜品种丰富，有些很适合做成蔬菜泥，而且含有大量有益健康的维生素 A，例如奶油南瓜或者橡子南瓜。你也可以去超市购买袋装新鲜南瓜块或者速冻南瓜块。

10~12 分钟

6~8 份

食材

150 克奶油南瓜

90 毫升冷开水或宝宝平时吃的奶

步骤

1 把奶油南瓜去皮，然后切成 1~2 厘米见方的块。

2 蒸 10~12 分钟，或者直至蒸熟。

3 稍微冷却，加水或者奶做成南瓜泥。

杧果泥

杧果富含维生素 C，而且味道十分可口。当你用手指按压杧果的时候，如果出现一个小凹坑，说明果实成熟了。在没有新鲜杧果的季节，可以购买无糖杧果泥罐头。

2 份

食材

80~100 克或大约 1/4 个新鲜的成熟杧果，切成丁

步骤

1 把杧果丁捣成细腻的杧果泥。

2 其中一半杧果泥应该马上吃掉，另一半则可以盛入密封的容器，放入冰箱冷藏，可保存 24 小时。

* 备选方案：把杧果泥与草莓泥和（或）酸奶混合，既可以作为一道美味可口的甜点，也可以作为早餐。

苹果泥

苹果是在全球范围内广受欢迎的水果，通常是婴儿品尝的第一种水果。虽然所有可生食的苹果都可以用来做苹果泥，但果肉甜软的苹果比脆苹果更适合。

7~9 分钟

6~8 份

食材

2 个中等大小的苹果

75 毫升冷开水或宝宝平时吃的奶

步骤

1 苹果去皮去核，切成 4 块，再将每块切成大约 1 厘米厚的片。

2 蒸 7~9 分钟，或者直至苹果变软。

3 稍微冷却，加水或者奶做成苹果泥。

菠菜泥

菠菜已被证实营养十分丰富，含有大量维生素 A、维生素 C 和维生素 K，以及铁。你可以加一点宝宝吃的奶，增加一点甜味。

5~6 分钟

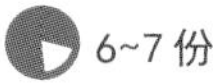
6~7 份

食材

150 克新鲜菠菜叶

30 毫升冷开水或宝宝平时吃的奶（可选）

步骤

1 把菠菜叶清洗干净，沥去水分。

2 用一点水煮开，然后转小火焖软。

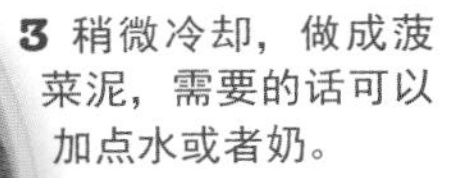

3 稍微冷却，做成菠菜泥，需要的话可以加点水或者奶。

* 小窍门：菠菜泥可以与任何宝宝接受的食物混合。

香蕉泥

香蕉一直是婴儿喜爱的水果，而且把香蕉捣成泥也特别容易。你无须做任何准备，也不需要煎炒烹炸，只需拿出叉子、餐盘和香蕉，一道快手辅食即可上桌。

1 份

食材

1/2 根成熟的小香蕉

步骤

1 香蕉剥皮，切大块或者切片。

2 用叉子将香蕉捣成顺滑的香蕉泥，立刻让宝宝享用。

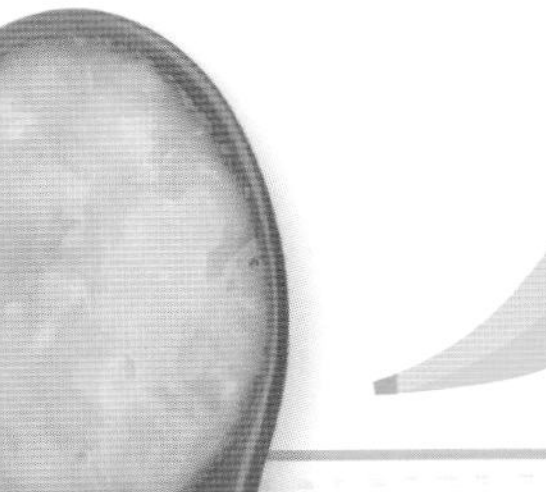

花椰菜泥

花椰菜是维生素 C、维生素 B 和叶酸的优质来源。在烹调的过程中，有一部分营养成分会流失，采用蒸的办法并快速冷却，能够尽可能多地保留营养。

8~10 分钟

食材

150 克花椰菜，掰成小朵并清洗干净

90 毫升冷开水或宝宝平时吃的奶

步骤

1 把花椰菜蒸 8~10 分钟，或者直至蒸熟。

2 稍微冷却，加水或者奶做成花椰菜泥。

蓝莓泥

蓝莓很容易捣成泥，但由于有籽和皮，所以蓝莓泥的口感往往不够爽滑，因此，你也许可以等到宝宝习惯用勺子吃东西后再做。在蓝莓泥中加入酸奶或者加一点米粉，便可以作为一道简单的甜点或者早餐享用。

5 分钟  

食材

100 克蓝莓

2 茶匙水

步骤

1 把蓝莓清洗干净，放入小酱汁锅，加一点水。

2 煮 3~4 分钟，用木勺将蓝莓捣碎。

3 待蓝莓变软后离火，然后稍微冷却，把蓝莓与煮蓝莓的水一起倒入搅拌机，做成蓝莓泥。

* 备选方案：如果想使蓝莓泥变得黏稠，可以加入 2 茶匙婴儿米粉，充分搅拌至均匀。

豌豆泥

豌豆的味道是甜的，而且富含维生素 C。不过，想让豌豆泥的口感极其细腻顺滑并不那么容易，因此你最好等宝宝彻底接受入门食物之后，再给他吃豌豆泥。最好选用纤维少的速冻嫩豌豆，而不要用普通豌豆，这样更容易捣成泥。

5~6 分钟  

食材

100 克速冻嫩豌豆

75 毫升冷开水或宝宝平时吃的奶

步骤

1 把嫩豌豆蒸 5~6 分钟，或者直至豌豆蒸熟，变得非常软。

2 稍微冷却，加水或者奶做成豌豆泥。

杏泥

杏新鲜上市的时间非常短暂，所以，在一年里其他的时间，你只能用杏干或者原汁浸泡的杏罐头来制作杏泥，以满足宝宝的喜好。把杏泥加入酸奶或者与鲜奶酪混合便是一顿简单的早餐，你还可以把它当作甜点。

10~15 分钟 8~10 份 

食材

100 克杏肉

250 毫升水

步骤

1 把杏肉放入小酱汁锅里，加水没过杏肉。

2 盖上锅盖，大火煮沸，之后转小火，炖煮至杏肉变软。

3 稍微冷却，用煮杏的水做成顺滑的杏泥，如果需要，可以额外加点冷开水。

鳄梨泥

鳄梨的健康脂肪能够提供能量，同时还含有维生素 E，而且具有奶油般顺滑的口感，从而使它成为一种讨人喜欢的入门食物。制作鳄梨泥的时候，只需要一把锋利的水果刀和一把叉子，因此是一种便于携带的婴儿餐。加一点柠檬汁或者青柠汁可以防止鳄梨果肉发生褐变，但不加也可以。

1 份

食材

1/4 个成熟的鳄梨

1 茶匙柠檬汁或青柠汁（可选）

步骤

1 把鳄梨肉切成小块，如果需要，滴几滴柠檬汁。

2 用叉子将果肉捣成泥，直至鳄梨泥变得如奶油般顺滑，立即享用。

*备选方案：把鳄梨和香蕉混合在一起，可做成一款深受婴儿欢迎的鳄梨香蕉泥（见 66 页）。

桃子泥

新鲜上市的桃或者油桃可以做成稀的桃泥，非常适合添加辅食的早期阶段。像大多数果肉柔软的水果一样，应该挑选新鲜的桃。一旦你的宝宝能够自己拿住食物，你可以把桃去皮，切成小块，作为手指食物给他吃。

1 份

食材

1 个小的或 1/2 个成熟的中等大小的桃或油桃

步骤

1 用锋利的水果刀将桃或者油桃去皮，剔除桃核（见小窍门）。

2 把果肉切成大块，做成爽滑的桃泥，立即享用。

*小窍门：为了能更方便地去皮，可以用一个小碗盛满沸水，把桃放在沸水里浸泡 1 分钟。用漏勺把桃捞出来，再用一把锋利的小刀撕掉桃皮。

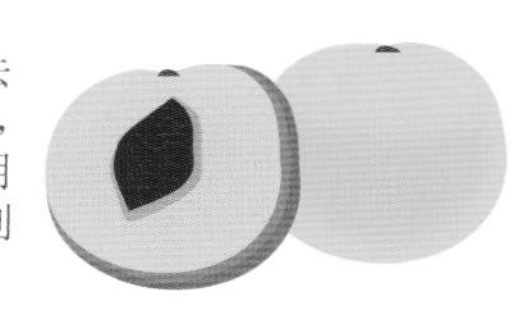

李子泥

李子是维生素 A 的优质来源。选用成熟的果实，当你用手轻轻按压的时候，假如果肉稍微凹陷就表明果实成熟了。

10~12 分钟 
5~6 份 

食材

2 个中等大小的李子，清洗干净，去核，切成 4 块

100 毫升水

步骤

1 把果肉放入酱汁锅里，加水煮沸。

2 把火调小，盖上锅盖炖煮，直至果肉变软。

3 稍微冷却，捣成泥状。

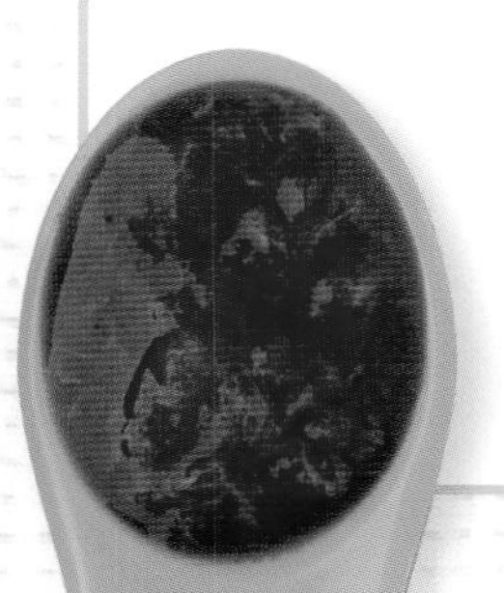

芜菁甘蓝泥

芜菁甘蓝是一种价格实惠的根茎类蔬菜，它的味道有点甜，因此颇受婴儿喜爱。

7~8 分钟 6~8 份 

食材

160 克芜菁甘蓝，去皮，切成 5 毫米见方的丁

90 毫升冷开水或宝宝平时吃的奶

步骤

1 把芜菁甘蓝蒸 7~8 分钟，或者直至蒸熟。

2 稍微冷却，加水或者奶做成芜菁甘蓝泥。

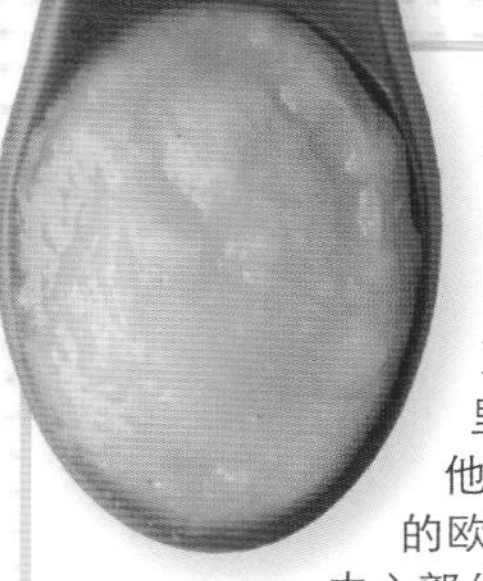

欧洲防风泥

欧洲防风带有淡淡的甜味，口感像奶油一样，因此是最受欢迎的入门蔬菜，而且，在添加辅食的头几周里，欧洲防风泥也非常适宜加入其他的蔬菜泥、肉泥里。选购个头较小的欧洲防风，因为大个的欧洲防风通常中心部分比较老，口感较差。

 5~6 分钟  6~8 份 

食材

1 根中等大小或 2 小根欧洲防风

90 毫升冷开水或宝宝平时吃的奶

步骤

1 把欧洲防风去皮，切掉头尾。切成薄片，并切掉所有老的部分。蒸 5~6 分钟，或者直至蒸熟。

2 稍微冷却，加水或者奶做成欧洲防风泥。

甜玉米泥

一旦你的宝宝适应了前几种食物的味道，并且你也尝试着做了一些稍微黏稠的果蔬泥之后，可以试试甜玉米。相对来说，甜玉米含有较多的膳食纤维，这一点与豌豆类似。甜玉米泥的细腻程度取决于你家食物料理机和搅拌机的研磨效率。你可以用速冻甜玉米制作一款简单且性价比高的甜玉米泥。甜玉米能够提供身体必需的维生素 B3（烟酸）。

3~5 分钟  4~6 份 

食材

100 克速冻甜玉米

60 毫升冷开水或宝宝平时吃的奶

步骤

1 把甜玉米蒸 3~5 分钟，或者直至蒸熟。

2 稍微冷却，加水或者奶做成甜玉米泥。

甘薯泥

与土豆不一样，甘薯更容易做成泥，这使它成为一种非常棒的婴儿食物。甘薯还能够提供大量的维生素 A。

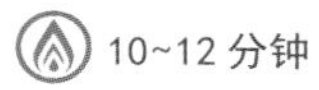 10~12 分钟 6~8 份 

食材

150 克或 1 个小个的甘薯

120 毫升冷开水或宝宝平时吃的奶

步骤

1 甘薯去皮，切成 1 厘米见方的丁。蒸 10~12 分钟，或者直至蒸熟。

2 稍微冷却，加水或者奶做成甘薯泥。

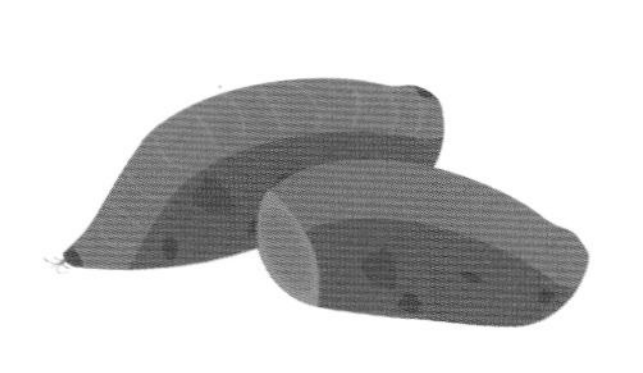

木瓜泥

木瓜含有丰富的对人体有益的维生素 C。只需半个成熟的小木瓜，便能为宝宝制作一份简单的水果泥。木瓜泥最好现吃现做。

  1~2 份

食材

1/2 个成熟的小个木瓜

步骤

1 剔除木瓜籽，用小茶匙把果肉挖出来，扔掉果皮。

2 把果肉捣成泥。

3 盛出宝宝马上吃的部分，把剩余的木瓜泥装入密封容器，置于冰箱冷藏，并于 24 小时之内吃完。

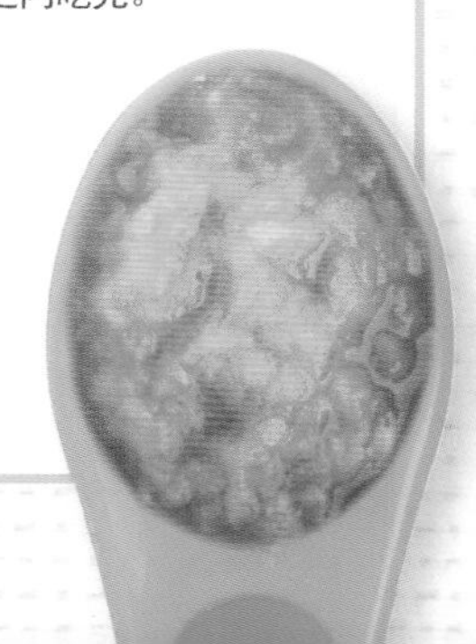

尝试复合味道

随着你的宝宝逐渐习惯单一风味，你可以把各种果蔬泥混合起来，做成新的“菜式”，既可以将之前冷冻储存的几种果蔬泥混合，也可以根据接下来介绍的食谱来制作。宝宝越来越习惯用勺子吃饭了，果蔬泥也应该越来越稠。有些食谱会用到植物油，这样可以保证你的宝宝除了从蔬菜中摄取维生素和部分矿物质之外，还能够从植物油里摄取热量和单不饱和脂肪。6个月之后，你不但可以继续在食谱中加入宝宝平时吃的奶，而且也可以使用全脂牛奶了，但是在宝宝1岁之前，不可以把牛奶作为他的饮料。就像处理单一味道的食物一样，把所有未被唾液污染过且适合冷冻的食物冷却，贴上标签，注明制作日期和食物种类，放入冰箱里冷冻储存（见58页）。

胡萝卜南瓜泥

这些秋韵浓郁的蔬菜含有大量的维生素A。假如你没时间处理整个新鲜南瓜的话，可以购买袋装的速冻南瓜块或者新鲜南瓜块。

8分钟  4份 

食材

60克或1小根胡萝卜，去皮，切成丁
100克去皮奶油南瓜或其他南瓜，切成丁
1汤匙植物油

步骤

1 把胡萝卜和南瓜蒸熟，大约需要8分钟。

2 稍微冷却，加入植物油，做成口感细腻的蔬菜泥。如果需要的话，加入宝宝平时吃的奶。

李子苹果泥

当李子新鲜上市的时候，通常被人们所忽略，其实它含有大量对人体有益的多酚类物质。选购成熟的李子，成熟果实的果肉汁水丰富且味道香甜。

6~8分钟  5~6份 

食材

1个中等大小的苹果，去皮去核，粗略切碎
2个中等大小的李子，洗净去核，切成4块

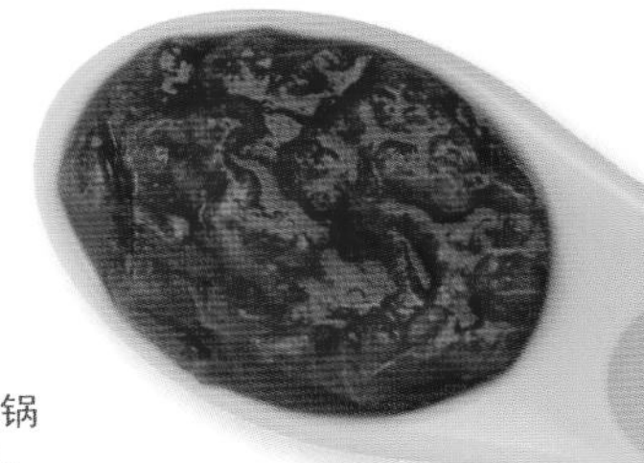

步骤

1 把所有食材放入小酱汁锅里，加入120毫升水，煮沸。

2 搅拌均匀，转小火，盖上锅盖，小火炖煮，时不时搅拌，直至水果变软。稍微冷却，做成水果泥。

花椰菜甘薯泥

花椰菜含有大量维生素C和叶酸，而甘薯富含维生素A，把它们搭配在一起，是一道相当不错的蔬菜泥。

8~10分钟  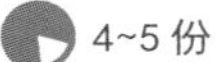 4~5份 

食材

150克或1个小个的甘薯，去皮，切成小块
70克花椰菜，掰成小朵
1汤匙植物油
50毫升奶

步骤

1 把甘薯和花椰菜蒸熟，大约需要8分钟。

2 稍微冷却，加入植物油和奶，打成黏稠的蔬菜泥。

胡萝卜韭葱土豆泥

用小火慢慢把韭葱炒出香味，能使胡萝卜和土豆略显单调的口味变得丰富起来。胡萝卜是人体必需的维生素 A 的优质来源，而且价格便宜。

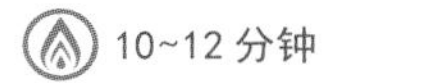 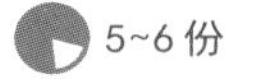 

10~12 分钟　5~6 份

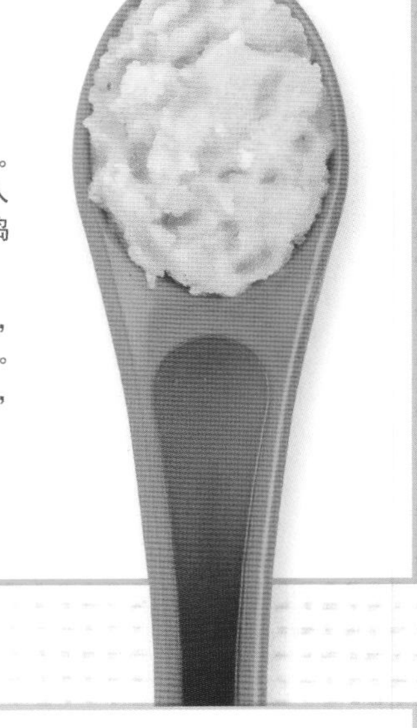

食材

8 厘米长的韭葱，最好是葱白
1 汤匙植物油
100 克胡萝卜，去皮，切成薄片
120 克土豆，去皮，切成 4 块
奶（可选）

步骤

1 将韭葱切片。把油倒入小酱汁锅里烧热，加入韭葱，慢慢炒软。

2 加入胡萝卜和 100 毫升水，搅拌均匀，盖上锅盖。小火慢煮直至胡萝卜变软，如果需要的话，再加入 1~2 汤匙水。

3 与此同时，把土豆蒸熟。用压泥器压成土豆泥，放入干净的碗里，也可以使用捣碎器。

4 把胡萝卜和韭葱捣成泥，加入土豆泥里，搅拌均匀。假如你觉得蔬菜泥太黏稠了，可以适当加一点奶。

绿皮西葫芦菠菜番茄泥

随着添加辅食过程的进展，需要准备的食物更多了，待在厨房的时间也更长了，因此你一定希望能够高效率地完成这些工作。使用保质期较长的瓶装或者盒装无盐番茄糊，可以省去给番茄剥皮和去籽的时间。在生产加工的过程中，番茄糊已经被高温加热过，因此是熟的，你不需要再煮了，可以十分方便地直接加入果蔬泥中。番茄可以提供宝贵的维生素 C，有助于你的宝宝吸收铁。

7~8 分钟　5~6 份

食材

1 汤匙植物油
100 克绿皮西葫芦，洗净，切成丁
100 克菠菜叶，洗净沥水
50~75 毫升番茄糊
少许肉豆蔻粉（可选）

步骤

1 把酱汁锅里的油烧热，翻炒绿皮西葫芦，直至刚刚变软，注意不要炒焦。

2 加入菠菜叶翻炒，盖上锅盖，用小火焖 3~4 分钟，或者直至菠菜叶变软，然后离火。

3 把炒熟的绿皮西葫芦和菠菜叶捣成菜泥，然后加入适量番茄糊，搅拌均匀。如果需要的话，可以加入肉豆蔻粉。

* 小窍门：如果蔬菜泥太稀，你可以加入少量婴儿米粉调整口感。

西蓝花豌豆土豆泥

大多数婴儿都爱吃土豆，而且土豆泥的黏稠度可以轻易调节。由于用叉子不太方便捣土豆泥，你可以使用压泥器或者捣碎器来制作土豆泥。先把土豆泥与奶或者油混合，再与其他蔬菜泥混合。

 8~10 分钟  5~6 份

食材

100 克土豆，去皮，切成块
100 克小朵西蓝花，洗净
50 克速冻嫩豌豆
1 汤匙植物油
奶（可选）

步骤

1 把土豆蒸熟或者煮熟。

2 把西蓝花和豌豆一起蒸熟。

3 用压泥器或者捣碎器制作土豆泥，放入一个干净的碗里，加油拌匀。

4 把西蓝花和豌豆捣成泥，如果需要的话，可以加点奶，然后与土豆泥搅拌均匀。

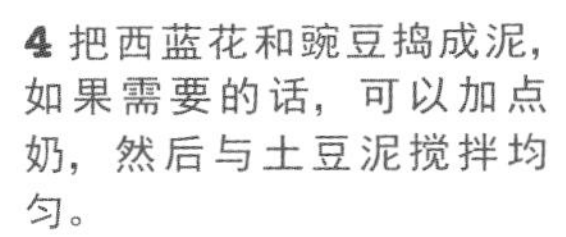

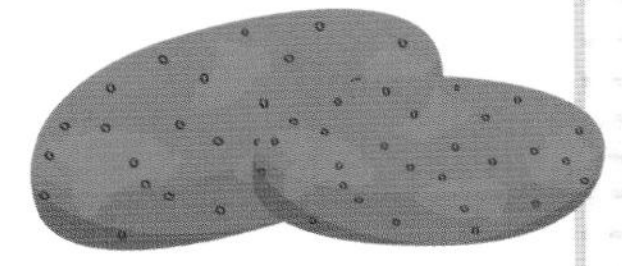

欧洲防风甘薯泥

这是一对带有甜味的根茎类蔬菜组合，甘薯是维生素 A 的绝佳来源，它还能提供人体必需的维生素 E 和维生素 C。选购小的欧洲防风，因为大个的欧洲防风中心部分往往口感不佳，有点硬。

 10~12 分钟 6~8 份

食材

100 克欧洲防风，去皮，切成大块
200 克甘薯，去皮，切成大块
50~75 毫升奶

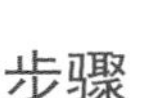

步骤

1 把欧洲防风和甘薯一起蒸熟。

2 稍微冷却，加入奶，做成细腻顺滑的蔬菜泥。

* 小窍门：这款蔬菜泥可以与土豆泥拌在一起吃，也可以加到炖菜或者汤里，在提供必需营养的同时，还能起到给汤增稠的作用。

甜玉米南瓜番茄泥

这是一款非常受婴儿欢迎的蔬菜泥，能帮助宝宝顺利过渡到更粗糙的口感，而且这些蔬菜也是维生素 A、维生素 C 和维生素 B3（烟酸）的优质来源。

 12 分钟  3~4 份

食材

75 克奶油南瓜，去皮，切成小块
75 克速冻甜玉米
60 毫升或 4 茶匙番茄糊
1 汤匙植物油

步骤

1 先把南瓜蒸 10 分钟，然后加入甜玉米，一起蒸熟。

2 稍微冷却，然后与番茄糊、油混合在一起，做成黏稠的蔬菜泥。

杏梨泥

你可以把这款甜甜的水果泥当作小小的奖励，让你的宝宝开心一下。它非常健康，而且富含维生素 C 和维生素 E。

10~15 分钟  10 份 

食材

100 克杏肉
2 个成熟的中等大小的梨，去皮，去核，切成小块
250 毫升水

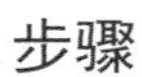

步骤

1 把杏肉放在酱汁锅里，加水没过杏肉。盖上锅盖，煮沸，转小火炖煮至杏肉变软。稍微冷却。

2 与此同时，把梨蒸 5~6 分钟。

3 把所有食材混合，加入煮杏的水，做成水果泥。

鳄梨香蕉泥

这款水果组合非常经典，是婴儿们的最爱之一。鳄梨富含维生素 E 和健康的单不饱和脂肪，并且和香蕉一样，也是一种方便携带、适合外出的食物。

  1 份

食材

1/4 个成熟的鳄梨，切片
1/4 根成熟的香蕉，切片

步骤

1 用叉子把鳄梨和香蕉捣成细腻的泥。

2 立即享用。

西蓝花韭葱土豆泥

在你给宝宝的饮食添加更多蔬菜的过程中，可以试试加入韭葱或者小葱，用小火慢慢地炒出香味。

8~10 分钟  6~7 份 

食材

1 汤匙植物油
50 克韭葱，洗净，切成薄片
150 克土豆，去皮，切成 4 块
150 克小朵西蓝花，洗净
奶（可选）

步骤

1 把小酱汁锅里的油烧热，小火慢慢翻炒韭葱大约 5 分钟，不停翻炒直至变软，注意不要炒焦。离火备用。

2 与此同时，把土豆蒸熟或者煮熟，大约需要 5 分钟。把西蓝花蒸熟，然后加入韭葱，做成蔬菜泥，需要的话可以加入奶。

3 用压泥器或者捣碎器制作土豆泥，倒入干净的碗里，然后与西蓝花韭葱泥充分搅拌，直至均匀。

早餐

你可以把水果泥与各种谷物或者酸奶混合，以这种方式使宝宝的早餐丰富起来。商店售卖的婴儿粥或者婴儿早餐麦片是由燕麦或者其他无面筋蛋白的混合谷物制成的。这些婴儿早餐麦片通常含有二段配方奶，而且也经过维生素和部分矿物质的营养强化。确保按照包装袋上的说明冲调，除非必要，否则不要额外添加宝宝日常吃的奶。

在添加辅食的早期阶段，如果你愿意的话，可以在家用谷物为宝宝自制谷物粥，先用食物料理机或者搅拌机把燕麦片或者燕麦粥粉打成极细的粉末再煮粥。随着宝宝逐渐习惯固体食物，你可以给宝宝尝试未经粉碎的麦片。

梨子泥拌肉桂酸奶

酸奶是钙和镁的优质来源，而钙和镁是骨骼和牙齿生长所必需的。加入少许肉桂粉，对你的宝宝而言，这款水果酸奶别有风味。

食材

2 汤匙全脂原味酸奶
2 茶匙梨子泥（见 59 页）
少许肉桂粉

步骤

把酸奶、梨子泥和肉桂粉搅拌均匀，立即享用。

苹果泥拌酸奶

全脂原味酸奶能够和许多味道简单的水果泥拌在一起吃。本食谱用的是苹果泥，你也可以做杧果泥拌酸奶、香蕉泥拌酸奶或者蓝莓泥拌酸奶，或者用其他任何你喜欢的水果泥，让宝宝的一天从营养丰富的早餐开始。

食材

2 汤匙全脂原味酸奶
2 茶匙苹果泥（见 59 页）

步骤

把酸奶和苹果泥或者其他水果泥混合在一起，立即享用。

苹果泥拌酸奶

杏泥燕麦粥

作为入门食物，直接用燕麦片煮麦片粥对宝宝来说不够细腻。你可以用一个简便的方法解决这个问题，即用食物料理机把燕麦片打成粉状，用细腻的燕麦粉给宝宝煮粥。

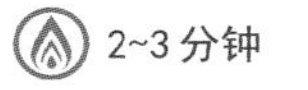 2~3 分钟  1 份

食材

15 克或 1 汤匙燕麦粥粉，或大宝宝燕麦片

75 毫升宝宝平时吃的奶

1 汤匙杏泥（见 60 页）

步骤

1 把燕麦粉和奶倒入小酱汁锅里煮，不停搅拌。

2 待混合物变得黏稠后离火，冷却至体温。

3 加入杏泥，搅拌均匀，立即享用。

杏泥燕麦粥

香蕉燕麦粥

这款加入少许香蕉的粥不但营养丰富，制作也很方便，同时又令人心情舒畅。它以宝宝喜爱的方式为他开启新的一天。

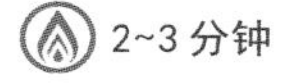 2~3 分钟  1 份

食材

15 克或 1 汤匙燕麦粥粉，或大宝宝燕麦片

75 毫升宝宝平时吃的奶

几片香蕉

步骤

1 把燕麦粥粉和奶倒入小酱汁锅里煮，不停搅拌。

2 待混合物变得黏稠后离火，冷却至体温。

3 同时，用叉子把香蕉捣成细腻的泥状，与燕麦粥混合，搅拌均匀。

*** 微波炉版：** 把燕麦粥粉和奶混合后倒入微波炉碗，以高火加热 30 秒（功率 800W 的微波炉）。取出搅拌均匀，再加热 10 秒。（烹调时间根据微波炉功率不同略有差异。）一旦混合物变得黏稠，取出搅拌均匀，冷却后再加入香蕉泥。

香蕉粟米粥

粟米是一种不含面筋蛋白的谷物，能够为人体提供铁和维生素 B3，可以作为简单的入门早餐。粟米片或者粟米粉都非常适合做这款简单的粥。

2~3 分钟  1 份

食材

15 克或 1 汤匙粟米粉或粟米片

75 毫升宝宝平时吃的奶

几片香蕉

步骤

1 把粟米和奶倒入小酱汁锅里煮，不停搅拌。

2 待混合物变得黏稠后离火，冷却至体温。

3 同时，用叉子把香蕉捣成细腻的泥状，与粟米粥混合，搅拌均匀。

*** 小窍门：** 如果宝宝胃口比较大，可以将食材的量加倍。

全熟水煮蛋

把鸡蛋存放在冰箱里能很好地保证鸡蛋的新鲜度。在添加辅食的初期阶段，一定要确保鸡蛋被完全煮熟。

 10 分钟  1 份 

食材

1 个新鲜鸡蛋

步骤

1 小酱汁锅里加入足量的水，然后煮沸。

2 缓慢地把鸡蛋放到沸水里，以防打破蛋壳。继续煮大约 10 分钟。

3 离火冷却，然后剥去蛋壳，把鸡蛋切成 4 块，让宝宝享用。

黄油吐司

黄油吐司

一旦你的宝宝能够用手抓握食物，他就可以吃经过烘烤的手指食物了。刚开始的时候，他会觉得白面包或者全麦面包比那些添加了碎谷物或者籽类的面包吃起来更加容易。用含有单不饱和脂肪的酱涂抹面包，比如橄榄酱，如果你喜欢的话，也可以抹无盐黄油，或者试试全脂奶油奶酪。你的宝宝可能也很喜欢用吐司蘸着水果泥吃。

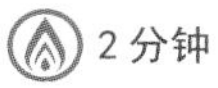 2 分钟  1 份 

食材

1/2 片白面包或全麦面包
橄榄酱或无盐黄油

步骤

1 烤面包片，然后把面包片切成 2~3 条，做成吐司条。

2 用酱涂抹均匀。

鲜奶酪拌水果泥

选购无糖原味鲜奶酪，与一款你已经做好的水果泥混合，便可以成为一道你独创的果味奶酪，比如鲜奶酪拌浆果泥。你的宝宝需要吃全脂鲜奶酪，全脂鲜奶酪可以为他提供必需的热量。

食材

2 汤匙全脂鲜奶酪

2 茶匙水果泥（见 59~62 页）

步骤

把鲜奶酪和水果泥混合在一起，搅拌均匀，立即享用。

鲜奶酪拌水果泥

饼干泡奶

小麦饼干是非常受婴儿欢迎的入门早餐。它极易吸收奶液，快速变软，宝宝吃起来非常方便。你既可以用婴儿配方的小麦饼干，也可以用普通的小麦饼干。

食材

1/2 块小麦饼干

60 毫升或 4 汤匙宝宝平时吃的奶或全脂牛奶（6 个月之后），冷热均可

步骤

1 把小麦饼干掰碎，放进碗里，倒入奶。

2 静置几分钟，待饼干变软，搅拌均匀，立即享用。

综合果泥拌饼干

在小麦饼干里加入混合口味的水果泥，可以大大丰富宝宝的早餐内容。你也可以用单一味道的水果泥拌饼干。

食材

1/2 块小麦饼干

60 毫升或 4 汤匙宝宝平时吃的奶或全脂牛奶（6 个月之后），冷热均可

1 汤匙李子苹果泥（见 63 页）

步骤

1 把小麦饼干掰碎，放入碗里，倒入奶。

2 静置几分钟，待饼干变软，加入李子苹果泥或者其他水果泥，搅拌均匀，立即享用。

* 小窍门：如果你的冰箱里有冷冻的水果泥，可以取出一份放到碗里，用微波炉解冻。假如你做事非常有条理，可以在前一晚将冷冻的水果泥移入冰箱冷藏室里自然解冻。

第一顿正餐

当你的宝宝已经习惯用勺子吃饭，而且能够接受各种单一风味或者混合风味时，把更多富含蛋白质的食物，比如肉类、鱼类、豆类和奶酪，引入宝宝的饮食，就变得非常重要了。猪肉、牛肉、羊肉、鱼类、禽肉和豆类含有丰富的铁，有利于宝宝的生长发育（见14页、17页）。假如你一直等到宝宝满6个月才开始添加辅食，确保在几周之内把上述富含铁的食物做成各种泥，添加到宝宝的饮食中。关于冷冻储存多余食物的方法，可以参考27页。

花椰菜奶酪土豆泥

味美多汁的花椰菜奶酪是钙和维生素C的优质来源，它也是最受欢迎的家常菜之一。

5 分钟　　10~15 分钟

5~6 份　　

食材

100 克土豆，去皮，切成大块
200 克花椰菜，洗净
75 毫升奶
40 克车达奶酪碎

步骤

1 把土豆和花椰菜一起蒸熟。

2 用食物夹取出花椰菜，与奶混合，用搅拌机打成细腻的花椰菜泥。

3 用压泥器或者捣碎器制作土豆泥，放入干净的碗里，加入奶酪搅拌均匀。

4 把花椰菜泥与奶酪土豆泥混合，搅拌均匀，稍微冷却，即可享用。

里科塔奶酪土豆菠菜泥

里科塔奶酪是一种味道温和的软奶酪，能为这款美味的蔬菜组合增添蛋白质和钙。如果你觉得太黏稠的话，可以加点奶或者水。

 5~6 分钟
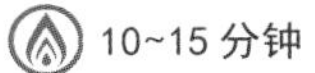

食材

200 克土豆
1 汤匙植物油
2 根分葱，洗净，切末
100 克菠菜叶，洗净，沥水
50 克里科塔奶酪
少许肉豆蔻粉（可选）

步骤

1 把土豆去皮，切成大块后蒸熟，大约需要蒸5分钟，或者直至蒸熟。

2 与此同时，用中号酱汁锅把油烧热，小火慢炒分葱，直至分葱变软，注意不要炒焦。

3 加入菠菜，盖上锅盖，焖3~4分钟，或者直至菠菜叶变软。

4 用压泥器或者捣碎器把蒸熟的土豆制作成顺滑的土豆泥，再加入里科塔奶酪，搅拌均匀。

5 把菠菜和分葱捣成菜泥，与奶酪土豆泥混合，如果需要的话，加入少许肉豆蔻粉。稍微冷却，即可享用。

***备选方案：**假如你更喜欢韭葱的味道，可以用20克韭葱替代分葱。

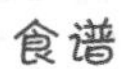

三文鱼胡萝卜甘薯泥

三文鱼胡萝卜甘薯泥

三文鱼是一种深受大众欢迎的油性鱼，能够为人体提供必需的欧米伽3脂肪酸，有助于宝宝眼睛和大脑的发育。把三文鱼与甘薯和胡萝卜混合在一起，做成一道颜色讨人喜欢的辅食，很可能成为宝宝的心头好。

5分钟　15~17分钟　 6~8份　

食材

200克甘薯，去皮，切成1厘米见方的丁
100克或1大根胡萝卜，去皮，切成1厘米见方的丁
75克去皮三文鱼排
120毫升冷开水或奶

步骤

1 用平底锅煮一锅开水，把甘薯和胡萝卜放入蒸篮，置于锅中，蒸5分钟。

2 与此同时，用指尖在鱼肉上滑动，稍微用力按压，检查有无鱼骨，如有鱼骨请剔除。用锡纸松松地将三文鱼包裹起来，放在蒸篮里的蔬菜上，继续蒸10~12分钟。

3 取出锡纸包裹的三文鱼，用餐刀插入鱼肉并向两边拨开，查看鱼肉是否熟透，熟透的鱼肉应该是不透明的淡粉色且整块鱼肉色泽一致。如果没有熟透，放回锅里，继续蒸几分钟。

4 查看蔬菜是否蒸熟，然后从锅里取出，稍微冷却。

5 把三文鱼、甘薯、胡萝卜一起倒入搅拌机，加水或者奶，做成细腻的菜泥。

*备选方案：你可以用鳕鱼代替三文鱼。

银鳕鱼豌豆土豆泥

你可以用任何其他高品质的鱼代替银鳕鱼，比如黑线鳕、牙鳕、绿青鳕或者青鳕。这些白色的鱼肉易于烹调，也很容易被消化。利用豌豆增加甜味是一个好方法，能让宝宝爱上吃鱼。

 5分钟　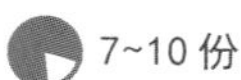 12~15分钟　7~10份　

食材

200克土豆，去皮，切成1~2厘米见方的块
100克去皮银鳕鱼排
1/4茶匙切得极碎的薄荷（可选）
150克速冻嫩豌豆
75毫升奶，再额外多备一些
2茶匙单不饱和脂肪涂抹酱（如橄榄酱）

步骤

1 把土豆蒸熟，大约需要5分钟。

2 与此同时，用指尖在鱼肉上滑动，稍微用力按压，检查有无鱼骨，如有鱼骨请剔除。用锡纸把鱼肉松松地包裹起来，需要的话，可以撒点薄荷。

3 把豌豆放入另一个蒸篮，再把包裹好的鱼肉放在豌豆上，一起蒸6~7分钟。

4 取出包裹好的鱼肉和豌豆，用餐刀插入鱼肉并向两边拨开，查看鱼肉是否熟透，熟透的鱼肉应该是不透明的且整块鱼肉色泽一致。如果没有熟透，放回锅里，继续蒸至熟透。

5 把土豆与40毫升奶和涂抹酱混合，做成土豆泥。剩余的奶则加入豌豆和鱼肉里做豌豆鱼肉泥。如果需要的话，可以加入更多的奶，最后把豌豆鱼肉泥与土豆泥混合在一起拌匀。

利马豆欧洲防风甘薯泥

这是一种受宝宝欢迎的、为他的饮食增添豆类的方式，利马豆本身清淡无味，适合与甘薯和欧洲防风搭配。

5 分钟　10~12 分钟　 

食材

50 克欧洲防风，去皮，切成小块
100 克甘薯，去皮，切成小块
200 克罐头利马豆（水浸），冲洗干净，沥干
几小枝欧芹，冲洗干净
1 汤匙植物油
65 毫升冷开水或奶

步骤

1 把欧洲防风和甘薯放入蒸篮，大约蒸 5 分钟，或者直至将近熟透。

2 加入利马豆和欧芹，继续蒸 3~4 分钟，直至熟透。

3 加入植物油和奶或者水做成细腻的菜泥。

番茄芫荽小扁豆糊

这款简单的豆糊能为你的宝宝提供蛋白质、铁和维生素 C，既可以单独作为一道辅食享用，也可以用婴儿米粉或者土豆泥增稠后再给宝宝吃。随着添加辅食进程的持续，更多的小块食物被引入进来。当你做这款辅食的时候，可以用叉子捣烂，而不必像之前一样做得那么细腻。

5 分钟　20~25 分钟

食材

1 汤匙植物油
25 克切得极碎的洋葱
50 克红色小扁豆豆瓣
200 克罐头番茄，切碎
少许芫荽粉
1 茶匙切碎的新鲜芫荽（可选）

步骤

1 用不粘酱汁锅把油烧热，翻炒洋葱 3~4 分钟，或者直至变软。加入小扁豆、番茄和芫荽粉翻炒。

2 加入 200 毫升水，煮沸后调小火，盖上锅盖，炖煮 15~20 分钟，或者直至小扁豆变软。

3 加入新鲜芫荽翻炒，继续煮 1~2 分钟。离火，稍微冷却，做成菜泥。

* 小窍门：当你使用新鲜香草的时候，确保清洗干净，并用厨房纸吸干水分。在烹调的最后几分钟再加入新鲜香草，以便高温将所有可导致食物中毒的细菌杀死。

番茄芫荽小扁豆糊

鸡肉西蓝花泥

鸡肉西蓝花泥

你的宝宝应该已经非常熟悉西蓝花的味道了。西蓝花和鸡肉搭配在一起，是一道富含蛋白质的辅食。你既可以直接给宝宝吃，也可以加一点婴儿米粉，这样便有菜有饭，更像一顿完整的饭。

5~6 分钟　8~10 分钟

6~8 份

食材

1 汤匙植物油
100 克鸡肉末
200 克小朵西蓝花
90 毫升冷开水或奶

步骤

1 把油倒入小酱汁锅里，油热后加入鸡肉末，小火翻炒 2 分钟，然后加入 75 毫升水。

2 盖上锅盖，小火炖煮 5 分钟，或者直至肉末熟透。

3 把西蓝花蒸至变软。利用鸡肉末里的汤汁，做成鸡肉泥，再加入西蓝花和剩下的水或者奶，用料理机打成细腻顺滑的菜泥。

*** 小窍门：** 如果你想添加婴儿米粉，每汤匙菜泥里可兑入 1 满茶匙婴儿米粉。

牛肉胡萝卜土豆泥

牛肉是铁和锌的优质来源。在你的宝宝大约 6 个月的时候，引入牛肉等蛋白质含量丰富的食物是非常重要的。选择瘦牛肉，因为瘦牛肉的饱和脂肪含量比较低。你在炒牛肉的时候，应该用健康的富含单不饱和脂肪的植物油，例如菜籽油。

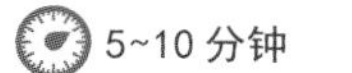 5~10 分钟　18~20 分钟　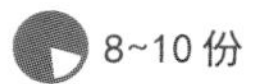 8~10 份　

食材

1 汤匙植物油
100 克瘦牛肉末
200 克胡萝卜，去皮，纵向切成 4 条，切片
200 克土豆，去皮，切成小块
奶（可选）

步骤

1 把酱汁锅里的油烧热，小火翻炒牛肉末 2~3 分钟，或者直至肉末变成浅棕色。

2 加入胡萝卜和 200 毫升水，煮沸。搅拌均匀，盖上锅盖，小火炖煮 15 分钟，或者直至胡萝卜变软。

3 与此同时，把土豆蒸熟或者煮熟。利用步骤 2 的汤汁，把胡萝卜和牛肉做成细腻的菜泥。

4 用压泥器或者绞菜机制作土豆泥，也可用叉子把土豆捣得非常烂，需要的话可以加一点奶。把土豆泥和牛肉胡萝卜泥混合在一起，搅拌均匀。

*** 小窍门：** 由于土豆需要单独蒸或者煮，所以，假如你愿意的话，可以把牛肉胡萝卜泥先做好，冷冻储存起来。在你使用绞菜机或者食物料理机时，选用点动档，使食物泥的口感粗一些，这对于添加辅食第二阶段来说非常有用。

*** 备选方案：** 可以用羊肉末代替牛肉末。在添加辅食的第三阶段，你还可以加入 1/4 茶匙混合香料粉。

杏子羊肉泥

羊肉和牛肉一样，含有易被人体吸收的铁和锌。这款菜泥里加入了富含维生素 C 的番茄，而维生素 C 能帮助你的宝宝吸收铁。你可以把这款菜泥和土豆泥一起，与婴儿米粉搭配起来，在接下来的添加辅食过程中还可以搭配古斯古斯。

6~8 份

食材

100 克羊肉末
50 克杏肉
200 克番茄糊
少许肉桂粉

步骤

1 把羊肉末倒入小酱汁锅里，利用羊肉本身的油脂小火翻炒 2~3 分钟，或者直至肉末变成棕色，并把结团的肉末打散。

2 加入杏肉、番茄糊和 100 毫升水。撒入肉桂粉，搅拌均匀，盖上锅盖。

3 小火炖煮 10~15 分钟，时不时搅拌，待肉末熟透、杏肉变软后离火。稍微冷却，然后做成菜泥。

4 搭配婴儿米粉、土豆或者甘薯一起享用。

* **小窍门**：你也可以用 200 克原汁浸泡的罐头碎番茄代替番茄糊。

第二阶段概览

在添加辅食的第二阶段，也就是宝宝 7~9 个月的时候，他的抓握能力精进了不少，能握住勺子，拿起柔软的手指食物，并且习惯用有盖的杯子喝水了。宝宝可能每天吃 2~3 顿，这几顿辅食在宝宝的营养摄取中发挥着越来越重要的作用。随着肌肉力量逐渐增强，宝宝坐在高脚椅上的时候比以前坐得更直了，在吃饭的过程中，他便能以更好的角度观察厨房里发生的事。

第二阶段进程

在这个阶段，宝宝吃的食物在口感上会发生变化，将从果蔬泥过渡到捣烂的食物（如果你还没有给宝宝做过的话），其中含有柔软的小块食物，以及各种切碎和绞碎的食物。宝宝也将开始吃丰富多样的手指食物。

在这个阶段，不论宝宝是否长牙了，他的咀嚼能力将进一步增强，给他吃一些混有颗粒的食物，以及入口即化或者柔软的手指食物是极其重要的，只有这样他才能练习咀嚼食物。开始时可在他已经熟悉的食物里添加柔软的颗粒食物或者小块食物，比如煮熟的土豆和蔬菜。小巧的儿童意大利面条也是理想的小块食物，能够吸引宝宝咀嚼。之后，食物可以逐步过渡到稍大的块和稍硬的口感，这种转变也适用于手指食物。不要因为担心宝宝可能发生窒息而推迟进入这个阶段。到了宝宝 9 个月的时候，应该能够吃柔软的小块食物，这对于他来说非常重要。如果拖延太久，宝宝可能会抗拒尝试新口感。

在这个阶段，持之以恒非常重要。坚持不懈地给宝宝提供咸味食物和蔬菜，其次才是甜食和水果，宝宝就不会因为嗜好甜食而拒绝咸味食物了。

宝宝现在吃什么？

- 不论母乳还是配方奶，对你的宝宝来说，它们依然非常重要。在这个阶段，宝宝吃的食物更多了，需要的奶量将有所减少，但每天的奶量仍不能低于 500 毫升或者 2~4 次母乳哺喂。如果你打算终止母乳喂养，开始给宝宝添加辅食，应确保你选择的代替母乳的配方奶适合你的宝宝。
- 在添加辅食的第二阶段，你的宝宝应该每天吃一次肉（包括禽肉）和（或）鱼。这些食物能够给宝宝提供必需的蛋白质、B 族维生素、铁、锌和欧米伽 3 脂肪酸，而单纯吃奶则无法为宝宝的生长提供所需的足够营养。菜单计划将帮助你引入营养丰富的食物，例如羊肉、鸡肉、牛肉、银鳕鱼、三文鱼和豆腐。
- 如果你以素食方式喂养宝宝，除了奶酪和鸡蛋，他需要吃各种各样的豆子、豆腐、坚果和籽类的酱，从而为他提供多种植物蛋白。你还可以向专业人士咨询，购买适合宝宝的欧米伽 3 补充剂。
- 虽然奶非常重要，但你也可以给宝宝喝其他饮料。本书 46~47 页列出了适合婴儿喝的饮料和应该避免的饮料。

调整喂奶时间

当宝宝一日三餐的食量增大之后，你应该调整喂奶时间，以便宝宝有食欲吃饭。早晨是比较微妙的时间，因为此时宝宝饿着肚子醒来，而且也已经习惯了饱饱地吃一顿奶。如果他形成了规律，你应该先给他喂奶，等到你起床，准备迎接新的一天时，再给宝宝吃早餐。假如宝宝习惯在上午饱饱地吃一顿奶，那么试着将这顿奶分成两次，午餐前吃一点，午餐后再吃一点；你还可以把一大瓶奶换成两小瓶，或者每次只喂一侧乳房。随着时间的推移，你会建立起一种模式，使宝宝的一日三餐完美地与睡觉和游戏配合起来。

第二阶段——速览

口感	在添加辅食的第二阶段，宝宝吃的食物应该从捣烂的食物过渡到切碎或者剁碎的食物，以及入口即化的手指食物。
引入	你可以引入：作为食材的牛奶·更多的意大利面条·柔软的浆果·大豆和豆腐制品·坚果。 *备注：如果你有家族过敏史，在给宝宝吃坚果前务必咨询医生。
避免	不要给宝宝吃加工肉制品，包括香肠、火腿、蜂蜜、动物肝脏和整颗坚果（见19页）。

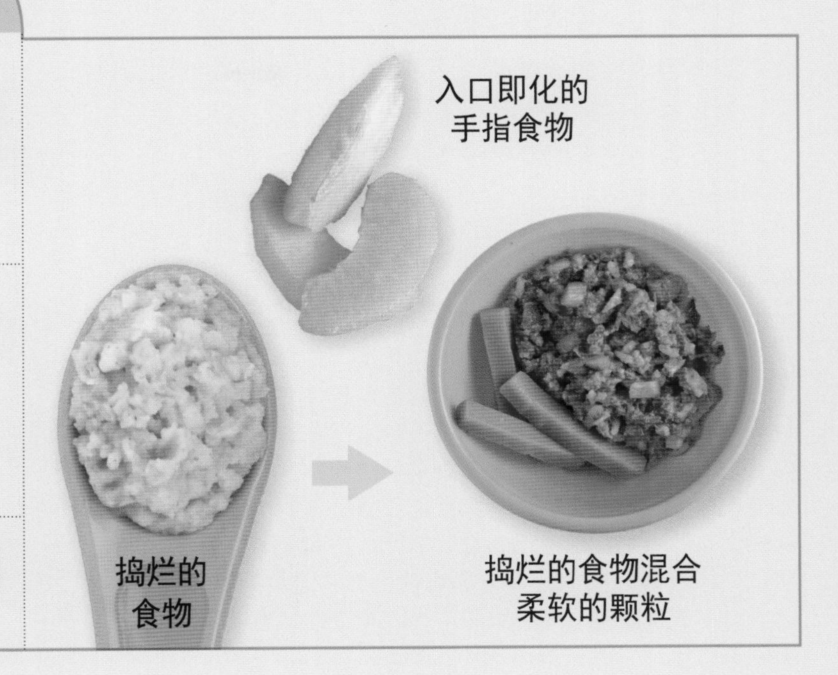

食物分量（每份）

下表列举了婴儿在添加辅食第二阶段的一般指导食量，当然，每个婴儿需要的食物分量不一样。下表的设定前提是把来自各个食物大类的食物混合在一起提供给婴儿。

食物种类	典型时间段	7~9 个月婴儿的平均食量
奶和麦片	早餐	每顿5茶匙~5汤匙
水果泥和乳制品	甜点或早餐	5茶匙
咸味菜肴：蔬菜，蛋白质（肉类、鱼类、鸡蛋或豆类），意大利面条，土豆或米粉	午餐或晚餐	每顿5~10茶匙
乳制品：用牛奶制作的甜点	午餐甜点或晚餐甜点	5~10茶匙
奶：配方奶或母乳	全天	500~600毫升
手指食物	随餐享用	半片面包或1块米糕，2根意大利面条，2~3块软的水果或蔬菜
高脂和高糖的食物	不适合	不适合

自己动手吃！

随着手眼协调能力的提高，从第二阶段开始，你的宝宝能够自己吃一些手指食物了。吃完整的食物能帮助宝宝学会高效地咀嚼，而这又是言语发育的重要组成部分，因为他学会了协调说话时需要调动的肌肉。现在，宝宝对自己手指的控制力提升了。因此，一把带有可拆卸托盘的高脚椅十分有用，你可以把食物直接放在托盘上，让宝宝自己尝试抓取。

引入手指食物

柔软的水果是手指食物的最佳入门选择，把水果切成片或者块，大小足够宝宝用手抓起来。也许在添加辅食第一阶段快结束的时候，你已经给宝宝吃过手指食物了，所以现在可以给宝宝准备更多的手指食物。务必将水果去籽或者去核。在宝宝吃正餐的时候，你可以把做熟的蔬菜切成手指食物给他吃。把蔬菜切成条状、片状或者掰成小朵，清蒸或者用烤箱烘烤变软。随着时间的推移，宝宝的咀嚼能力逐渐提高，你可以给宝宝吃一些生的手指食物。市面上有数不胜数的工业化生产的婴幼儿零食，它们都是很好的手指食物，当你带宝宝外出的时候，它们也便于携带。但是，当你们在家的时候，尽量避免用零食安慰宝宝或者分散宝宝的注意力，比如婴儿面包棒以及各种需要咬断但入口即化的零食，因为这些零食会影响宝宝吃正餐的食欲。

“我想自己吃！”

吃手指食物是宝宝学习吃饭的重要组成部分，能够为他创造机会，培养自己吃饭的习惯。如果你的宝宝拒绝吃用勺子喂的食物，有能力自己吃手指食物，这样做可以给他带来更多的掌控感，从而让你们俩能轻松愉快地用餐。如果你采用婴儿主导法，应该早一些引入手指食物，把几种食物放在高脚椅的托盘上，让你的宝宝自己选择吃什么。

注意事项

- 每当你的宝宝吃口感新鲜的食物，以及吃手指食物时，你一定要全程待在他身边，以防宝宝发生窒息。参考39页关于准备食物时如何防止窒息的建议。
- 水果干可能粘在牙齿上，提高发生龋齿的风险，所以给宝宝吃水果干时应该谨慎。葡萄干最好在正餐时间吃，除非你能在宝宝吃完葡萄干后给他刷牙。可以先用一点水把水果干泡软，然后再给宝宝吃。

10 种快捷手指食物

抹黄油的面包条
或者皮塔饼条，单独吃或者涂抹无盐幼滑花生酱
煮软的儿童意大利面条
鳄梨丁
香蕉条或香蕉片
柔软的熟蔬菜
胡萝卜、四季豆、绿皮西葫芦或者南瓜
磨碎的食物
尝试胡萝卜丝或者把奶酪擦丝（有利于宝宝抓握能力的发育）
柔软的熟土豆块
或者甘薯条
草莓和树莓
全熟水煮蛋切成块
硬奶酪丁

外出就餐

在你和宝宝养成日常作息习惯之后，你就可以带着宝宝出去与朋友聚会，拜访亲戚，购物，或者去公园游玩了。这也意味着你们有可能要在外面吃饭，有很多健康且便于携带的餐食供你选择。

让菜单计划适合外出

菜单计划中有大量的冷食配方。根据你的行程计划，只需调换日期，菜单计划便可轻松应用于你和宝宝外出的那天。这些易于携带的食物包括：

- 杏梨泥（见66页）
- 鳄梨泥（见61页）
- 香蕉泥（见59页）
- 鳄梨香蕉泥（见66页）
- 蒸熟后冷却的蔬菜（见118~119页）蘸家常胡姆斯酱（见111页）
- 婴儿面包棒或者皮塔饼条蘸乡村奶酪酱（见107页）
- 鹰嘴豆泥丸子（见110页）蘸酸奶黄瓜酱
- 香蕉布丁（见133页）
- 奶香杏泥（见129页）
- 酸奶配炖水果（见129页）

当宝宝逐渐长大，开始吃更多完整的餐食了，你可以尝试：

- 比萨（见178~179页）
- 古斯古斯（见102页）配乡村奶酪或者奶酪丁
- 全熟水煮蛋（见69页）、樱桃番茄和面包抹黄油
- 蓝莓煎饼（见169页）抹软奶酪
- 鸡蛋芹菜三明治（见175页）配红甜椒条
- 意大利面条，有无酱料均可
- 炖李子（见129页）
- 米布丁（见135页）配橘子

保证安全

当你带宝宝外出就餐的时候，绝不可在食物安全和卫生上疏忽大意：

- 就餐前，你和你的宝宝应该洗手。
- 当你携带自制食物出门的时候，带上一个碗和几把勺子，其中一把勺子专门用于把食物盛进碗里，用其他勺子喂宝宝。这样做可以确保宝宝的唾液不会污染那些还没盛出来的食物。
- 携带罐头食品时，假如你无法立刻冷藏，应该把开罐后没有吃完的食物扔掉，因为工业化生产的婴幼儿罐头食品开罐后没有及时冷藏的话，对宝宝来说是不安全的。
- 当宝宝坐在婴儿推车里的时候，不要让宝宝吮吸袋装食物。因为宝宝还不会控制自己的舌头，吮吸食物时很容易被食物呛住而导致窒息。等你们停下来吃午餐的时候，把袋装食物倒进碗里，再给宝宝吃。
- 当你驾车的时候，绝对不要给宝宝吃任何东西，除非有其他成年人陪伴在他身旁。

热的还是冷的？

如果你希望在外出时给宝宝吃热食，也有不少选择。先在家把食物做好并且冷却，到了目的地后再加热，这个方法特别适用于去朋友家做客。你也可以在家把冷冻食物加热，先用沸水把广口真空保温瓶烫一下，再把食物放到保温瓶里保温；确保食物被加热至滚烫，防止食物在保温瓶内温暖的环境里滋生细菌。假如食物需要保持低温状态，可以用车载冰箱保存，或者放入保冷包，再放上几个冰盒。

吃外购婴儿食品

毫无疑问，外出的时候带上一些密封的罐头食品或者袋装食品是非常方便的，而且外购婴儿食品还能为宝宝的饮食增加多样性。如果食物购自超市的工业化生产的婴幼儿食品货架，而不是保鲜冷藏区，那么就不需要在特殊的储存条件下保存，在常温下就可以食用。假如你在餐馆就餐或者在朋友家做客的时候，可以请服务员或者朋友帮忙加热。

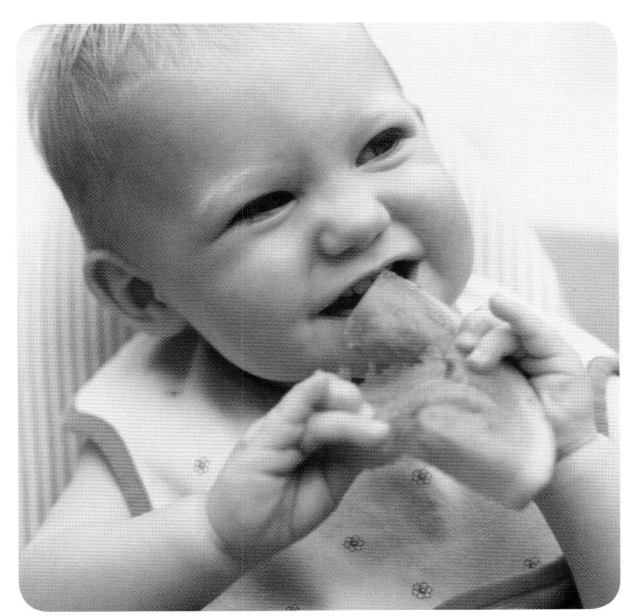

便于携带的水果是外出途中的理想食物。

在餐馆就餐

有些餐馆欢迎婴儿客人前来就餐，因此，在就餐前提前了解餐馆能够给宝宝提供哪些服务是有必要的。检查事项包括：

- 是否提供婴儿高脚椅？
- 是否提供玩具或者蜡笔，能让大一点的孩子开心玩耍？如果没有，带上几个不会发出噪音的玩具，以便宝宝有东西可玩；选择可以稳稳地放在高脚椅托盘上的玩具。
- 菜单上是否有适合婴儿吃的食物，例如能够用叉子捣烂的食物或者切得很细碎的食物，或者是宝宝能够直接用手抓着自己吃的食物。不要给宝宝吃加盐的食物。
- 如果菜单上没有适合婴儿吃的菜肴，餐馆是否能够加热从商店购买的婴儿食物？（餐馆通常不愿意对你带来的自制食物进行加热，因为你的食物可能带来风险。）餐馆是否自己制作婴儿罐装食品，并且愿意进行加热？
- 是否禁止你给宝宝吃自带的冷食？
- 咖啡馆极少提供适合婴儿吃的食物，因此，当你有计划在外出途中找一家咖啡馆休息的话，带上自己做的食物或者买点简单的三明治。

每日菜单计划

吃饭的时候给宝宝准备一杯饮料——日常吃的奶或者水都可以，用有盖的杯子盛。如果你打算给宝宝喝果汁，务必以1份无糖果汁兑10份水的比例稀释。

星期一	星期二	星期三	星期四
早餐 杏泥燕麦粥（见68页）	早餐 苹果泥（见59页）拌饼干或饼干泡奶（见70页）	早餐 香蕉粟米粥（见68页）	早餐 杏梨泥（见66页）配黄油吐司（见69页）
午餐 意式金枪鱼番茄泥（见120页）	午餐 银鳕鱼豌豆土豆泥（见72页）	午餐 全熟水煮蛋配黄油吐司（见69页）	午餐 豆腐鳄梨酱（见108页）
晚餐 洋葱牛肉（见116页）配土豆泥 香蕉布丁（见133页）	晚餐 鸡肉西蓝花泥（见74页）配米粉 木瓜块（见131页）	晚餐 芝香豌豆鱼肉泥（见117页） 奶香杏泥（见129页）	晚餐 意式金枪鱼番茄泥（见120页） 水果泥拌酸奶（见96页）

星期五	星期六	星期天
早餐 杧果泥拌酸奶（见67页）	早餐 苹果树莓泥（见97页）	早餐 香蕉燕麦粥（见68页）
午餐 芝香豌豆鱼肉泥（见117页）	午餐 清蒸蔬菜蘸家常胡姆斯酱（见111页）	午餐 洋葱牛肉（见116页）配土豆泥
晚餐 蔬菜酱意大利面条（见122页） 巧克力米布丁（见135页）	晚餐 杏子羊肉泥（见75页）配米粉和熟菠菜 蔓越莓炖苹果（见129页）	晚餐 奶油三文鱼意大利面条（见121页） 奶油果泥（见133页）

本周其他可选菜单： 树莓粥（见 99 页）·胡萝卜小扁豆汤（见 103 页）·甘薯大麦韭葱汤（见 102 页）·奶酪花椰菜（见 125 页）配面包和黄油·果香鸡肉（见 112 页）配土豆泥·杧果冰棒（见 132 页）·对半切开的葡萄和梨片（见 130 页）

每日菜单计划

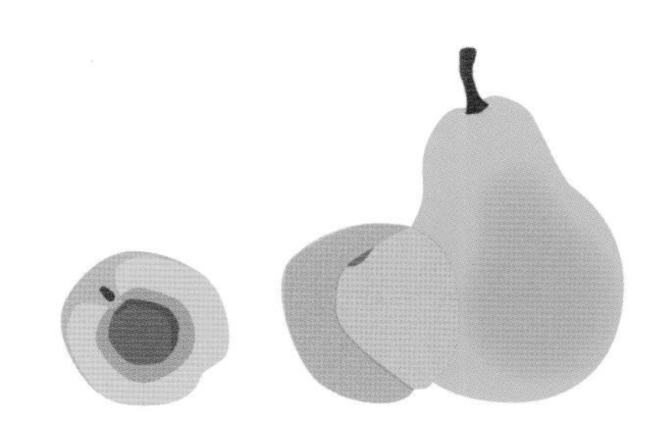

星期一

早餐
鲜奶酪拌香蕉片

午餐
清蒸蔬菜和皮塔饼蘸家常胡姆斯酱（见111页）

晚餐
杏子羊肉泥（见75页）配米粉和西蓝花
奶油果泥（见133页）

星期二

早餐
香蕉燕麦粥（见68页）

午餐
全熟水煮蛋配黄油吐司（见69页）

晚餐
果香鸡肉（见112页）配甘薯泥
水果泥拌酸奶（见96页）

星期三

早餐
苹果泥拌饼干（见59页）
或饼干泡奶（见70页）

午餐
甘薯大麦韭葱汤（见102页）

晚餐
银鳕鱼豌豆土豆泥（见72页）
碎米布丁（见134页）

星期四

早餐
酸奶配梨片（见130页）

午餐
鸡肉西蓝花泥（见74页）配米粉

晚餐
奶油三文鱼意大利面条（见121页）
奶油果泥（见133页）

星期五

早餐
苹果泥（见59页）
粟米粥（见68页）

午餐
清蒸蔬菜蘸乡村奶酪酱（见107页）

晚餐
椰香小扁豆糊（见128页）配米粉
浆果蘸巧克力酱（见135页）

星期六

早餐
辛香李子香蕉泥（见96页）

午餐
甘薯沙丁鱼豌豆泥（见117页）

晚餐
希腊烤鱼（见120页）配土豆泥
软梨片（见130页）

星期天

早餐
椰枣燕麦粥（见98页）

午餐
面包蘸鳄梨酱（见105页）

晚餐
诺曼底猪肉（见113页）配土豆泥
香蕉布丁（见133页）

本周其他可选菜单： 法式吐司（见 98 页）配水果泥（见 59~62 页）· 燕麦粥（见 98 页）· 蔬菜酱意大利面条（见 122 页）· 意式南瓜烩饭（见 122 页）· 儿童意大利面条和花椰菜蘸牛肉酱（见 115 页）· 意式田园时蔬烩饭（见 127 页）· 炖李子（见 129 页）

每日菜单计划

星期一

早餐
全熟水煮蛋配
黄油吐司（见69页）

午餐
鱼片（见106页）蘸鳄梨酱
（见105页）

晚餐
菠菜豆腐米饭（见127页）
杂莓酸奶冰（见133页）

星期二

早餐
鲜奶酪拌杏梨泥（见66页）

午餐
意式金枪鱼番茄泥
（见120页）

晚餐
羊肉塔吉（见115页）
配古斯古斯（见102页）
奶油果泥（见133页）

星期三

早餐
椰枣燕麦粥（见98页）
配梨片（见130页）

午餐
面包条或黄瓜条
蘸家常胡姆斯酱（见111页）

晚餐
果香鸡肉（见112页）
配甘薯泥
桃罐头配粗麦布丁
（见134页）

星期四

早餐
酸奶配草莓片（见130页）

午餐
银鳕鱼豌豆土豆泥
（见72页）

晚餐
西梅牛肉（见116页）
配熟菠菜和米粉
蔓越莓炖苹果（见129页）

星期五

早餐
香草杧果泥（见97页）

午餐
小扁豆菠菜糊（见128页）
配米粉

晚餐
奶油三文鱼意大利面条
（见121页）
浆果配米布丁（见135页）

星期六

早餐
综合果泥拌饼干或饼干泡奶
（见70页）

午餐
甘薯大麦韭葱汤（见102页）
配芝香玉米条（见108页）

晚餐
奶酪花椰菜（见125页）
木瓜块（见131页）

星期天

早餐
香蕉粟米粥（见68页）

午餐
意式芝香番茄烩饭
（见124页）

晚餐
椰香咖喱蔬菜（见126页）
配米粉
奶香杏泥（见129页）

本周其他可选菜单： 美味香蕉吐司（见100页）·芝香玉米条（见108页）蘸地中海式烤蔬菜酱（见107页）·诺曼底猪肉（见113页）配甘薯泥和清蒸四季豆·希腊烤鱼（见120页）配熟菠菜·苹果片和梨片（见130页）

每日菜单计划

星期一

早餐
椰枣燕麦粥（见98页）
配杧果丁（见131页）

午餐
鱼片（见106页）
蘸鳄梨酱（见105页）

晚餐
香滑素肉末（见126页）
配米粉
浆果蘸巧克力酱（见135页）

星期二

早餐
吐司抹奶油奶酪
（见100页）
配梨片（见130页）

午餐
意式南瓜烩饭（见122页）

晚餐
菠菜豆腐米饭（见127页）
奶香杏泥（见129页）

星期三

早餐
鲜奶酪拌浆果泥（见70页）

午餐
全熟水煮蛋配黄油吐司
（见69页）和甜椒条

晚餐
希腊烤鱼（见120页）
配土豆泥
蔓越莓炖苹果（见129页）

星期四

早餐
美味香蕉吐司（见100页）

午餐
清蒸胡萝卜蘸豆腐鳄梨酱
（见108页）

晚餐
羊肉塔吉（见115页）配
古斯古斯（见102页）
和熟菠菜
巧克力米布丁（见135页）

星期五

早餐
香草杧果泥（见97页）

午餐
椰香小扁豆糊（见128页）
配米粉

晚餐
意式金枪鱼番茄泥
（见120页）
香蕉蘸巧克力酱
（见135页）

星期六

早餐
法式吐司配草莓片（见98页）

午餐
甘薯大麦韭葱汤（见102页）
配芝香玉米条（见108页）

晚餐
普罗斯旺鸡肉（见112页）
配儿童意大利面条
粗麦布丁（见134页）
配杏泥（见60页）

星期天

早餐
苹果树莓泥（见97页）

午餐
蔬菜酱意大利面条
（见122页）配奶酪碎

晚餐
西梅牛肉（见116页）
配西蓝花和米粉
鲜奶酪拌水果泥（见70页）

本周其他可选菜单： 蓝莓泥拌酸奶（见 97 页）· 吐司抹花生酱（见 101 页）· 小扁豆菠菜糊（见 128 页）· 清蒸蔬菜（见 118~119 页）蘸家常胡姆斯酱（见 111 页）· 意式田园时蔬烩饭（见 127 页）· 香草羊肉炖蔬菜（见 114 页）· 奶油果泥（见 133 页）

每日菜单计划

星期一	星期二	星期三	星期四
早餐 饼干泡奶（见70页） 配香蕉片	早餐 法式吐司配水果（见98页）	早餐 粟米粥（见68页）配 炖水果（见129页）	早餐 香蕉猕猴桃泥（见97页）
午餐 胡萝卜小扁豆汤 （见103页）配面包	午餐 面包棒或者生（熟）蔬菜 蘸金枪鱼酱（见105页）	午餐 蔬菜酱意大利面条 （见122页）配奶酪碎	午餐 炒蛋（见99页）配吐司和生 （熟）蔬菜
晚餐 三文鱼甘薯糕（见121页） 配酸奶和四季豆 鲜奶酪拌水果泥（见70页）	晚餐 椰香咖喱蔬菜（见126页） 配米粉 杂莓酸奶冰（见133页）	晚餐 诺曼底猪肉（见113页） 配土豆泥和西蓝花 水果泥拌酸奶（见96页）	晚餐 香滑素肉末（见126页）配 古斯古斯（见102页）和 胡萝卜 奶油果泥（见133页）

星期五	星期六	星期日
早餐 树莓粥（见99页）	早餐 酸奶配草莓片	早餐 香蕉燕麦粥（见68页）
午餐 意式金枪鱼番茄泥 （见120页）	午餐 清蒸蔬菜和面包条蘸鳄梨酱 （见105页）	午餐 迷你薄荷羊肉丸 （见109页）蘸鳄梨酱 （见105页）
晚餐 菠萝猪肉（见114页）配 清蒸绿皮西葫芦 香柠里科塔奶酪布丁（见 134页）	晚餐 意式芝香番茄烩饭 （见124页）配四季豆 炖李子（见129页）	晚餐 奶油三文鱼意大利面条 （见121页） 软梨片

本周其他可选菜单： 香草杧果泥（见 97 页）· 奶酪司康（见 104 页）蘸乡村奶酪酱（见 107 页）· 甘薯大麦韭葱汤（见 102 页）· 儿童意大利面条和西蓝花蘸牛肉酱（见 115 页）· 鸡肉炖蘑菇（见 113 页）配土豆泥和四季豆 · 巧克力米布丁（见 135 页）

每日菜单计划

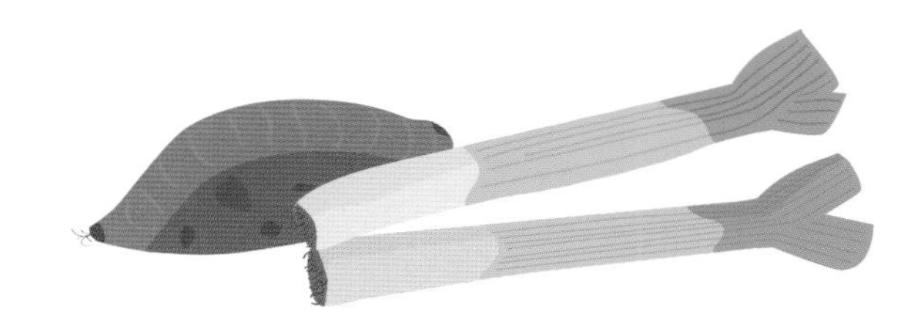

星期一

早餐
蓝莓梨子泥（见97页）

午餐
胡萝卜小扁豆汤（见103页）配面包

晚餐
菠萝猪肉（见114页）配米粉和花椰菜
碎米布丁（见134页）配浆果泥

星期二

早餐
鲜奶酪拌香蕉片

午餐
椰香小扁豆糊（见128页）配米粉

晚餐
香草羊肉炖蔬菜（见114页）配古斯古斯（见102页）
葡萄干炖苹果（见129页）

星期三

早餐
吐司抹奶油奶酪（见100页）配对半切开的葡萄

午餐
炒蛋（见99页）配吐司或者软番茄片

晚餐
意式芝香番茄烩饭（见124页）配甜玉米
奶香杏泥（见129页）

星期四

早餐
酸奶配树莓（整颗）

午餐
奶酪花椰菜（见125页）配面包条

晚餐
三文鱼甘薯糕（见121页）蘸鳄梨酱（见105页）配四季豆
粗麦布丁（见134页）配水果

星期五

早餐
瑞士木斯里（见98页）

午餐
任何可蘸酱的食材蘸鳄梨酱（见105页）

晚餐
西梅牛肉（见116页）配土豆和花椰菜
水果泥拌酸奶（见96页）

星期六

早餐
炒蛋（见99页）配吐司

午餐
甘薯大麦韭葱汤（见102页）

晚餐
普罗旺斯鸡肉（见112页）配土豆泥
奶油果泥（见133页）

星期日

早餐
美味香蕉吐司（见100页）

午餐
意式金枪鱼番茄泥（见120页）配熟菠菜

晚餐
奶酪通心粉（见125页）配清蒸蔬菜
杧果冰棒（见132页）

本周其他可选菜单： 椰枣燕麦粥（见 98 页）· 吐司抹花生酱（见 101 页）· 奶酪西蓝花（见 125 页）配面包条 · 鹰嘴豆泥丸子（见 110 页）蘸家常胡姆斯酱（见 111 页）· 咖喱蔬菜（见 123 页）配米粉 · 鳄梨片配吐司条 · 果香鸡肉（见 112 页）配土豆泥 · 炖李子（见 129 页）

每日菜单计划

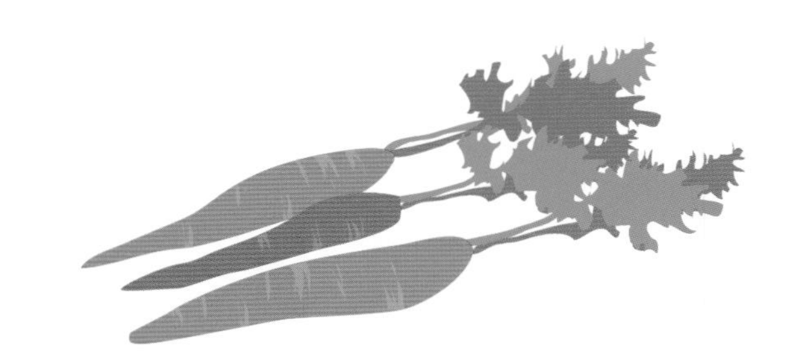

	星期一	星期二	星期三	星期四
早餐	瑞士木斯里（见98页）	香草杧果泥（见97页）	树莓粥（见99页）	吐司抹奶油奶酪（见100页）配对半切开的葡萄
午餐	奶酪花椰菜（见125页）配面包条	皮塔饼蘸家常胡姆斯酱（见111页）配甜椒条	意式金枪鱼番茄泥（见120页）配熟菠菜	胡萝卜小扁豆汤（见103页）配奶酪司康（见104页）
晚餐	香草羊肉炖蔬菜（见114页）配古斯古斯（见102页） 浆果蘸巧克力酱（见135页）	意大利面条蘸牛肉酱（见115页）配绿皮西葫芦 杧果冰棒（见132页）	意式南瓜烩饭（见122页）配四季豆 香蕉布丁（见133页）	咖喱蔬菜（见123页）配印度薄煎饼条 鲜奶酪拌水果

	星期五	星期六	星期日
早餐	饼干泡奶或者蓝莓泥拌饼干（见70页）	炖水果（见129页）配酸奶拌瑞士木斯里（一勺）	瑞士木斯里（见98页）
午餐	米糕蘸乡村奶酪酱（见107页）	鹰嘴豆泥丸子（见110页）蘸地中海式烤蔬菜酱（见107页）	奶酪西蓝花（见125页）配面包条
晚餐	希腊烤鱼（见120页）配土豆泥和绿皮西葫芦泥 软桃片	诺曼底猪肉（见113页）配西蓝花和儿童意大利面条 奶油果泥（见133页）	小扁豆菠菜糊（见128页）配米粉 水果泥拌酸奶（见96页）

本周其他可选菜单： 辛香李子香蕉泥（见 96 页）· 鱼片（见 106 页）蘸鳄梨酱（见 105 页）· 甘薯沙丁鱼豌豆泥（见 117 页）· 普罗旺斯鸡肉（见 112 页）配土豆泥和小朵西蓝花 · 奶酪通心粉（见 125 页）· 蔓越莓炖苹果（见 129 页）

每日菜单计划

星期一

早餐
美味香蕉吐司（见100页）

午餐
笔尖意大利面条蘸地中海式烤蔬菜酱（见107页）

晚餐
香草羊肉炖蔬菜（见114页）配土豆泥
水果泥拌酸奶（见96页）

星期二

早餐
树莓粥（见99页）

午餐
吐司抹金枪鱼酱（见105页）配对半切开的樱桃番茄

晚餐
洋葱牛肉（见116页）配根茎类蔬菜泥
巧克力米布丁（见135页）配橙子瓣

星期三

早餐
瑞士木斯里（见98页）

午餐
椰香咖喱蔬菜（见126页）配米粉

晚餐
希腊烤鱼（见120页）配土豆泥和四季豆
杧果冰棒（见132页）

星期四

早餐
杏泥燕麦粥（见68页）

午餐
意式金枪鱼番茄泥（见120页）

晚餐
菠萝猪肉（见114页）配米粉和熟菠菜
杂莓酸奶冰（见133页）

星期五

早餐
蓝莓梨子泥（见97页）

午餐
迷你薄荷羊肉丸（见109页）蘸地中海式烤蔬菜酱（见107页）

晚餐
意式田园时蔬烩饭（见127页）
木瓜块

星期六

早餐
吐司抹奶油奶酪（见100页）配桃片罐头

午餐
生（熟）蔬菜或面包条蘸豆腐鳄梨酱（见108页）

晚餐
普罗旺斯鸡肉（见112页）配蔬菜泥
炖水果（见129页）拌酸奶

星期日

早餐
多味司康（见99页）

午餐
鱼片（见106页）蘸鳄梨酱（见105页）配面包抹黄油

晚餐
西梅牛肉（见116页）配熟菠菜和米粉
粗麦布丁（见134页）配杏泥（见60页）

本周其他可选菜单： 草莓鲜奶酪（见 96 页）· 吐司蘸乡村奶酪酱（见 107 页）· 胡萝卜小扁豆汤（见 103 页）配奶酪司康（见 104 页）· 奶酪花椰菜（见 125 页）配吐司条 · 菠菜豆腐米饭（见 127 页）· 桃片和油桃片（见 131 页）

每日菜单计划

到添加辅食第二阶段结束的时候，你的宝宝已经品尝过很多新鲜的口感，并且正在学习咀嚼更具挑战性的口感。

星期一

早餐
酸奶配杧果丁

午餐
吐司抹金枪鱼酱（见105页）
配对半切开的樱桃番茄

晚餐
椰香咖喱蔬菜（见126页）
配米粉
奶油果泥（见133页）

星期二

早餐
基础款燕麦粥（见98页）
配香蕉片

午餐
鹰嘴豆泥丸子（见110页）
配酸奶和生（熟）胡萝卜条

晚餐
儿童意大利面条和西蓝花蘸牛肉酱（见115页）
杧果丁

星期三

早餐
多味司康（见99页）

午餐
胡萝卜小扁豆汤（见103页）
配奶酪司康（见104页）

晚餐
果香鸡肉（见112页）配土豆泥和熟菠菜
捣烂的水果拌酸奶

星期四

早餐
瑞士木斯里（见98页）

午餐
苹果香肠小丸子（见106页）
蘸苹果泥（见59页）
配面包

晚餐
奶酪花椰菜或者奶酪西蓝花（见125页）
梨片或苹果片

星期五

早餐
饼干泡奶（见70页）
配葡萄干

午餐
意式田园时蔬烩饭（见127页）

晚餐
三文鱼甘薯糕（见121页）
蘸鳄梨酱（见105页）
草莓片或猕猴桃片

星期六

早餐
鲜奶酪拌草莓片

午餐
意大利面条蘸地中海式烤蔬菜酱（见107页）

晚餐
普罗旺斯鸡肉（见112页）
配米粉
香蕉蘸巧克力酱（见135页）

星期日

早餐
辛香李子香蕉泥（见96页）

午餐
三文鱼甘薯糕（见121页）
配西蓝花

晚餐
香草羊肉炖蔬菜（见114页）
配古斯古斯（见102页）
葡萄干炖苹果（见129页）

本周其他可选菜单： 苹果树莓泥（见 97 页）· 全熟水煮蛋配黄油吐司（见 69 页）· 甘薯沙丁鱼豌豆泥（见 117 页）· 普罗旺斯杂烩（见 124 页）· 鸡肉炖蘑菇（见 113 页）· 粗麦布丁（见 134 页）配炖水果（见 129 页）

悠闲与忙碌时的辅食

随着时间的流逝，在给宝宝制作营养美食的时候，你变得越来越熟练和自信了；有时候，你可能期望打造一个专属于你自己的独家菜单计划，以适合你的生活方式。我们都曾有这样的经历，当我们做饭的时候，要么根据当天的时间紧迫程度进行调整，要么手头有什么食材就做什么菜。有些时候，尤其是在宝宝醒来后烦躁不安或者非常黏人的时候，烹饪的时间就不够了；然而有时候，在厨房忙碌的时光又让人感觉平静而满足。当你准备进入添加辅食第三阶段的时候，以下 10 款辅食能够帮助你打造个人专属的菜单计划，从而满足你的需要，让生活不再忙乱。

适合悠闲时光的辅食

当你的空闲时间充足的时候，慢炖菜或者需要花更多时间和心思准备食材的辅食是最佳选择。下列辅食的烹调时间比较长，这实际上为你节省出了时间，可以专心陪伴宝宝，以及抽身做家务，因为你无须时刻待在炉火旁。

小火慢炖的肉更加入味，而且软烂可口，宝宝咀嚼起来更加轻松。

1 甘薯大麦韭葱汤（见102页）
2 南瓜番茄汤（见180页）
3 诺曼底猪肉（见113页）
4 羊肉塔吉（见115页）
5 洋葱牛肉（见116页）
6 意式芝香番茄烩饭（见124页）
7 西梅牛肉（见116页）
8 普罗旺斯杂烩（见124页）
9 意式田园时蔬烩饭（见127页）
10 素牧羊人派（见189页）

甜点：
- 米布丁（见135页）
- 烤苹果（见190页）
- 梨子葡萄干燕麦酥（见193页）

有些食物经过长时间的烹调后营养价值更高。比如番茄能够在烹调的过程中释放出更多有益健康的抗氧化物质——番茄红素。

意式田园时蔬烩饭

适合忙碌时光的辅食

这些辅食是专门为了你外出或者没有足够时间做饭的时候设计的。它们能很快上桌，而且营养丰富。如果你的日程表上有几天特别忙，买一些新鲜的主食材，比如鱼或者鸡肉，提前冷冻或者冷藏，需要的时候可以随时拿出来用。

1. 青酱番茄马苏里拉比萨（见178页）
2. 豌豆薄荷汤（见181页）
3. 果香鸡肉（见112页）
4. 奶油鸡肉意大利面条（见183页）
5. 菠萝猪肉（见114页）
6. 芝香豌豆鱼肉泥（见117页）
7. 希腊烤鱼（见120页）
8. 奶酪花椰菜或者奶酪西蓝花（见125页）
9. 香滑素肉末（见126页）
10. 鳄梨酱意大利面条（见188页）

甜点：

- 奶香杏泥（见129页）
- 水果（见130~131页）
- 异域风味水果沙拉（见191页）
- 百香果杧果杯（见191页）

烹调时间短意味着食物中重要的B族维生素和维生素C能更多地保留下来，这使得快手菜既方便又健康。

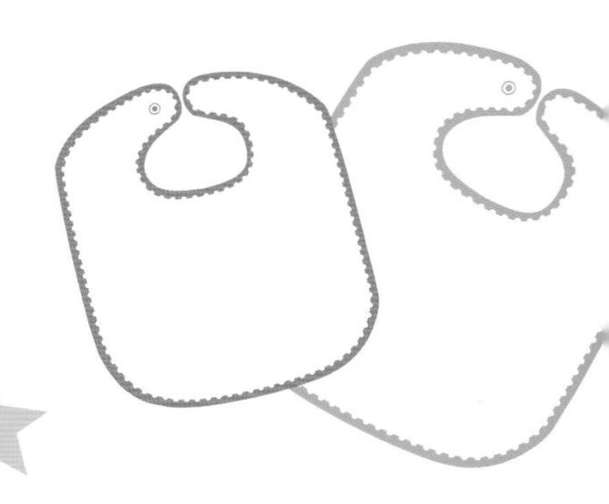

工业化生产的速冻蔬菜提供的维生素C与刚采摘下来时差不多，而且假如你时间紧迫，速冻蔬菜能帮助你快速把食物端上餐桌。

青酱番茄马苏里拉比萨

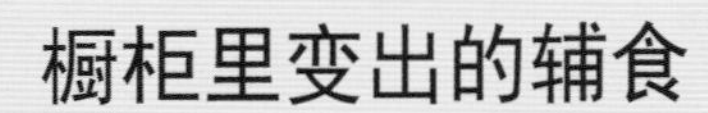

橱柜里变出的辅食

有时候，家里的新鲜食材不够用了，可你却没时间出去买。一个储备充足的橱柜，以及储存在冰箱里的食材，能够给你提供一些不错的解决方案。下列辅食能让你利用橱柜里的存货轻松做出一些美味的辅食和小点心。

1 奶酪司康（见104页）

2 芝香玉米条（见108页）蘸金枪鱼酱（见105页）

3 炒蛋（见99页）

4 沙丁鱼吐司或者番茄焗豆吐司（见173页）

5 意式金枪鱼番茄泥（见120页）

6 奶酪通心粉（见125页）

7 菠菜豆腐米饭（见127页）

8 椰香小扁豆糊（见128页）

9 牛仔风味脆皮焗豆（见188页）

10 花生酱果味古斯古斯（见189页）

甜点：

- 杂莓酸奶冰（见133页）
- 粗麦布丁（见134页）
- 面包黄油布丁（见194页）
- 烤蛋奶布丁（见195页）

意式金枪鱼番茄泥

作为你家橱柜里的核心主食，意大利面条、大米和古斯古斯米是很多辅食的淀粉基础。

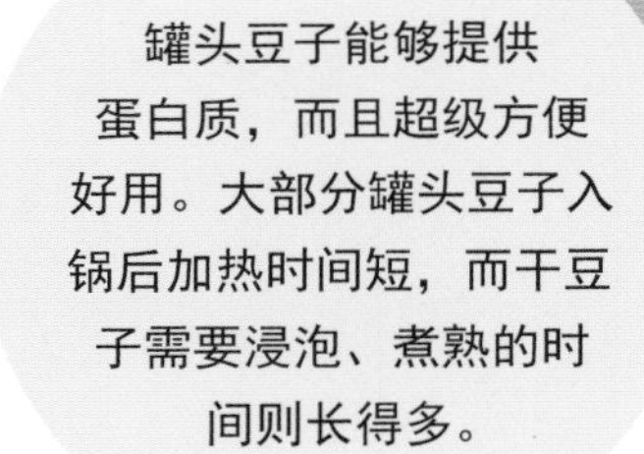

罐头豆子能够提供蛋白质，而且超级方便好用。大部分罐头豆子入锅后加热时间短，而干豆子需要浸泡、煮熟的时间则长得多。

杂莓酸奶冰

经济实惠的辅食

随着食品价格的提高，我们对超市的例行大减价越来越关注。不过，吃得经济实惠并不会有损我们的健康。当你决定在一段时间里少买一些价格昂贵的食材，比如肉类和鱼类，可以采用以豆子为食材的配方，煮花样繁多的汤，做一些简单的意大利面条。它们既能提供饱腹感，又富含营养，而且性价比高。

1 胡萝卜小扁豆汤（见103页）
2 烤土豆配墨西哥风味豆子（见177页）
3 蘑菇洋葱比萨（见178页）
4 韭葱土豆汤（见180页）
5 意式金枪鱼番茄泥（见120页）
6 意式南瓜烩饭（见122页）
7 咖喱蔬菜（见123页）
8 奶酪通心粉（见125页）
9 小扁豆菠菜糊（见128页）
10 素牧羊人派（见189页）

甜点：
- 炖李子（见129页）
- 香蕉布丁（见133页）
- 粗麦布丁（见134页）
- 烤香桃（见190页）

烤土豆不但营养丰富，能搭配不同的酱汁和浇头，口味千变万化，而且土豆还能为我们提供大量的能量。

墨西哥风味豆子

应季的蔬菜和水果不但价格便宜，营养价值也较高。

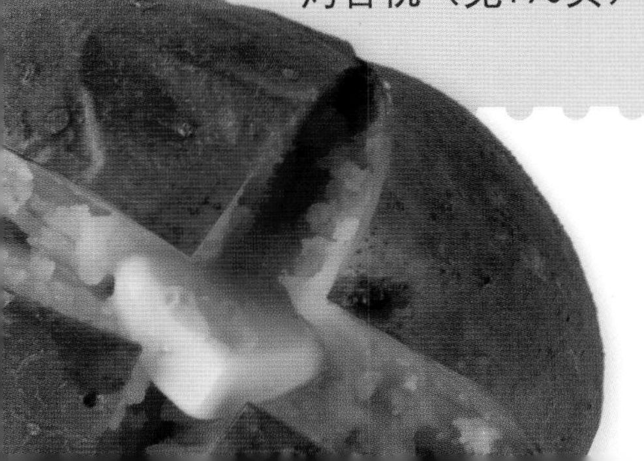

百搭果蔬泥

果蔬泥是最佳入门食物，可以让你的宝宝适应新的味道和口感。随着添加辅食过程的深入，宝宝吃的食物种类越来越多，但果蔬泥依然是一种能够使宝宝的饮食富含蔬菜和水果的好办法。它们既可以作为早餐和点心的补充，也可以涂抹在吐司上。

杏泥拌酸奶

把1汤匙杏泥（见60页）和1汤匙全脂酸奶混合。

风味桃泥拌酸奶

把少许肉桂粉与1汤匙桃子泥（见61页）混合，然后与1汤匙全脂酸奶或者鲜奶酪搅拌均匀。

原味酸奶

风味桃泥拌酸奶

辛香李子香蕉泥

把2个成熟的小李子洗净，切成4块，用1汤匙水炖煮至果肉变软。用搅拌机打至顺滑。把半根小香蕉捣成泥，与李子泥混合均匀，再撒上一点混合香料。

草莓鲜奶酪

把2颗中等大小的成熟草莓清洗干净，去掉草莓蒂。用叉子把草莓捣成泥，加入1满汤匙全脂酸奶或者鲜奶酪，搅拌均匀。

搭配司康

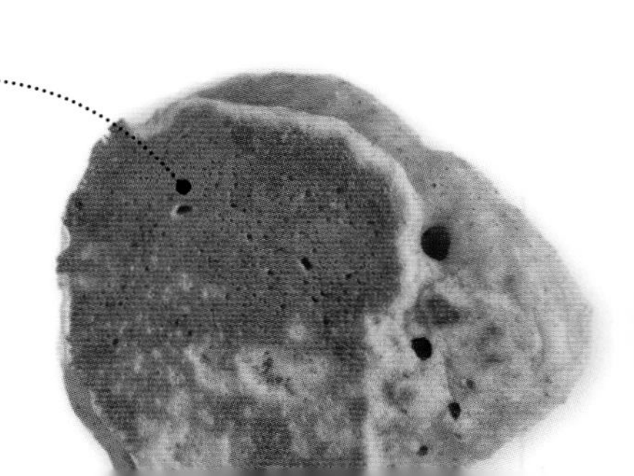

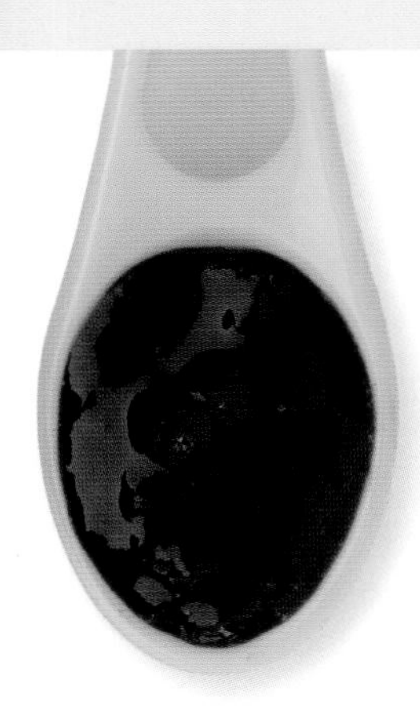

蓝莓泥拌酸奶

把1汤匙蓝莓泥（见60页）和1汤匙全脂酸奶或者鲜奶酪混合，搅拌均匀。

苹果树莓泥

把3~4颗新鲜树莓或者解冻的速冻树莓与1汤匙苹果泥（见59页）一起捣成泥。

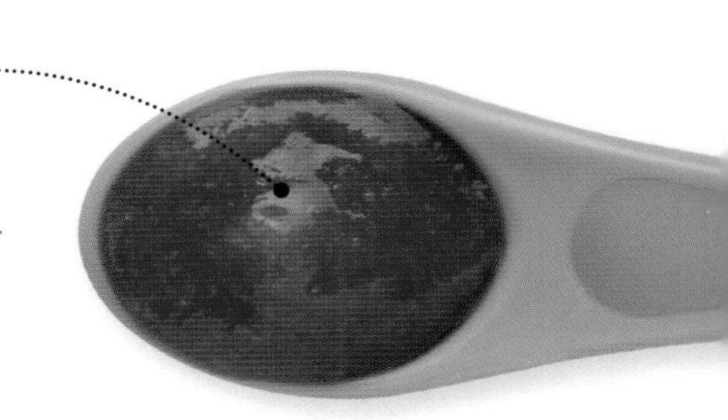

蓝莓梨子泥

把1汤匙蓝莓泥（见60页）和1汤匙梨子泥（见59页）混合，搅拌均匀。

搭配吐司

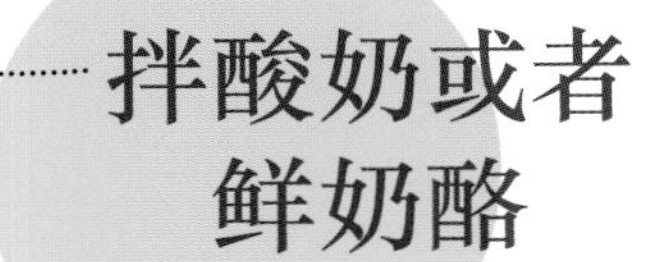

拌酸奶或者鲜奶酪

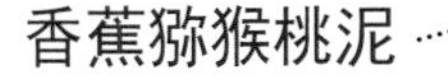

香蕉猕猴桃泥

把1个成熟的猕猴桃去皮并切成两半，去掉白色果芯，然后用叉子将其捣烂成泥。再把半根小香蕉捣成泥，与猕猴桃泥混合，搅拌均匀。

香草杧果泥

在1汤匙杧果泥（见59页）里滴入2滴香草精，再和1汤匙全脂酸奶或者鲜奶酪混合，搅拌均匀。

搭配早餐谷物

瑞士木斯里

这款什锦早餐麦片起源于瑞士，通常含有麦片、水果和坚果。我们的食谱将使用擦成丝的苹果。先用果汁冲泡麦片，再把麦片置于冰箱里冷藏过夜，从而使所有食材完全软化。在为你的宝宝做木斯里的时候，不妨也为自己做一份，让新的一天从美味与健康开始。

5 分钟　浸泡时间：一夜　1 婴儿份和 1 成人份

食材

1 满汤匙燕麦片
1 个中等大小的苹果，去皮、去核，擦丝
3 汤匙橙汁
3 满汤匙全脂原味酸奶
少许混合香料
葡萄干（可选）

步骤

1 用搅拌机把燕麦片打成粉末状，然后倒在碗里。

2 把除葡萄干以外的所有食材混合在一起，搅拌均匀。碗上覆盖保鲜膜，置于冰箱冷藏过夜。

3 如果你自己喜欢的话，可以加点葡萄干，但是在宝宝习惯吃硬一些的食物之前，不要在他的那份里添加葡萄干。

* 可以搭配捣烂的蓝莓或者几片香蕉一起享用。

* 存放在密封容器里，置于冰箱冷藏，最多可保存 48 小时。

* **备选方案**：步骤 1 可以加 1 甜点匙磨碎的扁桃仁或者椰蓉。随着你的宝宝咀嚼得越来越熟练，可以跳过步骤 1。

法式吐司配水果

法式吐司又称为蛋奶吐司，它能够让新的一天从满满的营养开始。我们的食谱将使用布里欧修面包，它不但口感柔软，而且富含奶和鸡蛋。法式吐司可以搭配任何一种水果，例如几片猕猴桃或者软桃，也可以放几颗蓝莓。你的宝宝只需要半个鸡蛋，所以分量足够你们两个人分享。

5 分钟　1 婴儿份和 1 成人份

4~6 分钟

食材

1 个鸡蛋
1~2 茶匙黄油或橄榄油
2~3 小片布里欧修面包
任意水果

步骤

1 用盘子或者碟子把鸡蛋打成蛋液。

2 用无盖不粘平底锅把油烧热。把一片面包片浸入蛋液，然后迅速用叉子或者食物夹把面包片翻面，使其两面都裹上蛋液。

3 把裹上蛋液的面包片放入锅里，每面各煎 1 分钟，或者直到两面都呈金黄色。

4 稍微冷却，切成宝宝能够一口吃下的小块。搭配水果一起享用。

* 不宜储存

基础款燕麦粥

相对于传统的燕麦片，燕麦粥粉不但熟得更快，而且还能提供可溶性膳食纤维，非常有利于我们的身体健康。

1 分钟　2~3 分钟　1 份

食材

30 克燕麦粥粉
150 毫升全脂牛奶

步骤

1 把燕麦粥粉和牛奶倒入小酱汁锅里煮，不停搅拌。

2 当混合物变得黏稠后离火，冷却至体温，宝宝即可享用。

* **微波炉版**：把燕麦粥粉和牛奶倒入适用于微波炉的碗里，用高火加热 30 秒（800W 微波炉）。取出搅拌，再加热 10 秒。（烹调时间根据微波炉功率不同略有差异。）一旦混合物变得黏稠，取出冷却。

* **备选方案**：你可以加入 15 克干的、半干的或者新鲜的椰枣做椰枣燕麦粥。椰枣能给燕麦粥增添天然的甜味并提供膳食纤维。如果用切碎的椰枣干，需要先用热水浸泡 10 分钟再加入粥里，这样可以使椰枣干变软。如果你用的是新鲜的椰枣，应该去皮、去核并切碎。同样，如果你用的是半干的椰枣，也要去核并切碎。

树莓粥

这是一款粉红色的粥，颜色非常漂亮。它不但做起来方便快捷，而且宝宝也很爱吃。

1 分钟  2~3 分钟 1 份

食材

30 克燕麦粥粉
150 毫升全脂牛奶
4~5 颗新鲜或速冻树莓，速冻的需先解冻

步骤

1 把燕麦粥粉和牛奶倒入小酱汁锅里煮，不停搅拌。

2 当混合物变得黏稠后，加入树莓，充分搅拌，使树莓在粥里溶化。

3 离火，冷却至体温，让宝宝享用。

* 微波炉版：把燕麦粥粉和牛奶倒入可用于微波炉的碗里，用高火加热 30 秒（800W 微波炉）。取出搅拌，再加热 10 秒。（烹调时间根据微波炉功率不同略有差异。）一旦混合物变得黏稠，加入树莓搅拌，冷却后食用。

炒蛋

炒蛋是一道既简单又营养的早餐，能提供蛋白质、铁、维生素 A 和维生素 D。如果宝宝的食量小，你需要帮忙吃掉剩余的部分。或者，你可以用 2 个大一点的鸡蛋，给自己也做一份。

2 分钟 2 分钟 1~2 份

食材

1 个鸡蛋
2 汤匙全脂牛奶
1 茶匙橄榄酱

步骤

1 把鸡蛋和牛奶在小碗里混合成牛奶蛋液。

2 把橄榄酱放入小酱汁锅里，待其融化后，把牛奶蛋液倒入锅里搅拌。

3 用小火炒蛋，直至蛋液凝固变硬。

4 把炒好的鸡蛋盛到碗里，冷却至体温。

5 搭配吐司条一起享用。

多味司康

英式司康与美式煎饼区别不大，英式司康通常小一点，使用鲜牛奶，美式煎饼则使用酪乳。作为一种方便零食，司康是早餐时搭配水果的绝佳手指食物。进入添加辅食第三阶段后，你还可以做基础款煎饼（见 192 页）给宝宝吃。

5 分钟 10~15 分钟 16 个 

食材

100 毫升全脂牛奶
1 个鸡蛋
75 克自发粉
50 克全麦粉
1 汤匙枫糖浆或 2 茶匙白糖
1/4 茶匙混合香料
1 汤匙植物油，刷油用

步骤

1 煎饼锅预热或者把不粘平底锅置于中火上加热。

2 同时，把除植物油之外的所有食材混合，制成黏稠的面糊。

3 在锅里薄薄刷一层油，做一个司康大约需要几甜点匙的面糊，用勺子把面糊倒入锅里，摊成小薄饼。烤 1 分钟后，把司康翻面，继续烤另一面。当司康完全烤熟后，从锅里取出，稍微冷却，让宝宝享用或者储存起来。

多味司康

* 可以涂抹奶油奶酪、黄油或者其他涂抹酱，也可以搭配水果泥（见 59~62 页）。
* 可存放在密封容器里常温保存，最多可保存 24 小时，或者冷却后冷冻保存。
* 备选方案：一旦你的宝宝咀嚼能力增强，你可以试着在面糊里加一把葡萄干。

吐司的花样吃法

当你的宝宝能够自己吃饭后，吐司能让早餐变得方便快捷，而且到了添加辅食第二阶段即将结束的时候，他应对各种手指食物也相当得心应手了。不要只给宝宝吃黄油吐司，这很重要，因为他也需要蛋白质（鸡蛋、乳制品和肉类）以及水果。

美味香蕉吐司

这款添加了水果的吐司提供了人体必需的维生素，并且能够缓慢释放能量，从而使宝宝精力充沛地度过整个上午。

食材

1/2 片白面包
黄油或多不饱和脂肪涂抹酱
少许肉桂粉
几片香蕉

步骤

1 把面包片稍微烘烤一下，然后涂抹黄油。

2 撒上肉桂粉，把面包切成宝宝能够一口吃下的小块。

3 把香蕉片放在吐司块上，即可让宝宝享用。

吐司抹奶油奶酪

虽然相对于乡村奶酪或者凝乳奶酪来说，奶油奶酪的蛋白质含量不算高，但是偶尔吃一点是完全没问题的。你的宝宝不需要吃低脂奶油奶酪，因此，当你给全家采购食品时，确保给宝宝买的是全脂奶油奶酪。

步骤

1 任何一种不含坚硬的籽类和谷粒的面包均可。你可以分别尝试用白面包、全麦面包或者布里欧修面包来做。把面包稍微烘烤一下，每片面包涂抹 1 汤匙奶油奶酪或者凝乳奶酪。对于 7~9 个月大的婴儿来说，1/2~1 小片就是 1 份。

2 可以搭配草莓片或者猕猴桃片一起享用。对于大一些的婴儿，可以尝试生的红甜椒条，或者把生的樱桃番茄对半切开并去籽。

奶油奶酪

吐司抹花生酱

选用低盐低糖的柔滑花生酱，不要选用颗粒花生酱，因为花生碎屑可能引发窒息。如果你的家族有过敏史，在给宝宝吃花生酱之前应该咨询医生。

步骤

1 你可以用白面包或者全麦面包，也可以尝试皮塔饼。把面包稍微烘烤一下，每片面包涂抹大约 1 汤匙花生酱。对于 7~9 个月大的婴儿来说，1/2~1 小片面包就是 1 份。

2 可以搭配香蕉片或者对半切开的蓝莓一起享用。对于大一些的婴儿，则可以搭配生黄瓜片。

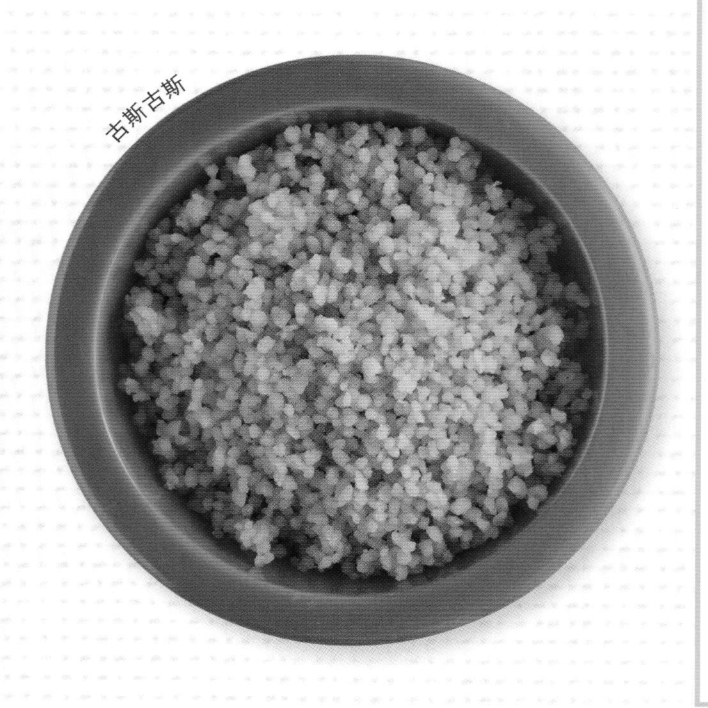

古斯古斯

古斯古斯米其实是一种小麦制品。它是一种深受婴儿喜爱的淀粉类食物，口感柔软，可以很方便地搭配其他食物一起吃。而且，家长们也喜欢它，因为做起来非常简单。古斯古斯米既有全麦粉制作的，也有普通面粉制作的，颗粒也有大有小。我们用的是最容易购买的普通小粒古斯古斯米。

1 分钟　　1 婴儿份

5 分钟　　

食材

10 克或 1 汤匙古斯古斯米

步骤

1 把古斯古斯米放入小烤碗或者普通的碗里，淋上 2 汤匙沸水。搅拌均匀并浸泡 5 分钟。

2 用叉子把古斯古斯米打散，即可让宝宝享用。

* **备选方案**：加入沸水的同时可以加 1 汤匙橄榄油。做柑橘味古斯古斯的时候，你可以加 1 汤匙沸水和 1 汤匙鲜榨橙汁。

甘薯大麦韭葱汤

用甘薯做汤不但美味，而且能提供含量丰富的维生素 A。不论婴儿、儿童，还是成年人，人们都喜欢喝这种味道微甜的汤。它值得你一次多做几份，然后冷冻保存。在寒风刺骨的日子里，这道汤能让你的午餐既暖身又暖心。用现煮的高汤做汤底能增加风味，但是宝宝的那份要用无盐高汤。

15 分钟　　40~45 分钟　　3~4 婴儿份和 3 成人份（大份）　　

食材

1 汤匙橄榄油
175 克韭葱，切极薄的片
150 克胡萝卜，去皮，切小块
200 克甘薯，去皮，切小块
750 毫升无盐蔬菜高汤或鸡肉高汤
50 克珍珠大麦
3 片月桂叶
几支欧芹（可选）
盐和黑胡椒粉，调味用

步骤

1 把油倒入不粘酱汁锅里烧热，慢慢翻炒韭葱大约 5 分钟，或者直至韭葱变软，但不要炒焦。加入胡萝卜和甘薯，翻炒均匀，盖上锅盖。大约焖 5 分钟，使蔬菜出水。

2 加入高汤、大麦、月桂叶和欧芹。煮至沸腾，搅拌均匀，盖上锅盖，小火慢炖 30~35 分钟，需经常搅拌。

3 把月桂叶和欧芹捞出来。欧芹稍后加入汤里一起打碎。

4 待汤稍微冷却，盛出一半，用搅拌机或者料理机把汤里的食材打碎，再倒回锅里。

5 把宝宝的那份盛出来，需要的话继续用搅拌机或者料理机打碎，冷却至体温后让宝宝享用。至于你自己的那份汤，如平常一样加入盐和黑胡椒粉调味，然后就可以享用了。

* 可以搭配奶酪司康（见 104 页）、面包或者面包卷一起享用。
* 存放在密封容器里，置于冰箱冷藏，最多可保存 24 小时，或者冷却后冷冻保存。
* **备选方案**：可用 1 个大个的洋葱代替韭葱。

胡萝卜小扁豆汤

这道简单的汤采用的食材既有益于身体健康，价格又很便宜，你和你的宝宝可以一起享用。在宝宝的碗里盛上几勺汤，让宝宝尽情享受用吐司条或者面包块蘸汤吃的乐趣。如果宝宝还想喝，你可以再喂他一些。

 5 分钟　 25~30 分钟　 2 婴儿份和 2 成人份（大份）

食材

1 汤匙蔬菜油，炒菜用
100 克或 1 小根韭葱，切极薄的片
250 克胡萝卜，去皮，切小块
150 克块根芹或芜菁甘蓝，去皮，切小块
50 克红色小扁豆豆瓣
750 毫升无盐蔬菜高汤或鸡肉高汤
1 片月桂叶
盐和黑胡椒粉，调味用
少许肉豆蔻粉

步骤

1 把油倒入大不粘锅酱汁锅里烧热，慢慢翻炒韭葱 3~4 分钟，或者直至韭葱变软。加入胡萝卜和块根芹，翻炒均匀，盖上锅盖，大约 5 分钟后蔬菜出水，注意不要把蔬菜炒焦。

2 加入小扁豆、高汤和月桂叶搅拌均匀，煮至沸腾，需经常搅拌。

3 盖上锅盖，把火调小，继续小火慢炖 15~20 分钟，直至蔬菜软烂，小扁豆变软。离火，取出月桂叶。

4 盛出宝宝的那份，稍微晾凉，用料理机打成适合宝宝的口感。冷却至体温，即可让宝宝享用。

5 锅里剩下的汤就是你自己的那份，根据需要调味，可以加点盐和黑胡椒粉。如果你喜欢汤里有一些块状食材，可以把一半汤用料理机打至细腻，再倒回锅里与另一半混合均匀。如果你喜欢口感顺滑的汤，可以全部打碎。

6 把汤盛进碗里，撒上少许肉豆蔻粉。

* 可以搭配全麦面包条或者白吐司条一起享用。
* 存放在密封容器里，置于冰箱冷藏，最多可保存 24 小时，或者冷却后冷冻保存。
* **备选方案：**你也可以用芹菜来做这道汤，但是芹菜富含纤维，建议你处理成果蔬泥状，以防汤里有难以嚼碎的纤维。

胡萝卜小扁豆汤

美味蘸酱菜

对于喜欢自己吃东西的婴儿来说，家庭自制蘸酱是一种提供蛋白质和蔬菜的简单方法，而且，有很多婴儿喜欢的食材可以蘸酱吃。除了面包棒、米糕和燕麦饼之外，你还可以尝试本书推荐的其他可以和蘸酱搭配食用的食材。蘸酱最好现吃现做，因为大部分蘸酱不宜冷冻保存。

奶酪司康

小小的奶酪司康做起来很快，搭配汤一起吃，味道特别好，而且它还可以当作方便早餐或者小点心。制作时用浓味车达奶酪，这样才能尝到奶酪的味道。

10 分钟

12~15 分钟

10~12 个小司康

食材

125 克全麦粉
125 克白面粉，额外备一些干面粉
3 茶匙泡打粉
25 克全脂黄油或涂抹酱
50 克车达奶酪，擦丝
150 毫升全脂牛奶，额外备一些上色用

步骤

1 烤箱预热至 200℃。

2 面粉过筛，和泡打粉一起倒入碗里，再把过筛剩下的麸皮全部倒回去。把黄油或者涂抹酱与面粉揉在一起，然后加入奶酪，揉搓均匀。

3 用小刮刀或者圆头餐刀把牛奶与干食材搅拌均匀，直至面团柔软但不黏手。在干净的案板或者台面上撒上一些干面粉，然后把面团擀成大约 1.5 厘米厚的圆面饼，用手压成面饼也可以。

4 把烤盘放入烤箱预热几分钟。

5 用直径 4~5 厘米的饼干模具把大面饼分割成若干个小饼坯，轻轻地把剩余部分揭走，重复这个过程，直到面饼全部用完。

6 小心地把饼坯放在烤盘上，刷一点牛奶。烘烤 12~15 分钟，或者直至饼坯鼓起并呈金黄色。冷却后趁新鲜享用。

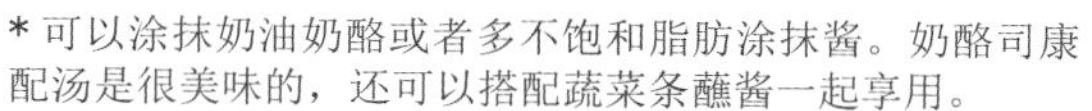
* 可以涂抹奶油奶酪或者多不饱和脂肪涂抹酱。奶酪司康配汤是很美味的，还可以搭配蔬菜条蘸酱一起享用。

* 最好当天做当天吃。把司康存放在密封容器里，置于冰箱冷藏，最多可保存 24 小时，或者冷却后冷冻保存。

* 备选方案：可以全部使用白面粉。

鳄梨酱

鳄梨是维生素 E 的优质来源，还含有丰富的多不饱和脂肪。直接把鳄梨捣烂，再加点柠檬汁以防止褐变，而且你也可以根据你的喜好，添加各种食材，赋予鳄梨酱新风味和新口感。

 5 分钟  1 婴儿份和 1 成人份

食材

1 个成熟的鳄梨，对半切开，去核
1/2 个柠檬榨汁

鳄梨色拉酱：

1 个熟番茄，去皮、去籽，细细切碎
1 根分葱，细细切碎（当你的宝宝学会咀嚼时）
少许美国辣椒仔辣酱

步骤

1 把鳄梨的果肉挖出来，与柠檬汁一起捣成顺滑的果泥。

2 立即享用，或者加入其他食材做成鳄梨色拉酱。

* 可以搭配鱼片（见 106 页）、清蒸蔬菜条（大一些的婴儿可以生吃）、婴儿面包棒或者皮塔饼块一起享用。它也可以作为三明治的馅料使用。
* 不宜储存。

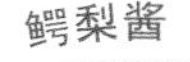

金枪鱼酱

金枪鱼罐头可以说是厨房橱柜里的必备品，也深受婴儿的喜爱。然而，在罐头的制作过程中，鱼肉里的欧米伽 3 脂肪酸大部分都被破坏了，因此，不要只依靠金枪鱼作为油性鱼的来源，还应该在宝宝的饮食中加入三文鱼、沙丁鱼等其他油性鱼。这款蘸酱做起来相当容易，而且有很多食材可以蘸着它吃，味道都很不错。

  2 婴儿份和 2 成人份

食材

70 克或 1/2 罐罐头金枪鱼（油浸），沥干
50 克全脂奶油奶酪
10 克或 1 甜点匙番茄蓉
1/2 个小柠檬擦极细的柠檬皮屑
1/2 茶匙细细切碎的莳萝

步骤

1 用料理机把所有的食材打至细腻顺滑。

2 把金枪鱼酱盛到小容器里，盖上盖子，置于冰箱冷藏，吃之前再取出。

* 可以搭配婴儿面包棒、黄瓜片（条）或者甜椒条、熟胡萝卜和四季豆一起享用。

苹果香肠小丸子

用高品质的香肠和新鲜的苹果做成小丸子，特别适合婴儿自己抓着吃。这种丸子很容易制作，而且适合冷冻保存。猪肉是维生素 B1（又称硫胺素）的优质来源。

5 分钟　15~20 分钟　6~7 个小丸子

食材

65 克或 1 根优质香肠，撕掉肠衣
50 克或 1/2 个中等大小的苹果，去皮、去核，粗略擦丝
20 克新鲜面包糠

步骤

1 烤箱预热至 190℃。

2 把所有食材用料理机打碎，或者用叉子搅拌，直至均匀，搓成小丸子，每个大约为带壳胡桃般大小。

3 把丸子码放在刷过油的烤盘上，放入烤箱，大约烘烤 15~20 分钟，或者直至丸子中心部分滚烫、熟透。吃之前需冷却。

* 可以搭配蘸酱吃，比如与地中海式烤蔬菜酱（见 107 页）或者鳄梨酱（见 105 页）一起享用。
* 存放在密封容器里，置于冰箱冷藏，最多可保存 48 小时，或者冷却后冷冻保存。
* **备选方案**：除了用烤箱烤，也可以用平底锅煎。平底锅中加 1 汤匙植物油，煎至肉丸全部变成金黄色。用厨房纸吸干肉丸表面的油。

鱼片

银鳕鱼的白色鱼肉或者厚厚的三文鱼可以拆成大片的鱼肉，非常适合婴儿用小手抓着吃。鱼片搭配番茄沙沙酱或者其他蘸酱一起吃，味道相当鲜美。选购厚的去骨鱼排，重量大约在100克左右；用你的指尖在鱼肉上滑动，稍微用力按压，检查有无鱼骨，如有鱼骨请剔除。可采用烤箱烤、清蒸或者用微波炉加热等多种方法，使鱼肉熟透、不再透明。当你用手指按压的时候，鱼肉应该能够很轻松地切分开。稍微冷却，剔除鱼皮，给宝宝几片鱼肉享用。

步骤

烤箱

把烤箱温度调至 180℃，烘烤 15 分钟。

清蒸

用锡纸或者油纸把鱼肉包裹起来，蒸 8~10 分钟。

微波炉

把微波炉调至高火，加热 3~5 分钟，烹调时间根据微波炉功率不同略有差异。

鱼片

地中海式烤蔬菜酱

这款蘸酱含有大量的维生素 C 和维生素 A，而且味道甜甜的，非常适合用来蘸蔬菜或者婴儿面包棒吃。它也可以作为三明治的馅料。

5 分钟　25~30 分钟　1 婴儿份和 1 成人份

食材

1 个红甜椒，切大块
6 个成熟的樱桃番茄，对半切开
1 个小的红洋葱，去皮、切碎
1~2 汤匙橄榄油
5 大片罗勒叶，每片撕成 2~3 小片
100 克马斯卡彭奶酪
2 茶匙柠檬汁

步骤

1 烤箱预热至 200℃。

2 把红甜椒、樱桃番茄、洋葱一起倒入焗盘，淋上橄榄油，在烤箱中烘烤 25~30 分钟，或者直至蔬菜变软。

3 冷却几分钟，然后用搅拌机打至顺滑。加入罗勒、马斯卡彭奶酪和柠檬汁，稍微打碎，混合均匀。置于冰箱冷藏，吃之前再取出。

* 可以搭配芝香玉米条（见 108 页）或者迷你薄荷羊肉丸（见 109 页）一起享用。

地中海式烤蔬菜酱

乡村奶酪酱

相对于奶油奶酪和鲜奶酪，乡村奶酪含有更多的蛋白质和钙，口感爽滑，可以用它来制作一些简单的蘸酱，当你给宝宝做三明治的时候，也可以用它来抹面包。

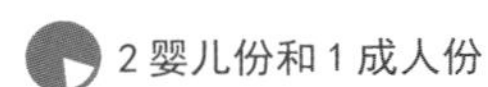

5 分钟　1 分钟　2 婴儿份和 1 成人份

食材

100 克或 2 个成熟的中等大小的番茄
全脂原味乡村奶酪
25 克车达奶酪，擦丝
1 茶匙细香葱末

步骤

1 首先把番茄剥皮。在番茄的顶部用刀划十字，然后用沸水浸泡 20 秒。取出番茄，把番茄皮撕掉，切成 4 块，挖掉番茄籽。

2 用搅拌机把所有食材打至均匀细腻，立即享用，或者冷藏保存，稍后再吃。

* 可以搭配婴儿米糕、婴儿面包棒或者清蒸蔬菜条一起享用。

芝香玉米条

你可以用易于塑形和烘烤的无面筋蛋白的意式玉米糊粉或者玉米面做玉米条。由于玉米条特别适合冷冻保存，所以你不妨一次多做一些，冷冻起来以备后用。作为一种无面筋蛋白的食物，玉米条可以代替面包棒。

 2 分钟　5~10 分钟　 10~12 根　

食材

40 克快熟意式玉米糊粉或玉米面

40 克硬奶酪，比如莱斯特奶酪或车达奶酪，擦丝

步骤

1 烤箱预热至 190℃。

2 把意式玉米糊粉与 110 毫升水一起倒入酱汁锅里煮沸，不停搅拌，直至面糊变得黏稠，不再粘锅为止。离火，加入奶酪，搅拌均匀。

3 待面糊不再烫手后，把面糊分成小份，搓成条状，每根长度大约 4~5 厘米，像你的手指一样粗细就可以了。放入烤箱烘烤 15 分钟使其变硬，冷却后储存起来。

* 可以搭配各种蘸酱享用，也可以作为吐司条或者面包条的替代品。
* 存放在密封容器里，置于冰箱冷藏，最多可保存 48 小时，或者冷却后冷冻保存。

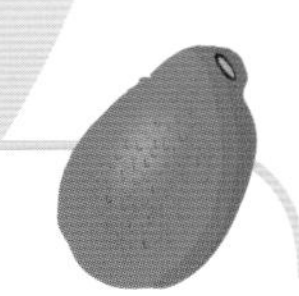

豆腐鳄梨酱

豆腐是一种味道温和的食物，是钙的优质来源。所以，假如你的宝宝对乳制品不耐受，豆腐是非常理想的食物。豆腐还能提供铁，食谱中的番茄富含维生素 C，能够使铁更容易被人体吸收。

 5 分钟　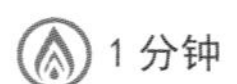 1 分钟　 2 婴儿份和 1 成人份

食材

1 个成熟的中等大小的番茄

1 个成熟的小鳄梨或 1/2 个中等大小的鳄梨

60 克豆腐

1 茶匙柠檬汁或青柠汁

步骤

1 首先把番茄去皮。在番茄的顶部用刀划十字，然后用沸水浸泡 20 秒。取出番茄，把番茄皮撕掉，切成 4 块，挖掉番茄籽。

2 把鳄梨对半切开，去核，用勺子挖出果肉。

3 用搅拌机或者料理机把全部食材打至均匀，立即享用，或者置于冰箱冷藏。

* 可以搭配清蒸蔬菜、儿童意大利面条或者婴儿面包棒一起享用。
* 最好在制作当天食用完毕。也可以存放在密封容器里，置于冰箱冷藏，最多可保存 24 小时。

迷你薄荷羊肉丸

这种小肉丸是铁的优质来源，也是婴儿主导法的理想食物。把所有食材用搅拌机或者料理机彻底搅碎，把所有的小肉块都打碎，免得宝宝咀嚼的时候吃力。

 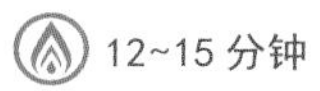  

5 分钟　12~15 分钟　15 个

迷你薄荷羊肉丸

食材

1/2 个小个的洋葱，粗粗切碎
1/2 片面包，撕成几块
150 克羊肉末
1 茶匙切碎的薄荷
少许面粉
1~2 汤匙植物油

步骤

1 把洋葱、面包、羊肉和薄荷一起用料理机打碎，直至肉馅均匀无渣。检查是否还有较大的块，如果需要可以继续打碎。

2 把肉馅倒在一块干净的案板上或者一个盘子里。假如肉馅太黏，可以加一点面粉。把肉馅分成 15 份，分别搓成圆润的丸子。

3 待丸子全部搓好之后，用无盖的平底锅把油烧热，以中小火煎肉丸，直到整个丸子都呈现金黄色。用厨房纸吸干油分，冷却，每餐可以吃 1~2 个。吃的时候需要把肉丸重新加热至滚烫，然后冷却至体温。

* 可以搭配蘸酱一起享用，比如地中海式烤蔬菜酱（见 107 页）或者酸奶黄瓜酱。

* 存放在密封容器里，置于冰箱冷藏，最多可保存 48 小时，或者冷却后冷冻保存。

* **备选方案：**你可以使用任何一种肉做这道辅食，不过牛肉和羊肉里的铁比火鸡肉和鸡肉的含量高。可以加一点大蒜或者少许柠檬皮屑。

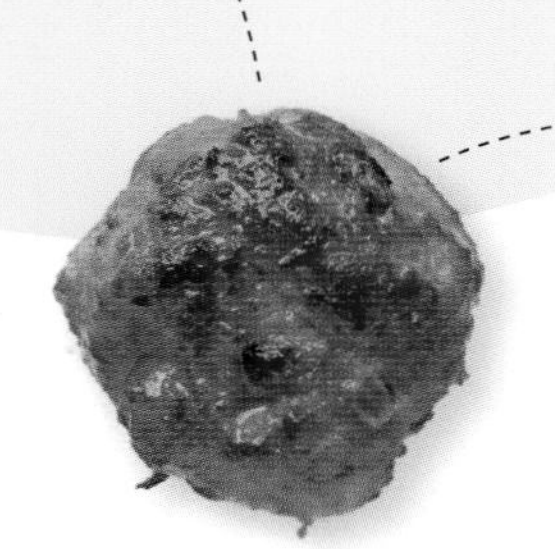

鹰嘴豆泥丸子

对于喜欢自己吃东西的婴儿来说，鹰嘴豆泥丸子很容易被抓在手里，同时它也是外出游玩时的理想食物。鹰嘴豆泥丸子做起来十分简单，而且是植物性铁元素的一个廉价来源。

 10 分钟  15 分钟  12 个 

食材

2 汤匙植物油，额外备一些来煎丸子
1 个中等大小的洋葱，细细切碎
1 瓣大蒜，拍碎
1 茶匙孜然粉
1 汤匙切碎的芫荽
1 汤匙切碎的欧芹
400 克罐头鹰嘴豆（水浸），冲洗、沥水
1 个鸡蛋，打成蛋液
面粉或鹰嘴豆粉，用于塑形

步骤

1 用平底锅把油烧热，慢慢翻炒洋葱和大蒜直至变软，但是不要炒焦。加入孜然粉、芫荽和欧芹翻炒，然后离火。

2 用食物料理机把鹰嘴豆打至细腻。

3 把炒好的洋葱等配料倒入料理机，并加入 1 汤匙蛋液，继续打碎，如有必要，可以再添加蛋液。把豆泥搓成若干质地松软的小丸子，如果感觉黏手，可以撒一些面粉或者鹰嘴豆粉，有助于塑形。

4 把 3~4 汤匙油倒入平底锅里烧热，把丸子一个一个地放入锅里，小火慢煎约 10 分钟，经常翻转，直至丸子全部呈现金黄色。用厨房纸吸干表面的油分，待丸子温热后即可享用。

* 可以搭配风味花生酱（见 111 页）、原味酸奶和古斯古斯（见 102 页）一起享用。
* 存放在密封容器里，置于冰箱冷藏，最多可保存 48 小时，或者冷却后冷冻保存。
* **备选方案**：对于大一些的婴儿或者儿童来说，可以把鹰嘴豆捣成泥或者用食物料理机打成泥后，直接拌入炒好的洋葱等配料即可。

鹰嘴豆泥丸子

家常胡姆斯酱

使用鹰嘴豆罐头来做这款酱是最简便的方法。如果你愿意用干豆子，需要先浸泡再煮熟，干豆的用量大约为 100 克。食谱里的塔希尼酱是一种用白芝麻制作的芝麻酱，是钙的优质来源。如果你喜欢的话，把宝宝的那份盛出来之后，可以在自己的那份里加一点拍碎的大蒜。

食材

400 克罐头鹰嘴豆（水浸），冲洗、沥水
1 小瓣大蒜，拍碎（可选）
1 满汤匙塔希尼酱
1 汤匙柠檬汁
2 汤匙特级初榨橄榄油

步骤

1 把所有食材用搅拌机打至细腻。如果豆泥太干，可以用水稀释，每次加 1 汤匙水，一次不要加太多。

2 把宝宝的那份盛出来，剩下的部分冷藏保存。根据你的喜好，对自己的那份进行调味。

* 可以搭配皮塔饼块或者蔬菜一起享用。
* 存放在密封容器里，置于冰箱冷藏，最多可保存 48 小时。
* **备选方案：**一旦你的宝宝适应了最简单的胡姆斯酱，你可以用多种方法来调整胡姆斯酱的风味，不妨尝试加一点番茄干或者极细的柠檬皮屑。

风味花生酱

这款花生酱既可以热食，也可以常温食用，搭配迷你薄荷羊肉丸（见 109 页）的味道好极了，搭配蔬菜条也很美味。花生酱富含蛋白质、维生素 E 和维生素 B3。如果有家族过敏史，在给宝宝吃花生前最好咨询医生。

 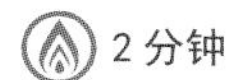 

食材

2 根分葱，洗净，粗粗切片
60 毫升全脂牛奶
1/2 茶匙玛莎拉咖喱粉或孜然粉
1 茶匙切碎的芫荽
100 克无盐无糖或低盐低糖柔滑花生酱

步骤

1 把分葱、牛奶、玛莎拉咖喱粉或者孜然粉，以及芫荽一起倒入小酱汁锅里，小火煮至葱变软。

2 稍微冷却，与花生酱一起用搅拌机打成顺滑的酱，如果有必要，可以加入更多牛奶。

* 可以搭配迷你薄荷羊肉丸（见 109 页）或者鹰嘴豆泥丸子（见 110 页）一起享用。

普罗旺斯鸡肉

这是一道能够让你体验地中海风情的辅食，它富含维生素 C，深受婴儿和家长们的喜爱。普罗旺斯鸡肉适合冷冻保存，随着宝宝逐渐长大，在甜椒和绿皮西葫芦大量上市的季节，你不妨一次多做一些。

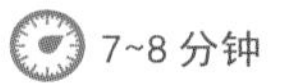 20~25 分钟　5~6 婴儿份或 1 成人份和 2 婴儿份 

食材

1 汤匙橄榄油
1 个小个的洋葱，细细切碎
120 克或 1 块去皮鸡腿肉，切成 2 厘米大小的块
1/2 个红甜椒，分成 4 块，细细切碎
1/2 个中等大小的绿皮西葫芦，纵向切成 4 条，切片
200 克罐头碎番茄
6 片罗勒叶，洗净、撕碎
1 汤匙煮熟的古斯古斯或米饭

步骤

1 把油倒入不粘酱汁锅里烧热，慢慢翻炒洋葱 2~3 分钟，然后加入鸡肉。继续炒 2~3 分钟，或者直至鸡肉表面炒熟。

2 加入甜椒、绿皮西葫芦和番茄翻炒，盖上锅盖，煮开后微滚一会儿。把火调小，慢慢炖煮 15~20 分钟，或者直至蔬菜和鸡肉煮熟变软。

3 出锅前 5 分钟加入罗勒叶，如果感觉水少了，可以加 1 汤匙水。

4 把宝宝的那份盛出来，根据需要调整口感。吃的时候，拌入 1 汤匙古斯古斯或者米饭。

* 可以搭配几块熟的胡萝卜一起享用。
* 存放在密封容器里，置于冰箱冷藏，最多可保存 48 小时，或者冷却后冷冻保存。
* **备选方案：**可以用茄子代替绿皮西葫芦，或者茄子和绿皮西葫芦一起用。

果香鸡肉

杧果不但富含维生素 A，还能为这道辅食增添水果的香味。你可以用鸡腿肉，颜色更深的鸡腿肉与白色的鸡胸肉相比，能够提供更丰富的铁。葡萄干则能够提高铁的吸收率。

　20 分钟　 6 婴儿份或 2 婴儿份和 1 成人份　

食材

1 汤匙植物油
1 个小个的洋葱，细细切碎
100 克去皮鸡腿肉，切成 2 厘米见方的块
1/2 茶匙孜然粉
30 克葡萄干
150 克杧果，切丁（见 131 页）

步骤

1 用不粘酱汁锅把油烧热，把洋葱和鸡肉翻炒 4~5 分钟，不要炒焦。

2 加入孜然粉、葡萄干和 150 毫升水，搅拌均匀，煮开后微滚一会儿。再次搅拌均匀，把火调小，以小火炖煮约 10 分钟，时不时搅拌一下。

3 加入杧果丁，继续煮 5~6 分钟，或者直至杧果变得非常软。

4 稍微冷却，盛出宝宝的那份并调整口感，可以用食物料理机稍微打碎，即可让宝宝享用。

* 可以搭配绿色蔬菜一起享用。
* 存放在密封容器里，置于冰箱冷藏，最多可保存 24 小时，或者冷却后冷冻保存。

鸡肉炖蘑菇

鸡肉是蛋白质的优质来源。像做果香鸡肉（见 112 页）一样，颜色更深的鸡腿肉比白色的鸡胸肉所含的铁更多。蘑菇也含有铁，而且比其他植物性来源的铁更易于被人体吸收。

5 分钟　20~25 分钟　5~6 婴儿份或 1~2 婴儿份和 1 成人份 

食材

1 汤匙植物油
160 克去皮鸡腿肉，切成 2~3 厘米大小的块
90~100 克或 1 个小绿皮西葫芦，切片
60 克草菇，切片
1 茶匙切碎的百里香

步骤

1 用不粘酱汁锅把油烧热，慢慢翻炒鸡肉至表面变色。加入绿皮西葫芦、蘑菇和百里香，倒入 150 毫升水。

2 煮开后微滚一会儿，搅拌均匀并盖上锅盖。把火调小，炖煮 15~20 分钟，或者直至蔬菜变软、鸡肉熟透后离火，稍微冷却。

3 如果你也吃的话，先把宝宝的那份盛出来，用搅拌机处理成需要的口感。用黑胡椒粉给你自己的那份调味，如果你愿意的话，可以加点盐。

* 可以搭配土豆泥或者煮土豆、胡萝卜或者南瓜块，以及绿色蔬菜一起享用。
* 存放在密封容器里，置于冰箱冷藏，最多可保存 24 小时，或者冷却后分装成小份，给每个容器贴上标签，冷冻保存。
* **备选方案：** 你可以在步骤 1 加入一个细细切碎的小个洋葱。

诺曼底猪肉

这道辅食的食材是猪肉和苹果，你的宝宝一定会非常喜欢。如果想以更快的速度做好，你可以用猪肉末。如果你打算使用烤箱，那么用任何一种适于炖煮的猪肉都可以。猪肉调味之后放入耐热容器，直接放入烤箱。做这道辅食时多花些时间，确保猪肉软烂，然后用食物料理机打碎。

5 分钟　30~35 分钟　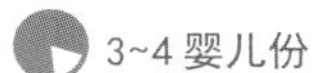 3~4 婴儿份 

食材

1 汤匙植物油
1/2 个小个的洋葱，细细切碎
100 克瘦猪肉末
1 个中等大小的苹果，去皮、去核，擦丝
150 毫升苹果浊汁，如果需要可增量
1/2 茶匙切碎的鼠尾草

步骤

1 用不粘酱汁锅把油烧热，慢慢翻炒洋葱和肉末，用勺子把结团的肉末打散。加入苹果、苹果汁、鼠尾草，盖上锅盖。

2 小火慢炖 20~25 分钟，或者直至全部食材变软，搅拌均匀，如果需要，可以再加点苹果汁。

3 用食物料理机打成合适的黏稠度。

诺曼底猪肉

* 可以搭配土豆泥、蒸土豆块和清蒸绿色蔬菜一起享用。
* 存放在密封容器里，置于冰箱冷藏，最多可保存 24 小时，或者冷却后冷冻保存。

菠萝猪肉

你的宝宝一定很喜欢这道口味清爽、酸酸甜甜的猪肉。这道辅食采用浸在原汁里的菠萝块罐头，比新鲜菠萝的口感更加柔软，而且全年都能够买到，价格也比较便宜。

 7~8 分钟　30 分钟　5~6 婴儿份或 2 婴儿份和 1 成人份 

食材

1 汤匙植物油
150 克瘦猪肉末
2 小根芹菜，细细切碎
1/2 个小个的洋葱，细细切碎
227 克原汁罐头菠萝块
1 汤匙番茄蓉
1 茶匙红酒醋

步骤

1 把油倒入不粘酱汁锅里烧热，慢慢翻炒肉末，用勺子把结团的肉打散。

2 加入芹菜和洋葱，继续以中火翻炒 2~3 分钟。

3 捞出菠萝沥干，把罐头里的菠萝汁倒入量杯备用。把菠萝块加入锅里。

4 把番茄蓉、红酒醋与菠萝汁混合，再加入一些水，做成 150 毫升汁，倒入锅里。

5 煮开后微滚一会儿，搅拌均匀，盖上锅盖，小火炖煮 20 分钟，或者直至食材都变软。

6 盛出宝宝的那份，用食物料理机打至合适的黏稠度，即可让宝宝享用。如果你喜欢，你自己的那份可以用一点酱油调味。

* 可以搭配捣烂的米饭和清蒸绿色蔬菜条一起享用。
* 存放在密封容器里，置于冰箱冷藏，最多可保存 24 小时，或者冷却后冷冻保存。
* **备选方案：**可以用原汁浸泡的杏罐头代替菠萝罐头。

香草羊肉炖蔬菜

这道辅食的制作方法十分简单，主要食材是羊肉末。如果你刚好想做迷你薄荷羊肉丸（见 109 页），那么这两道辅食不妨一起做，因为一袋 500 克的羊肉末够你和宝宝吃好几顿呢。

7~8 分钟　30~35 分钟　 4~6 婴儿份和 3 成人份 

食材

350 克瘦羊肉末
120 克或 1 个中等大小的洋葱，细细切碎
120 克或 1 大根胡萝卜，去皮，切小丁
200 克奶油南瓜，去皮，切小丁
1 汤匙切碎的新鲜薄荷或 1/2 汤匙干薄荷
1 汤匙切碎的百里香
1 汤匙番茄蓉

步骤

1 把肉末和洋葱一起倒入不粘酱汁锅里，慢慢翻炒，把肉里的油脂炒出来，再利用这些油把洋葱炒软。继续翻炒 5~7 分钟，或者直至肉末成金黄色，在翻炒过程中用木勺把羊肉末打散。

2 加入胡萝卜、南瓜、香草和番茄蓉，搅拌均匀。

3 加入 300 毫升水，煮开后微滚一会儿。搅拌均匀并盖上锅盖，把火调小，小火炖煮 25~30 分钟，或者直至蔬菜变软、羊肉末熟透。

4 离火，盛出宝宝的那份，每份大约 1 满汤匙。

5 用搅拌机把宝宝的那份打碎，达到适合的口感。你可以保留几块软烂的胡萝卜或者奶油南瓜，给宝宝当手指食物。

6 你自己的那份可以根据需要调味，然后搭配米饭、土豆泥、古斯古斯以及绿色蔬菜一起享用。

* 每汤匙羊肉炖蔬菜可以搭配 1 满汤匙米饭或者古斯古斯，如有必要可以用搅拌机打碎，还可以搭配土豆泥。
* 存放在密封容器里，置于冰箱冷藏，最多可保存 24 小时，或者冷却后冷冻保存。

羊肉塔吉

这是一道需要文火慢炖的辅食，能让宝宝品尝到水果干和肉的香甜组合，还能提供丰富的铁。吃的时候可以搭配古斯古斯（见102页），具有地道的摩洛哥风味。

5分钟 80~90分钟 6婴儿份或2婴儿份和1成人份 

食材

150克羊肉，比如羊颈肉或羊排，切成1.5~2厘米见方的块
1个小个的洋葱，细细切碎
1瓣大蒜，拍碎
100克水果干，比如西梅干或杏干，对半切开
1/2茶匙孜然粉
1/2茶匙芫荽粉
2汤匙番茄蓉

步骤

1 烤箱预热至170℃。

2 把所有食材倒入一个带盖小焙盘，加入200毫升水，搅拌均匀，盖上盖子，放入烤箱中烘烤，烘烤的过程中查看几次。1小时后取出搅拌，如果有必要，可以加点水。

3 放入烤箱继续烘烤20~30分钟，或者直至羊肉软烂。稍微冷却，把宝宝的那份盛出来，用食物料理机打碎，达到合适的黏稠度，让宝宝享用。

*可以搭配古斯古斯和清蒸四季豆或者绿皮西葫芦块一起享用。
*存放在密封容器里，置于冰箱冷藏，最多可保存24小时，或者冷却后冷冻保存。
*备选方案：可以用葡萄干代替其中一半的水果干。

牛肉酱

牛肉酱是欧美家庭饮食中必不可少的部分。它可以用来做意大利千层面，或者作为意大利肉酱面的酱汁，一些喜欢自己吃饭的婴儿也可以用它来蘸东西吃。牛肉富含铁和锌，选购瘦的牛肉，从而减少饱和脂肪的摄入。

10分钟 35~40分钟 2婴儿份和2成人份 

食材

1汤匙植物油
1/2个小个的洋葱，细细切碎
1瓣大蒜，拍碎
250克瘦牛排，绞成肉末
1/2个红甜椒，细细切碎
200克罐头碎番茄
2汤匙番茄蓉
1/2茶匙百里香或牛至

步骤

1 用不粘酱汁锅把油烧热，慢慢翻炒洋葱、大蒜和肉末，用木勺把肉末打散，翻炒5分钟，待肉末完全散开，加入红甜椒继续翻炒，不断搅拌，直至红甜椒变软，牛肉变成棕色。

2 加入碎番茄、番茄蓉和香草，同时加入50毫升水，煮开后微滚一会儿。搅拌均匀，盖上锅盖，继续炖25~30分钟，或者直至肉酱变得黏稠；如果需要，可以加点水。

3 离火，如果需要的话，用食物料理机把肉酱打碎，达到适合宝宝的口感。冷却至体温后让宝宝享用。

*可以搭配儿童意大利面条、小朵西蓝花和胡萝卜条一起享用。
*置于冰箱冷藏，最多可保存48小时，或者冷却后冷冻保存。
*备选方案：如果你喜欢羊肉，也可以用羊肉末代替牛肉末，或者用猪肉末，甚至可以用蔬菜末来做素酱。

洋葱牛肉

小火慢炖的牛肉口感软烂，吃起来很方便，非常适合正在学习咀嚼的婴儿。以牛肉为食材可以确保宝宝摄取大量容易被人体吸收的铁。我们的食谱是这道经典焙盘菜的基础版本，你可以采用本食谱，用各种蔬菜、香草或者肉类做出新版本。

10 分钟　1½~2 小时　3 婴儿份和 1 成人份

食材

2 汤匙植物油

100 克或 1 个中等大小的洋葱，细细切碎

400 克适合炖煮的瘦牛排肉，切成 2~3 厘米见方的块

250 克或 2 大根胡萝卜，去皮，切成 1 厘米厚的片

1 片月桂叶

1 汤匙面粉（小麦粉或玉米淀粉）

步骤

1 烤箱预热至 170℃。

2 用一个耐热带盖焙盘把油烧热，慢慢翻炒洋葱 2~3 分钟。接着加入牛肉翻炒，直至牛肉被炒成浅棕色。

3 加入胡萝卜，倒入 400 毫升水，再加入月桂叶。煮开后微滚一会儿，盖上盖子，放入烤箱烘烤 1 小时。

4 把焙盘从烤箱里取出。用 2 汤匙水和一点菜里的汤汁把面粉调成面糊，倒入焙盘并搅拌均匀。

5 盖上盖子，再次放到烤箱里，继续烘烤 30~45 分钟，或者直至牛肉变得非常软烂，肉纤维能用餐刀轻易拨开。

6 挑出月桂叶丢掉，盛出宝宝的那份，放置冷却。用搅拌机打碎，达到柔滑的黏稠度，让宝宝享用或者冷却后冷冻保存。

* 可以搭配土豆泥和小朵西蓝花一起享用。
* 存放在密封容器里，置于冰箱冷藏，最多可保存 48 小时，或者冷却后冷冻保存。
* **备选方案：**你也可以用适合炖煮的羊肉来做。用欧洲防风、芜菁甘蓝、块根芹代替胡萝卜或者与胡萝卜一起炖。在打碎之前，先取出一部分胡萝卜，粗粗地捣烂或者切块，然后再加回菜里。

西梅牛肉

这道小火慢炖的西梅牛肉相当美味，你和宝宝可以把它当作一道主菜享用。牛肉里加入少许番茄蓉，能够提供维生素 C，有助于人体吸收牛肉中的铁。这道辅食适宜冷冻保存。

5 分钟　80~90 分钟　 6 婴儿份或 2 婴儿份和 1 成人份　

食材

200 克适合炖煮的瘦牛肉，切成 1~2 厘米见方的块

1 个小个的洋葱，细细切碎

50 克免洗即食西梅，对半切开

1/4 茶匙肉桂粉（可选）

1 汤匙番茄蓉

步骤

1 烤箱预热至 170℃。

2 把所有食材倒入带盖小焙盘，再加入 250 毫升水，盖上盖子。

3 放入烤箱烘烤，期间搅拌几次。1 小时后取出查看，如果有必要，可以加点水。加水后重新放回烤箱，继续烘烤 20~30 分钟，或者直至牛肉软烂。

4 稍微冷却，盛出宝宝的那份。用食物料理机打碎，达到合适的黏稠度，即可让宝宝享用。

* 可以搭配土豆泥、甘薯泥或者古斯古斯，以及清蒸绿色蔬菜一起享用。
* 存放在密封容器里，置于冰箱冷藏，最多可保存 48 小时，或者冷却后冷冻保存。

甘薯沙丁鱼豌豆泥

罐头沙丁鱼是多种重要营养素的极佳来源，其中包括铁、锌、钙、维生素 B12，以及欧米伽 3 脂肪酸。虽然并非一直受到大众的欢迎，但沙丁鱼确实是一种价格便宜的“超级食物”，所以还是值得购买，存放在你家橱柜里的。购买水浸、油浸或者番茄沙丁鱼罐头，先把沙丁鱼捞出，沥干汤汁，再用叉子捣烂或者用搅拌机打成泥。

 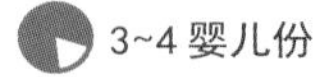 3~4 婴儿份 

食材

120~150 克或 1 个小甘薯，去皮，切小丁
50 克速冻豌豆，解冻
1~2 汤匙水或奶
35 克罐头沙丁鱼，沥干

步骤

1 甘薯蒸 10~12 分钟，稍微冷却，然后捣烂。

2 豌豆蒸 2~3 分钟，或者直至熟透，然后加水或者奶捣成泥。

3 把沙丁鱼捣成泥，与豌豆泥混合。再把沙丁鱼豌豆泥倒入甘薯泥里搅拌均匀，趁温热享用。

* 存放在密封容器里，置于冰箱冷藏，最多可保存 24 小时，或者冷却后冷冻保存。
* **备选方案**：可以用沙瑙鱼代替沙丁鱼。沙瑙鱼是一种体形略大的沙丁鱼，同样具有丰富的营养。

芝香豌豆鱼肉泥

这道辅食十分美味，是一种引导宝宝吃鱼的好方式。购买任何时候都能方便买到的白色鱼肉，比如青鳕鱼、银鳕鱼或者黑线鳕。超市售卖的鱼排难免留有小鱼骨，用你的指尖在鱼肉上滑动，检查有无鱼骨。

  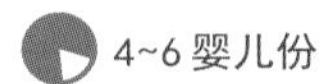 4~6 婴儿份 

食材

200 克土豆，去皮，切成 4 块
2 茶匙多不饱和脂肪涂抹酱，如橄榄酱
13 厘米长的小韭葱（只用葱白部分），纵向分成 4 份，再细细切碎
60 克去皮鱼排
1 片月桂叶
150 毫升全脂牛奶
50 克速冻豌豆，解冻
25 克硬奶酪，如车达奶酪，擦丝

步骤

1 把土豆蒸熟。

2 与此同时，用不粘酱汁锅把橄榄酱烧热，慢慢翻炒韭葱，不停翻炒，直至韭葱变软。

3 加入鱼排、月桂叶和牛奶，煮开后微滚一会儿，盖上锅盖，小火炖煮 8~10 分钟，或者直至鱼肉不再透明。离火，盛出鱼肉，扔掉月桂叶，剩下的汤汁备用。

4 把豌豆蒸熟。把土豆捣成泥，可以适当加点煮鱼的汤汁，然后把奶酪加进去一起搅拌。

5 用叉子把鱼肉和豌豆一起捣烂，或者用搅拌机稍加打碎，加入一点汤汁，使其黏稠度适合宝宝，再与奶酪土豆混合在一起，立刻享用。

* 存放在密封容器里，置于冰箱冷藏，最多可保存 24 小时，或者冷却后冷冻保存。
* **备选方案**：土豆泥里可以不加奶酪，或者用 1 汤匙奶油奶酪代替牛奶和车达奶酪。你还可以调整口感，把豌豆和鱼肉当作手指食物，放在土豆泥旁边，让宝宝用手拿着吃。

手指食物——蔬菜

蔬菜条是极好的手指食物。它们能让你的宝宝在吃饭的时候参与度更高，也能促使他养成健康的饮食习惯。刚开始的时候，你需要把蔬菜稍加蒸煮，使其变软，随着宝宝逐渐长大，有些蔬菜便可以生吃了，比如甜椒和胡萝卜，这样能为宝宝提供更加丰富多样的口感和味道。

清蒸

蒸至用一把锋利的餐刀可以轻易刺穿蔬菜的程度即可。
蒸好后，自然冷却至室温再享用。

南瓜

1 取一块100克左右的南瓜厚片。
2 切掉南瓜皮，剔除南瓜籽。
3 把南瓜切成长约3厘米的小块。

绿皮西葫芦

挑选个头小一点的绿皮西葫芦，切掉根部，然后切成3厘米长的段。

清蒸西蓝花

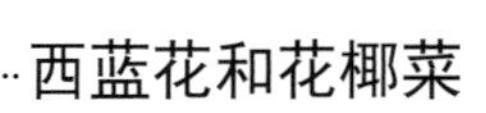

西蓝花和花椰菜

西蓝花和花椰菜掰成小朵，方便你的宝宝用手抓着吃。

四季豆

挑选四季豆的时候，应该选择无筋且呈圆柱状的。根据长度，切成2~3段。

胡萝卜、块根芹、欧洲防风、土豆、芜菁甘蓝和甘薯

清理干净并去皮，切成块或者片，然后清蒸。

红甜椒

洗净，对半切开，去掉柄和籽。切成2厘米宽、5~6厘米长的宽条。生食或者烤熟后吃。

烘烤

如果你家有烤箱的话，烤蔬菜值得一试。有些蔬菜烤过之后味道更好，因为烘烤能提升蔬菜本身的甜味。

步骤

1 烤箱预热至200℃。

2 参考上文的加工方法，把胡萝卜、块根芹、欧洲防风、土豆、芜菁甘蓝、甘薯、南瓜和绿皮西葫芦切成手指食物的形状。

3 把蔬菜码到烤盘里，并薄薄地刷上一层植物油。

4 烘烤20~25分钟（红甜椒烤15~20分钟），或者直至每块蔬菜都变软。

5 用厨房纸把蔬菜表面的油吸干，冷却至室温后便可享用。

希腊烤鱼

这是一道简单易做的鱼肉辅食，加入莳萝或者小叶罗勒以及橄榄油，能够使这道辅食具有传统的希腊风味。选用完全成熟的番茄，以及一年四季随时能够买到的任何一种白色鱼肉。白色鱼肉能够提供人体必需的蛋白质、碘和 B 族维生素，而番茄富含维生素 C。

 5~7 分钟　15~20 分钟　 4 婴儿份　

食材

2 个大个的番茄，每个大约 100 克
100 克去皮鱼排
1 茶匙细细切碎的莳萝、小叶罗勒或欧芹
1 汤匙橄榄油

步骤

1 烤箱预热至 190℃。

2 首先需将番茄去皮。在番茄的顶部用刀划十字，然后放在碗里。淋上沸水，等待 20 秒。取出番茄，把番茄皮撕掉。把番茄切成 4 块，剔除番茄籽，粗粗切碎。

3 用你的手指在鱼肉上滑动，按压鱼排，检查是否还有未剔除的鱼骨。

4 把番茄铺在小的耐热带盖焙盘底部，把鱼排放在番茄上面，均匀撒上香草，淋上橄榄油。

5 焙盘盖上盖子或者覆盖锡纸，放入烤箱烘烤 15~20 分钟，或者直至鱼肉能够很容易地被餐刀切开且不再透明。

6 用叉子捣烂或者用搅拌机打碎，达到适合宝宝的口感，立即享用。

* 可以搭配土豆泥或者甘薯泥、芝香玉米条（见 108 页）或者儿童意大利面条一起享用。
* 冷却后分成若干小份，分装在小容器里，贴上标签后冷冻保存。

意式金枪鱼番茄泥

番茄、洋葱、香草和大蒜是地中海饮食中非常重要的食材。在这道辅食里，与它们搭配在一起的是罐头金枪鱼，鱼肉可以为宝宝提供蛋白质、铁和锌。

 5 分钟　15 分钟　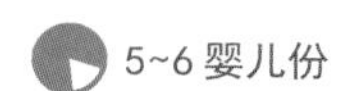 5~6 婴儿份　

食材

200 克土豆，去皮，切成 4 块
1 汤匙植物油
1/2 个小个的洋葱，细细切碎
1 小瓣大蒜，拍碎（可选）
200 克原汁碎番茄罐头
1/4 茶匙干牛至
60 克罐头金枪鱼（油浸或水浸），沥干
全脂牛奶（可选）

步骤

1 把土豆蒸熟。

2 与此同时，把油倒入小酱汁锅里烧热，翻炒洋葱和大蒜（如果你用的话），直至它们变软。

3 加入番茄和牛至，搅拌均匀，盖上锅盖，用中小火炖煮 8~10 分钟，或者直至锅里的蔬菜变软。加入金枪鱼，搅拌均匀，直至完全热透。

4 把土豆捣成泥，如果需要的话，可以加少许牛奶。把土豆泥和金枪鱼拌在一起，趁热享用。

* 可以搭配清蒸四季豆、绿皮西葫芦或者西蓝花一起享用。
* **备选方案：**对于喜欢自己吃东西的婴儿来说，用意式金枪鱼番茄泥拌儿童意大利面条，比搭配土豆泥更好。如果你的宝宝喜欢更顺滑的口感，在与土豆泥混合之前，先把番茄和金枪鱼做成菜泥。

意式金枪鱼番茄泥

三文鱼甘薯糕

这道辅食做起来非常简单，把三文鱼和甘薯混合，做成小巧的鱼糕，便于宝宝用手拿着吃。如果你和宝宝都喜欢，也可以直接吃，而不必做成鱼糕的形状。

15 分钟　20 分钟　4 婴儿份和 1 成人份 

食材

250 克甘薯，去皮，切成 4 块
200 克去皮三文鱼排
1 汤匙橄榄油
100 克或者 1 小根韭葱，洗净，细细切碎
75 克全脂鲜奶酪
1/2 个柠檬擦柠檬皮屑（可选）
50~75 克燕麦片
植物油，炒菜用

步骤

1 把甘薯蒸 10~15 分钟，或者直至变软。

2 与此同时，用你的指尖在鱼肉上滑动，检查有无鱼骨，如有鱼骨请剔除。用锡纸将三文鱼松松地包好，放在甘薯上面一起蒸；如果你用的蒸锅有多层蒸屉，可以把三文鱼放置在另外一个蒸屉里，蒸大约 12 分钟。

3 把油倒入煎锅里烧热，慢慢翻炒韭葱，直至变软。等甘薯蒸好之后，把甘薯、韭葱、鲜奶酪和柠檬皮屑（如果你用的话）混合在一起捣成泥。

4 把三文鱼弄碎，并再次检查是否有鱼骨，然后与甘薯等混合在一起捣烂。

5 盛出大约 1/4，这便是宝宝的那份，可以直接让宝宝享用，剩下的部分冷却之后冷冻保存，或者按照下面的方法制作成婴儿鱼糕。

6 把宝宝的那份三文鱼甘薯泥分成 4 个小球，均匀裹上燕麦片，做好后放在一边待用。成人份可以稍加调味，做 3~4 个鱼糕。

7 把油倒入煎锅里烧热，把鱼糕放入锅内，稍微压扁，每面大约煎 5 分钟，或者直至两面金黄，趁温热享用。

* 可以搭配酸奶黄瓜酱或者地中海式烤蔬菜酱（见 107 页）一起享用。

* 存放在密封容器里，置于冰箱冷藏，最多可保存 24 小时，或者冷冻保存。

* **备选方案：** 可以用鳟鱼代替三文鱼。用压碎的玉米片代替燕麦，把烤箱设定为 190℃，烘烤 20 分钟。

奶油三文鱼意大利面条

在添加辅食早期鼓励宝宝吃油性鱼，有利于促进宝宝大脑的发育，因为油性鱼的鱼肉里含有大量欧米伽 3 脂肪酸。在接下来的几年中，你可以继续采用这个食谱，随着宝宝越来越擅长咀嚼，你需要做的只是对口感进行调整。

3 分钟　12 分钟　4~5 婴儿份 

食材

50 克去皮三文鱼排
40 克儿童意大利面条
50 克小朵西蓝花
2 汤匙全脂鲜奶酪
全脂牛奶（可选）

步骤

1 用你的指尖在鱼肉上滑动，检查有无鱼骨。把三文鱼蒸熟或者把烤箱设定为 180℃，烘烤大约 12 分钟，直至鱼肉能轻松地用餐刀切开。

2 按照包装上的说明煮儿童意大利面条。在煮面的最后 4 分钟加入西蓝花一起煮。

3 把三文鱼放入碗里，用叉子把鱼肉弄碎，并再次检查是否有鱼骨。加入鲜奶酪搅拌均匀。当意大利面条和西蓝花都煮软后，滤干水分，与三文鱼混合。

4 用食物料理机打碎，达到适合的口感，如果需要的话，可以加点牛奶。盛出宝宝的那份，让宝宝立刻享用，如果有必要，可以重新加热后再吃。把剩下的部分冷冻保存。

* 置于冰箱冷藏，最多可保存 24 小时，或者冷却后冷冻保存。

* **备选方案：** 可以用花椰菜或者绿皮西葫芦代替西蓝花。

蔬菜酱意大利面条

一旦你的宝宝可以吃块大一点的食物后，你就可以给他做蔬菜酱意大利面条了。如果宝宝喜欢，你也可以给他一些煮得软软的蝴蝶面或者笔尖面，让他自己蘸着蔬菜酱吃。

5 分钟　20~25 分钟　4~5 婴儿份 

食材

1 汤匙植物油
13 厘米长的韭葱（只用葱白部分），纵向分成 4 份，细细切碎
1 个小的绿皮西葫芦，洗净，去掉瓜蒂，切小丁
1 瓣大蒜，拍碎（可选）
300 克原汁罐头碎番茄
6 片罗勒叶，洗净，粗略撕碎

每份酱搭配：

15~20 克煮熟的儿童意大利面条
1 汤匙磨碎的奶酪，趁热与蔬菜酱搅拌在一起，或者切 1~2 块作为手指食物

步骤

1 把油倒入不粘酱汁锅里烧热，慢慢翻炒韭葱、绿皮西葫芦和大蒜（如果你用的话），大约炒 5 分钟，或者直至食材变软。

2 加入番茄和罗勒，煮至沸腾。搅拌，盖上锅盖，小火炖煮 15~20 分钟，或者直至蔬菜变软。

3 离火，放置冷却一会儿，如果有必要，用搅拌机打至合适的口感。搭配儿童意大利面条和奶酪一起享用。

* 把酱汁存放在密封容器里，置于冰箱冷藏，最多可保存 24 小时，或者分装成小份，贴上标签，冷冻保存。
* **备选方案**：如果你喜欢的话，可以用 1 个小个的洋葱代替韭葱。

意式南瓜烩饭

任何一种南瓜都可以用来做这道奶酪味浓郁的烩饭。你既可以用烩饭专用的意大利米，也可以用普通的短粒米。全家人都能享用这道烩饭，只需先盛出宝宝的那份，然后根据他的需要，调整口感即可。

10 分钟　40~45 分钟 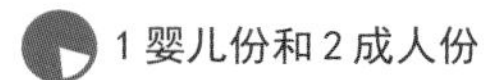 1 婴儿份和 2 成人份 

食材

1 汤匙植物油
1 个中等大小的洋葱，细细切碎
1 瓣大蒜，拍碎
300 克奶油南瓜，去皮，切成 5 毫米见方的丁
150 克短粒米
700~800 毫升无盐高汤或水
1 汤匙切碎的百里香

婴儿份搭配：

1 甜点匙鲜奶酪

成人份搭配：

磨碎的帕马森奶酪
1 汤匙切碎的欧芹

步骤

1 把油倒入不粘酱汁锅里烧热，翻炒洋葱约 5 分钟，或者直至洋葱变软、变黄。加入大蒜和南瓜，把火调小，继续炒 5 分钟，不停翻动。

2 加入大米、150 毫升高汤或者水，以及百里香，搅拌均匀，继续用中火煮 30~35 分钟，期间不停搅拌，待汤汁被米充分吸收后，继续加入高汤或者水。分批次加入高汤或者水，直至全部用完。

3 离火，稍微放置冷却。把宝宝的那份盛出来，用搅拌机打至适合的口感，上桌前加入鲜奶酪，让宝宝享用。剩余的烩饭调味后拌入帕马森奶酪和切碎的新鲜欧芹，便是成人份。

* 可以搭配清蒸四季豆或者芦笋一起享用。
* 冷却后存放在密封容器里，置于冰箱冷藏，最多可保存 24 小时，或者冷却后冷冻保存。吃之前，把烩饭从冷冻室取出，置于冷藏室过夜解冻，或者把冷冻的烩饭加盖，用 180℃的烤箱烘烤 20~30 分钟，直至烩饭完全被加热，也可用微波炉加热至滚烫。
* **备选方案**：可以用里科塔奶酪代替鲜奶酪；在烹饪的最后 10 分钟加入胡萝卜丁或者芦笋段，与南瓜搅拌在一起。

咖喱蔬菜

这是宝宝第一次品尝咖喱菜。当你在做这道辅食的时候，可以用水浸豆子罐头，既方便又有营养。选择味道温和的咖喱粉，这样你和宝宝都能享用。把宝宝的那份盛出来后，可以按照你自己的喜好，用味道辛辣的调味品对成人份进行调味。

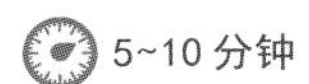 5~10 分钟  30~35 分钟  2 婴儿份和 2 成人份 ❄

食材

2 汤匙植物油
1 个小个的洋葱，细细切碎
1 瓣大蒜，拍碎
1 茶匙淡味咖喱粉（最好是无盐的）
200 克奶油南瓜，去皮，切丁
200 克斑豆（罐头斑豆或事先煮好的斑豆均可）或利马豆
200 克罐头碎番茄

成人份调味可用：

1 茶匙玛萨拉咖喱粉
1 汤匙切碎的芫荽或辣椒酱

步骤

1 用酱汁锅把油烧热，倒入洋葱和大蒜，翻炒至微黄。加入咖喱粉搅拌均匀，加入南瓜、豆子和番茄，再倒入150毫升水。

2 煮开后微滚一会儿，然后把火调小，搅拌均匀后盖上锅盖，小火炖煮20~25分钟，经常搅拌，如果需要，可以再加点水。

3 当南瓜变软后，离火，放置冷却一会儿。盛出宝宝的那份，可以用叉子捣烂或者用搅拌机调整口感，然后让宝宝享用。你自己的那份可以按照个人喜好调味，之后便可以享用了。

* 可以搭配米饭一起享用，但需要把米饭捣成适合宝宝的口感，搭配几块印度馕饼也是可以的。

* 存放在密封容器里，置于冰箱冷藏，最多可保存48小时，或者冷却后分成小份，独立分装后贴上标签，冷冻保存。

* **备选方案**：你可以用任何一种豆子代替斑豆，如能够提供大量叶酸的黑眼豆。在添加辅食的第三阶段，你不再需要把食物捣烂，只需把食物切碎。

咖喱蔬菜

普罗旺斯杂烩

普罗旺斯杂烩富含维生素 A 和维生素 C。沐浴着夏日阳光茁壮成长的新鲜蔬菜特别适合做这道辅食。建议在添加辅食的早期引入，一开始需要捣烂，之后你便可以省略这一步骤。

 10 分钟　50~60 分钟　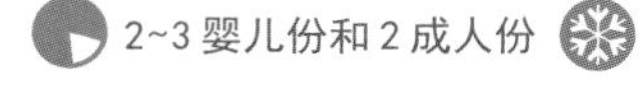 2~3 婴儿份和 2 成人份

食材

1 汤匙橄榄油
1 个小个的洋葱，切丝
1 瓣大蒜，拍碎
1/4 个红甜椒，粗粗切条
1/4 个青甜椒，粗粗切条
2~3 厚片茄子，切成 1 厘米见方的丁
1/2 小的绿皮西葫芦，切成 1 厘米见方的丁
2 个中等大小的番茄，切成 4 块
200 克原汁罐头碎番茄
1/2 汤匙干牛至

步骤

1 烤箱预热至 180°C。

2 把油倒入焙盘里烧热，翻炒洋葱和大蒜 3~4 分钟。

3 加入甜椒、茄子和绿皮西葫芦，用中火翻炒 5 分钟，期间不停翻动。把所有番茄和牛至倒入焙盘，搅拌均匀后放入烤箱，烘烤 40~45 分钟，或者直至所有蔬菜变软。

4 取出焙盘，稍微冷却。用叉子捣烂或者用搅拌机打至适合的口感，也可挑出几块柔软的蔬菜，作为手指食物给宝宝吃。

普罗旺斯杂烩

* 可以搭配古斯古斯、米粉或者儿童意大利面条一起享用，还可以加一点磨碎的奶酪或者捣烂的豆腐。

* 存放在密封容器里，置于冰箱冷藏，最多可保存 24 小时，或者冷却后冷冻保存。

意式芝香番茄烩饭

烩饭是一种为宝宝引入米饭的好方法。你可以用普通的短粒米或者烩饭专用意大利米，把米饭煮得软一些，如果需要的话，捣成泥之后再给宝宝享用。

 5 分钟　 40 分钟　 6 婴儿份或 2 婴儿份和 1 成人份　

食材

1 汤匙橄榄油
1 个小个的洋葱，切碎
75 克短粒米或意大利米
300~350 毫升无盐高汤或水
150 克番茄，去皮、去籽
2~3 片罗勒叶，洗净、撕碎
50 克车达奶酪，擦丝

步骤

1 把油倒入不粘酱汁锅里烧热，慢慢把洋葱炒软。加入米和 100 毫升高汤或者水。

2 让米逐渐吸收汤汁，期间不停搅拌，分次加入更多的高汤或者水，直至所有的高汤或者水都用完。

3 加入番茄和罗勒，继续煮至大米彻底变软，如果有必要，可以继续加入高汤或者水。

4 烩饭煮好后，把奶酪拌进去。盛出宝宝的那份，如果需要的话，可以调整口感。把剩余的烩饭冷冻保存。

* 可以搭配清蒸小朵西蓝花或者四季豆一起享用。

* 存放在密封容器里，置于冰箱冷藏，最多可保存 24 小时，或者冷却后冷冻保存。

奶酪花椰菜/奶酪西蓝花

这道菜一直深受所有家庭喜爱。它含有丰富的钙，味道可口，能根据不同的需求进行调整，以适合所有家庭成员的口味。对于小婴儿来说，可以先把花椰菜或者西蓝花蒸熟，把它们捣碎，然后与酱汁拌在一起；而对于大一些的婴儿来说，蔬菜可以稍微硬一些，从而鼓励婴儿咀嚼。你也可以尝试在花椰菜或者西蓝花上撒点面包糠和磨碎的奶酪，稍微烘烤一会儿，便可以打造出酥脆版的奶酪花椰菜或奶酪西蓝花。

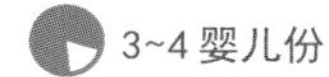

3~4 婴儿份

食材

2 汤匙或 20 克普通面粉
225 毫升全脂牛奶
满满 1 汤匙或 20 克黄油或单不饱和脂肪涂抹酱
50 克硬奶酪，如车达奶酪，擦丝
200 克花椰菜或西蓝花

步骤

1 把面粉倒入酱汁锅里（离火状态），用打蛋器把面粉与牛奶搅拌在一起，待牛奶和面粉充分融合后加入黄油。

2 开火，小火慢煮并不停地搅拌，直至混合物变得黏稠。离火，加入奶酪。

3 与此同时，把花椰菜或者西蓝花蒸软，把刚刚做好的酱汁浇在蔬菜上，一起捣烂或者用食物料理机打至适合的口感，即可让宝宝享用。

* 可以搭配面包块抹黄油和对半切开的樱桃番茄一起享用。
* 存放在密封容器里，置于冰箱冷藏，最多可保存 24 小时，或者冷却后冷冻保存。

奶酪通心粉

奶酪通心粉可以说是所有家庭的最爱。它含有丰富的钙。把奶酪通心粉捣烂或者用搅拌机打至适合宝宝的黏稠度，或者盛出一点酱汁，让宝宝用儿童意大利面条蘸着吃。我们采用最普通的白酱，烹调方法也是最简单的，所以这道辅食可以一锅出。

6 婴儿份或 2 婴儿份和 1 成人份

食材

2 汤匙或 20 克普通面粉
225 毫升全脂牛奶
满满 1 汤匙或 20 克黄油或单不饱和脂肪涂抹酱
50 克硬奶酪，如车达奶酪，擦丝
60 克管状意大利面条或儿童意大利面条

步骤

1 把面粉倒入酱汁锅里（离火状态），用打蛋器把面粉与牛奶搅拌在一起，待牛奶和面粉充分融合后加入黄油。

2 开火，小火慢煮并不停地搅拌，直至混合物变得黏稠。离火，加入奶酪。

3 与此同时，按照包装上的说明把意大利面条煮熟，捞出沥干，拌入酱汁。

4 如果有必要，用食物料理机打成适合的口感，然后让宝宝享用，剩余部分冷冻保存。

* 可以搭配豌豆泥或者小朵西蓝花一起享用。
* 存放在密封容器里，置于冰箱冷藏，最多可保存 48 小时，或者分成小份冷冻保存。
* **备选方案**：可以加入 1 汤匙番茄蓉，做成粉红色的酱汁。这款酱汁也可以用微波炉来做，高火加热 30 秒，然后取出搅拌。

香滑素肉末

阔恩素肉是人工制造的菌蛋白产品，可以用来代替大豆素肉，是一种非肉类来源的蛋白质，营养十分丰富，而且富含锌和铁。

10 分钟　25 分钟　4 婴儿份 

食材

1 汤匙植物油
1/2 个小个的洋葱，细细切碎
1 瓣大蒜，拍碎（可选）
1 小根胡萝卜，去皮，切小丁
150 克阔恩素肉或其他素肉
1 汤匙番茄蓉
150 毫升水
1 汤匙切碎的欧芹

步骤

1 把油倒入酱汁锅里烧热，慢慢翻炒洋葱和大蒜约 5 分钟，或者直至它们变软。

2 加入胡萝卜，继续翻炒 1~2 分钟，然后加入阔恩素肉和番茄蓉，搅拌均匀。

3 锅内加水，煮至沸腾。搅拌均匀后盖上锅盖，小火炖煮 15 分钟。不时查看和搅拌，如果需要，可以多加点水。

4 加入欧芹，继续煮几分钟，直至欧芹热透。稍微冷却，用搅拌机打至适合宝宝吃的口感。

* 可以搭配土豆泥和小朵西蓝花或者四季豆一起享用。
* 置于冰箱冷藏，最多可保存 24 小时，或者冷却后冷冻保存。
* **备选方案**：在步骤 2 加入 1~2 茶匙芫荽粉。
如果你希望这道辅食更有营养、口感更加爽滑，可以在步骤 4 加入柔滑花生酱。

椰香咖喱蔬菜

椰浆为这道美味的辅食赋予了奶油般爽滑的口感。扁桃仁能够为宝宝提供蛋白质。假如你不打算现在就引入坚果，那么可以用 2 汤匙煮熟的小扁豆或者其他豆子来代替坚果，如果需要的话，也可以多加点水。

7~8 分钟　15~20 分钟　4~6 婴儿份或 2 婴儿份和 1 成人份 

食材

3~4 个小土豆，去皮，切丁
1 汤匙植物油
1 个洋葱，细细切碎
1 瓣大蒜，拍碎
1 茶匙细细切碎的姜
1 根中等大小的胡萝卜，去皮，切丁
3~4 小朵西蓝花，再切成 3~4 片
1/2 茶匙姜黄粉
50 克切碎的扁桃仁
150 毫升椰浆

步骤

1 把土豆蒸熟，稍微冷却。

2 用不粘酱汁锅把油烧热，慢慢翻炒洋葱、大蒜和姜约 5 分钟。如果开始粘锅了，可以加入少许水。

3 与此同时，把胡萝卜和西蓝花蒸至变软。

4 先加入姜黄粉，与洋葱等食材混合，再把所有蔬菜加进去，搅拌均匀后，加入扁桃仁和椰浆，搅拌均匀，煮开后微滚一会儿。

5 把火调小，用小火继续煮 5 分钟，或者直至所有食材完全融合在一起，而且蔬菜也绵软。

6 离火，稍微冷却。盛出宝宝的那份，用搅拌机或者用叉子处理至适合的口感。如果你也吃这道菜，可以按照自己的喜好调味。

* 可以搭配几根清蒸四季豆一起享用，让宝宝把四季豆当作手指食物。
* 存放在密封容器里，置于冰箱冷藏，最多可保存 24 小时，或者冷却后分装成小份，贴上标签，冷冻保存。

意式田园时蔬烩饭

“田园时蔬”意味着这道烩饭里有很多种蔬菜，但胡萝卜和豆子始终是不可或缺的食材。在我们的食谱里，与胡萝卜和韭葱搭配的是毛豆。

7~8 分钟　35~40 分钟　8 婴儿份或 2 婴儿份和 1 成人份

食材

1 汤匙橄榄油

50 克或 1/2 根小一点的韭葱，纵向分成 4 份，再细细切碎

1 小根胡萝卜，去皮，切丁

75 克短粒米或意大利米

350~400 毫升无盐高汤或水

60 克速冻毛豆，解冻

2 茶匙切碎的百里香

50 克马斯卡彭奶酪

步骤

1 用酱汁锅把油烧热，慢慢翻炒韭葱和胡萝卜 5~6 分钟，或者直至它们变软。

2 加入米和 100 毫升高汤或者水。让米慢慢吸收汤汁，期间不停搅拌，然后分次加入更多的高汤或者水，直至所有高汤或者水全部用完，再加入毛豆，最后加入百里香。

3 继续煮至米和蔬菜都熟透变软。离火，加入马斯卡彭奶酪，搅拌均匀。

4 盛出宝宝的那份，如果有必要，先捣烂再让宝宝享用，并且把剩余部分冷冻起来。如果你也吃这道烩饭，用少许黑胡椒粉调味，再加一点帕马森奶酪。

* 可以搭配几根清蒸胡萝卜条一起享用。
* 存放在密封容器里，置于冰箱冷藏，最多可保存 24 小时，或者冷却后冷冻保存。
* 备选方案：可以用速冻嫩豌豆代替毛豆。

意式田园时蔬烩饭

菠菜豆腐米饭

豆腐含有丰富的钙，对于乳糖不耐受的婴儿来说，豆腐是代替乳制品的绝佳食物。豆腐、菠菜和捣烂的米饭拌在一起，对于你的宝宝来说是一道既有营养又美味的辅食。

5 分钟　　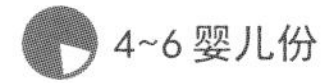　

10 分钟　4~6 婴儿份

食材

1 汤匙植物油

1/2 个小个的洋葱，细细切碎

100 克速冻菠菜末，解冻

150 克豆腐

少许肉豆蔻粉

100 克米饭

步骤

1 用小酱汁锅把油烧热，慢慢翻炒洋葱，直至洋葱变软，但不需变黄。

2 加入菠菜以及解冻时渗出的菜汁，翻炒几分钟，使菠菜和菜汁充分混合。

3 离火，加入豆腐，然后捣成泥。搅拌均匀后加入肉豆蔻粉。

4 对于小婴儿，可用搅拌机打至适合的口感。对于大一些的婴儿，只需把菠菜和豆腐打碎，再与米饭混合起来即可，如果有必要，也可以继续捣烂。趁温热享用。

* 可以搭配清蒸花椰菜或者对半切开的樱桃番茄，让宝宝当作手指食物一起享用。
* 存放在密封容器里，置于冰箱冷藏，最多可保存 24 小时，或者冷却后冷冻保存。

小扁豆菠菜糊

菠菜和小扁豆都能为人体提供铁，但人体对植物中的铁吸收率比较低，而维生素C能促进铁的吸收。因此，当宝宝吃这道辅食的时候，你可以给他准备一杯经过充分稀释的无糖果汁。

 10 分钟  25~30 分钟 6~8 婴儿份或 2 婴儿份和 2 成人份 

食材

1 汤匙植物油
1 个中等大小的洋葱，细细切碎
1 瓣大蒜，拍碎
125 克红色小扁豆豆瓣，洗净
2 茶匙干芫荽
2 茶匙孜然粉
1 汤匙番茄蓉
125 克速冻菠菜末，解冻

步骤

1 把油倒入不粘酱汁锅里烧热，翻炒洋葱和大蒜 4~5 分钟，或者直至颜色金黄。加入小扁豆、芫荽和孜然，并倒入 400 毫升水，搅拌均匀，如果有必要的话，可以多加点水。

2 煮开后微滚一会儿，盖上锅盖，并把火调小，继续炖煮，隔一段时间搅拌一下，如果太黏稠，就再加些水。

3 待小扁豆变软后，拌入番茄蓉和菠菜。

4 继续炖煮 5 分钟，直至滚烫熟透。

* 可以搭配米粉、几块印度薄煎饼或者印度馕饼一起享用。
* 存放在密封容器里，置于冰箱冷藏，最多可保存 48 小时，或者冷却后冷冻保存。
* **备选方案：**可以在步骤 3 加入 1 汤匙切碎的新鲜芫荽。

椰香小扁豆糊

这道辅食口感细腻顺滑，能够为人体提供所需的一部分铁，既可以给刚刚添加辅食的婴儿吃，也适合添加辅食后期的婴儿，甚至还适合儿童。它适合做成食物泥或者捣烂了吃，如果你想让食材保持原状，那也没问题。就像小扁豆菠菜糊一样，这道辅食可以搭配稀释的橙汁等无糖果汁，从而提供促进铁吸收的维生素C，当然还可以搭配绿色蔬菜一起吃。

 5 分钟  25 分钟  4~6 婴儿份或 2 婴儿份和 1 成人份 

食材

1 汤匙植物油
60 克或 1 个小个的洋葱，细细切碎
1 瓣大蒜，拍碎（可选）
1/2 茶匙孜然粉
100 克红色小扁豆豆瓣，洗净
150 毫升椰浆
1 汤匙番茄蓉

步骤

1 把油倒入不粘酱汁锅里烧热，翻炒洋葱直至变软。如果用大蒜的话，一并翻炒。

2 加入孜然和小扁豆，翻炒 1 分钟，搅拌均匀后加入椰浆、200 毫升水，然后加入番茄蓉。

3 煮开后微滚一会儿，搅拌均匀后盖上锅盖，把火调小。小火炖煮 15 分钟，如果有点干了，加 1~2 汤匙水。

4 炖煮 20 分钟后，或者直至小扁豆和洋葱都变软时离火，放置冷却。

5 如果有必要，可以做成食物泥或者用叉子捣烂。盛出宝宝的那份让他享用，并将剩余部分冷却，贴上标签，冷冻保存。

* 可以搭配几块印度馕饼或者印度薄煎饼，以及小朵西蓝花或者四季豆一起享用。
* 存放在密封容器里，置于冰箱冷藏，最多可保存 24 小时，或者冷却后冷冻保存。
* **备选方案：**烹调开始之后 15 分钟，可以加入 1/2 茶匙玛萨拉咖喱粉。

奶香杏泥

杏富含维生素 A。在夏季，你可以用新鲜的杏做这道简单的甜点。在其他季节，你可以用原汁浸泡的杏罐头，打碎之前把杏捞出来沥干水分即可。

2 分钟 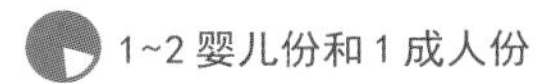 6 分钟 1~2 婴儿份和 1 成人份

食材

250 克杏
75 克马斯卡彭奶酪

步骤

1 把杏清洗干净，去核，切成 4 块。

2 把切好的杏倒入小酱汁锅里，加入 2 汤匙水，如果有必要，也可以多加 1 汤匙水。煮开后微滚一会儿，盖上锅盖，煮 4~5 分钟，或者直至杏肉变软。

3 冷却后用搅拌机打至顺滑。待杏泥完全冷却后，加入马斯卡彭奶酪，用搅拌机打匀。分成小份，置于冰箱冷藏后再享用。

* 可以搭配一些新鲜水果一起享用。
* 存放在密封容器里，置于冰箱冷藏，最多可保存 24 小时。
* **备选方案**：你可以用新鲜的油桃或者桃来做这道甜点。

炖李子

夏末是李子成熟的季节，你可以多做一些，冷冻保存起来。在秋冬季节，它既可以当作甜点和早餐，也可以当作英式水果酥粒蛋糕和水果派的馅料。根据李子的品种不同，你在做这道甜点时需要增减苹果汁的用量。

5 分钟 2 婴儿份和 2 成人份

10~15 分钟 

食材

6 个成熟的李子
150 毫升苹果浊汁

步骤

1 把李子清洗干净并对半切开，去核，再切成两半。

2 和苹果汁一起倒入小酱汁锅里，盖上锅盖，小火炖煮至果肉变软。如果有必要，冷却后稍微打碎，即可享用。

* 可以搭配 1 勺酸奶或者鲜奶酪一起享用。
* 存放在密封容器里，置于冰箱冷藏，最多可保存 48 小时，或者冷却后冷冻保存。

蔓越莓炖苹果

蔓越莓富含有益于人体健康的植物营养物质，其中包括天然的酚类化合物。由于新鲜蔓越莓很酸，所以我们做这道甜点时，使用的是甜甜的蔓越莓干，用它和苹果一起炖。

10~12 分钟 10~12 分钟 3~4 婴儿份 

食材

1 个中等大小的苹果，去皮，去核，切小块
25 克蔓越莓干

步骤

1 把苹果和蔓越莓干一起倒入小酱汁锅里，同时加入 4 汤匙水。用小火炖煮，直至水果变软，时不时搅拌一下。

2 离火并冷却，用叉子捣烂或者用食物料理机打至适合的口感，即可享用。

* 可以搭配酸奶、鲜奶酪或者卡仕达酱一起享用。
* 存放在密封容器里，置于冰箱冷藏，最多可保存 48 小时，或者冷却后冷冻保存。
* **备选方案**：采用本食谱可以做出各种各样的炖水果，例如葡萄干炖苹果。

蔓越莓炖苹果

手指食物——水果

随着宝宝对抓握越来越有信心，你可以准备多种多样的水果让他享用。果肉柔软的水果是最好的入门手指食物。这类香甜的水果很受婴儿的喜爱，也方便他们啃咬和咀嚼。当宝宝吃东西的时候，务必一直陪伴在他的身边，尤其是当他吃手指食物的时候，因为这时发生窒息的风险较高。

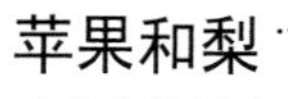

苹果和梨

挑选口感绵软且成熟的果实，不要选硬苹果。清洗干净，并用果蔬削皮器去皮。把水果切成4块，去掉核和籽，再切成适合宝宝抓握的片或者块。

柑橘类水果（橙、克莱门氏小柑橘和温州蜜柑）

完整的柑橘瓣对于婴儿来说吃起来很费力，因为柑橘不但富含汁水，而且柑橘的内果皮，也就是那层膜，还有可能引发窒息。当你给宝宝吃柑橘类水果时，务必小心处理。

首先剥掉柑橘的外皮，并且剔除柑橘瓣上的白色网状物质（橘白），然后分成一瓣一瓣的，再把每瓣柑橘的内果皮去掉，检查是否有果核。

蓝莓

把蓝莓清洗干净，并用厨房纸吸干水分，对半切开。

草莓

把草莓清洗干净，去掉草莓蒂，对半切开，如果草莓比较大，可以切片。

葡萄

挑选无籽的葡萄，彻底洗净。对半切开，假如葡萄皮太硬，则要剥掉，但一般不需要剥皮。

猕猴桃

去皮并纵向对半切开，剔除白芯部分。切成易于宝宝抓握的片或者块。

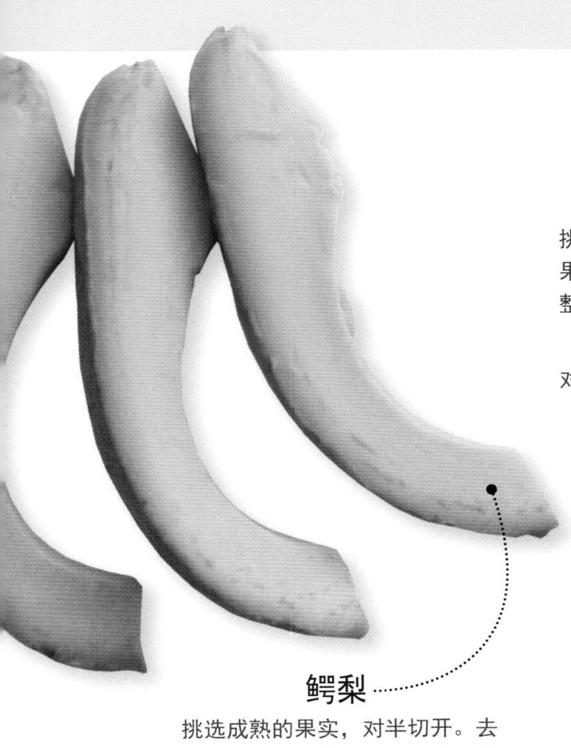

核果（桃、李和杏）

挑选果肉柔软的成熟果实。把水果清洗干净，去皮，或者先把完整的水果浸泡在沸水里烫20秒，然后撕掉果皮。

对半切开，去核，然后切成适合宝宝抓握的片或者块。

鳄梨

挑选成熟的果实，对半切开。去核，再纵向对半切开，去皮后切成适合宝宝抓握的片或者块。

木瓜

挑选个头小的成熟木瓜，对半切开。用勺子挖掉木瓜籽，用锋利的水果刀或者削皮器去皮，切成适合宝宝抓握的片或者块。

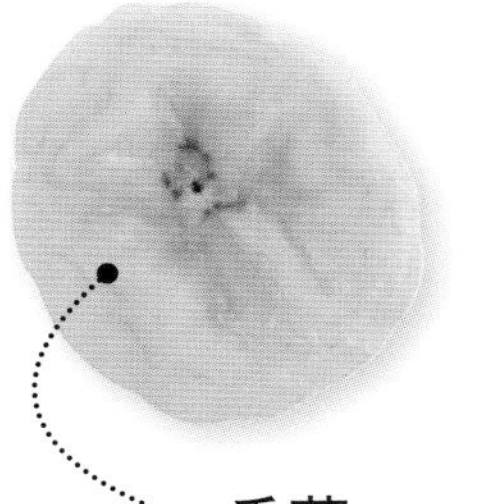

杧果

挑选成熟的杧果，用锋利的刀紧贴着杧果核的两侧，把果肉最厚的部分切下来，然后在果肉上划出网格状，注意不要切破果皮。把果皮向上翻，再用刀把果肉全部切下来。

香蕉

剥掉香蕉皮，把香蕉切成厚片，也可以先把香蕉切段，再切成3~4厘米长的香蕉条。

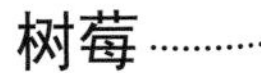

树莓

把树莓清洗干净，用厨房纸吸干水分。树莓的籽特别小，宝宝可以直接吃。

杧果冰棒

杧果泥能够很快冷冻成型，做成小小的冰棒，很适合夏天带到户外享用。普通的冰棒模具比较大，你不妨使用蛋杯或者非常小的罐子，在里边插上一根木质的冰棒棍。不过，你要做好心理准备，宝宝吃冰棒的时候必然会弄得一片狼藉，因此，围嘴是必不可少的。

食材

200克杧果泥，自制（见59页）或在商店购买

1/2个柠檬榨汁

步骤

1 把杧果泥与柠檬汁混合均匀，分别倒入6~8个蛋杯或者冰棒模具里，在果泥中间插入木质冰棒棍，然后放进冰箱冷冻。

2 冰棒冻好之后，连同模具一起放进一个大的容器或者袋子里，以防止结霜。

3 吃的时候，把冰棒从冷冻室里取出，等待1~2分钟。用干净的手指触摸冰棒，确保冰棒不会太硬，再让宝宝享用。

* **备选方案**：你可以尝试用各种水果泥做冰棒，例如杏泥（见60页）或者桃子泥（见61页），或者把它们与杧果泥混合。

* **备注**：冷冻食物温度太低，可能会粘在宝宝的嘴唇上，例如冰棒。把冰棒从冰箱冷冻室里取出来以后，静置一会儿，让冰棒的温度升高一些。给宝宝吃之前，你最好亲自检查一下。

杧果冰棒

杂莓酸奶冰

超市售卖的袋装速冻杂莓里包括各种各样的浆果，它们富含对人体有益的多酚类物质。对于小婴儿来说，建议筛掉果实里的籽再吃；对于大一些的婴儿和儿童来说，可以保留果实里的籽，因为它们可提供膳食纤维。

5 分钟   4~6 婴儿份 

食材

100 克速冻杂莓，解冻
2 茶匙糖粉（可选）
100 克全脂希腊酸奶

步骤

1 把浆果捣成顺滑的果泥，然后用筛网过滤，把籽去掉。如果果泥味道酸涩，可以加入 2 茶匙糖粉。

2 加入酸奶，搅拌均匀后倒入一个适合冷冻的塑料容器里。盖上盖子，放入冰箱冷冻，直至冻硬。

3 从冰箱冷冻室里取出，置于冷藏室，10 分钟后再享用，这样更容易用勺子舀着吃。

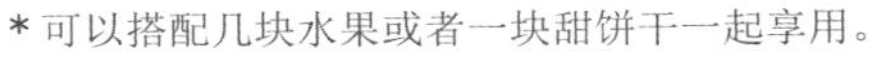
* 可以搭配几块水果或者一块甜饼干一起享用。
* 最多可冷冻保存 3 个月。

奶油果泥

这款甜点并没有依照传统方法使用奶油，而是用玉米淀粉代替奶油。它可以搭配一年四季的多种水果一起享用。

5 分钟  5 分钟 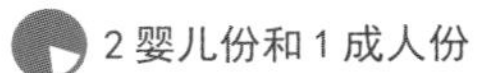 2 婴儿份和 1 成人份

食材

10 克玉米淀粉
10 克糖
100 毫升全脂牛奶
2 滴香草精
125 克炖水果，核果或浆果均可，如有必要可以加糖
100 克浓稠的原味酸奶或希腊酸奶

步骤

1 把玉米淀粉和糖倒入酱汁锅里，再把牛奶倒入并搅拌均匀。以小火慢慢加热，不停搅拌，直至煮成黏稠的酱汁。离火，然后加入香草精。

2 把炖水果捣成黏稠的果泥，然后倒入已经冷却的酱汁里。轻柔地把酸奶搅拌进去，然后分装在小碗里。盖上盖子，放入冷冻室冷冻，吃之前取出。

* 可以搭配几块水果或者一块甜饼干一起享用。
* 置于冰箱冷藏，最多可保存 48 小时。

香蕉布丁

这是一款非常简单的牛奶甜点，深受绝大多数婴儿（以及一些成年人）的喜爱。牛奶中含有天然的糖分——乳糖，香蕉也是甜的，因此，你没有必要加糖。

2 分钟　5 分钟　2 婴儿份

食材

1 甜点匙吉士粉
150 毫升全脂牛奶
1/2 根香蕉，切片

步骤

1 把吉士粉和 2~3 汤匙牛奶倒入大碗，搅拌溶解。

2 把剩下的牛奶煮至即将沸腾，倒入大碗，与吉士粉溶液混合，不停搅拌。

3 把步骤 2 的混合物倒入酱汁锅里煮，不停搅拌，直至混合物变成黏稠的奶糊。

4 把切好的香蕉片分别放在 2 个小碗里，把奶糊倒入碗里并完全覆盖住香蕉。放置冷却。

5 置于冰箱冷藏室，吃之前取出，使布丁稍微回温，再让宝宝享用。

* 容器盖上盖子，置于冰箱冷藏，最多可保存 24 小时。

粗麦布丁

粗麦布丁是一道制作起来十分简单的牛奶甜点，宝宝吃起来很方便。吃的时候，可以加点炖水果或者水果泥，也可以单独吃。

2 分钟　15 分钟　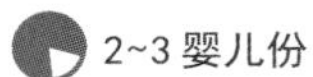

食材

10 克粗麦粉
150 毫升全脂牛奶
1 茶匙糖
几滴香草精

步骤

1 把香草精之外的所有食材倒入小酱汁锅里，一边煮，一边持续搅拌，直至混合物变黏稠、粗麦粉变软。

2 加入香草精，稍微冷却。盛出宝宝的那份，趁温热享用。

* 可以搭配杏泥或者其他水果泥（见 59~62 页）一起享用。
* 存放在小的密封容器里，置于冰箱冷藏，最多可以保存 24 小时。

碎米布丁

牛奶含有丰富的钙，这道简单的甜点能帮助宝宝增加牛奶的摄入量。这道甜点最好现吃现做，不过吃不完的部分也可以冷藏保存，第二天用微波炉重新加热即可。确保加热过的布丁经过充分搅拌，冷却之后再让宝宝享用。

2 分钟　10 分钟　2~3 婴儿份

食材

15 克碎米
150 毫升全脂牛奶
1 茶匙糖
几滴香草精

步骤

1 把香草精之外的所有食材倒入小酱汁锅里，一边煮，一边持续搅拌，直至混合物变黏稠、碎米变软。

2 加入香草精，稍微冷却。盛出宝宝的那份，趁温热享用。

* 可以搭配水果泥（见 59~62 页）或者捣烂的水果一起享用。

香柠里科塔奶酪布丁

这道甜点虽然只用了 3 种食材，却深受婴儿和家长们的喜爱。你可能认为它与奶酪蛋糕类似，但它比奶酪蛋糕更健康，也更简单易做。

食材

70 克淡味里科塔奶酪
2 茶匙柠檬凝乳
1 块消化饼干，压碎

步骤

1 把里科塔奶酪和柠檬凝乳拌在一起，然后加入饼干屑，搅拌均匀。

2 静置几分钟，使饼干屑浸泡变软，然后就可以享用或者冷冻保存。

* 可以搭配新鲜水果，例如草莓、桃或者梨等一起享用。
* 存放在密封容器里，置于冰箱冷藏，最多可保存 24 小时。

米布丁

米布丁是最受人们欢迎的婴儿甜点，它含有丰富的钙，而且易于消化。

5 分钟　2 小时　2~3 婴儿份和 2 成人份

食材

25 克黄油
25 克糖
50 克短粒米
500 毫升全脂牛奶
2 条柠檬皮
1 片月桂叶
肉豆蔻粉

步骤

1 烤箱预热至 140℃。把黄油涂抹在容量为 1 升的焙盘内壁上。

2 把肉豆蔻粉以外的所有食材倒入酱汁锅里，慢慢煮至微滚，需时常搅拌。把火调小，小火炖煮 5 分钟。搅拌均匀后，倒入焙盘，放入烤箱。

3 烘烤 30 分钟后取出焙盘，搅拌均匀，继续烘烤 30 分钟。再次取出焙盘，挑出月桂叶和柠檬皮，撒上肉豆蔻粉。

4 再次放入烤箱，继续烘烤 30~45 分钟，或者直至布丁成型、但摇晃焙盘时还可以轻微抖动的程度。冷却后即可享用。

* 可以搭配 1 勺炖水果（见 129 页）一起享用。
* 置于冰箱冷藏，最多可保存 48 小时。不宜冷冻保存。
* 备选方案：可以加入 2 汤匙葡萄干。

水果蘸巧克力酱

这是一款利用玉米淀粉增稠的牛奶巧克力酱，你的宝宝一定会很喜欢用水果插在手指上蘸着吃，甚至直接用他的小手蘸酱吃。

5 分钟　5 分钟　2~3 婴儿份

食材

1 汤匙玉米淀粉
1 满汤匙速溶巧克力粉或 1 平汤匙可可粉和 2 茶匙糖
150 毫升全脂牛奶
2~3 滴香草精
任意水果，如杧果、草莓、香蕉和葡萄等，切片或切块

步骤

1 把玉米淀粉和巧克力粉倒入小酱汁锅里，慢慢加入牛奶搅拌。

2 加入香草精后开火，在煮的过程中不停搅拌，直至酱汁变得黏稠。

3 把做好的巧克力酱分别倒入 2~3 个小碗里，静置冷却。用水果片蘸着巧克力酱吃。

* 这款巧克力酱可以置于冰箱冷藏，最多可保存 48 小时，但水果应现吃现切，切好后立即享用。

巧克力米布丁

这道米布丁具有浓郁的巧克力味，能够为宝宝提供人体必需的钙。你和宝宝肯定都喜欢它奶油般爽滑的口感，虽然制作时间较长，但等待是值得的。

5 分钟　2 小时　2~3 婴儿份和 2 成人份

食材

25 克黄油
25 克糖
50 克短粒米
500 毫升全脂牛奶
10 克可可粉

步骤

1 烤箱预热至 140℃。用黄油涂抹容量为 1 升的焙盘内壁。

2 把所有食材倒入酱汁锅里，慢慢煮到微滚，需经常搅拌，确保可可粉完全溶解。把火调小，小火炖煮 5 分钟。

3 充分搅拌后，倒入焙盘，放入烤箱。烘烤 30 分钟后取出，搅拌一下，再放回烤箱。30 分钟后再次取出搅拌。

4 再次放入烤箱烘烤 30~45 分钟，或者直至布丁成型、但摇晃焙盘时还可以轻微抖动的程度。冷却后即可享用。

* 可以搭配几片香蕉一起享用。
* 备选方案：可以加入 2 汤匙葡萄干。

第三阶段概览

当添加辅食进入第三阶段，也就是9~12个月的时候，你的宝宝已经习惯每天规律地吃饭，有时候也能和家人一起吃饭了。对宝宝来说，和家人一起吃饭有诸多益处。在家庭聚餐的时候，你应该注意你自己的行为举止，做一个好榜样，因为宝宝会模仿你的餐桌礼仪，而不管好坏！

第三阶段的进程

在添加辅食的第三阶段，当你给宝宝准备食物的时候，食物的口感也在发生变化，从捣烂的食物里混着少量柔软的小块食物以及有些情况下切碎的状态，过渡到多数情况下切碎或者切块。宝宝也更有把握自己拿杯子喝水了。对于宝宝以前不怎么喜欢的食物，应该继续做给他吃，而不应简单地从饮食中剔除。研究发现，婴儿接触一种食物的次数越多，就越有可能吃这种食物。

宝宝现在吃什么？

- 奶依然是宝宝饮食中的主要部分；他每天至少需要500毫升配方奶，或者2~3次母乳哺喂。
- 随着宝宝越来越好动，他的食欲也逐渐增大，以满足能量需求。确保富含能量的食物在宝宝日常饮食中所占的比重，例如全脂乳制品。
- 宝宝应该吃多种多样的蔬菜，并继续吃大量的水果。
- 从现在开始，宝宝应该能吃各种各样的手指食物了，你也可以让他吃一些口感较硬的食物，包括生的蔬菜。
- 在你的宝宝即将满1周岁的时候，他应该能吃更多的家常菜。在这个时候，务必牢记当宝宝和你吃一样的食物时，不要在他的那份里加盐或者用含盐高汤。你可以先把宝宝的那份盛出来，再将剩余的食物调味，以满足其他家人的需要，或者在吃的时候，个人根据各自的口味加盐。盐对宝宝的健康不利，除了这一点，你还应该知道，对你来说淡而无味或者需要加点调味料的菜肴，对宝宝来说正合适，因为他还不具备你那样的味觉体验，这一点也需要牢记在心。

独立的小食客

随着宝宝越来越接近1周岁生日，他将在很多发育领域表现出惊人的进步，这些改变将帮助宝宝具备自己吃饭的能力。

大约从8个月开始，宝宝学习如何用嘴唇包住杯子的边缘。而且，随着协调能力的提高，宝宝可以坐在婴儿高脚椅上，用无盖的杯子喝水，并且不会洒得到处都是。

宝宝的抓握能力在大约9个月的时候开始发育，并且逐渐提高，最终能用大拇指与其他手指配合拾起东西，而不再用小拳头了。这也意味着，宝宝能够更加轻松地拿起小的手指食物，例如葡萄干。随着协调能力的改善，宝宝能够用勺子舀起食物并送到嘴里，不过这个动作需要多多练习。

你的宝宝将更加擅长咀嚼食物，而且能够对付食物里的“块儿”了。与此同时，他还能从一大块手指食物上咬下一小块，然后在嘴里来回移动并咀嚼。

第三阶段——速览

口感	在添加辅食的第三阶段，宝宝所吃的食物将从捣烂的食物混合柔软的块、偶尔剁碎，过渡到大多数情况下剁碎或者切块。
引入	将更多风味引入宝宝的饮食，给他尝一些味道温和的调味料，并加入一些香草，以便他能适应更强烈的味道。
避免	不要给宝宝吃加工肉制品，包括香肠、火腿、蜂蜜、动物肝脏和整颗坚果（见19页）。

大宝宝的食物分量（每份）

随着宝宝的饮食越来越复杂，品种愈加丰富多样，他将吃更多的手指食物，以及由各食物大类的多种食物组成的正餐。因此，下面列出的本阶段婴儿食物分量的建议已将4大类食物全部考虑进去了（见13页）。和所有人一样，每个婴儿的食欲是不同的，所以此表只是该年龄阶段婴儿食物摄入量的指南。

食物种类	典型时间段	10~12个月婴儿的平均食量
蔬菜	午餐或晚餐	1~2汤匙或作为手指食物
水果	三餐均可，但每天至少2顿	1~2汤匙或作为手指食物
谷物、麦片、土豆和意大利面条	每顿适量	每顿2~4汤匙
肉类（含禽肉）、鱼类、鸡蛋和豆类	每天2顿	每顿1~2汤匙肉和鱼，若是豆类或坚果，则每顿2~3汤匙
奶	全天	500毫升配方奶或2~3次母乳哺喂
乳制品——酸奶、鲜奶酪和用牛奶制作的甜点	作为甜点或早餐，每天1~2次	2~4汤匙
手指食物	随正餐享用或偶尔当零食	1/2~1片面包 1~2块婴儿米糕 2个草莓，5颗对半切开的葡萄，1个切片的李子 1/4个梨或苹果 2~3小根蔬菜条
高脂和高糖的食物	不适合	不适合

喂养常识

近年来，有关儿童期肥胖与父母喂养方式之间是否存在着某种联系的调查研究越来越多。各种各样的研究报告提出了很多理论，但由于调查研究的范围不够大，所以结论往往互相矛盾。不过有一点可以明确，那就是每个家庭各有其独特的喂养方法，对待食物的态度也各不相同，有些家长更倾向于从一开始就设定规律的进餐时间，而另一些家长则随心所欲。作为家长，你的任务是找到一种适合自己的方法，从而确保宝宝能够自信地尝试各种新食物，引导他享受营养均衡且健康的饮食。

你是什么类型的家长？

研究显示，童年早期的饮食偏好对养成好习惯会产生影响。虽然这条消息对家长来说是有利的，但也给家长增加了不少压力。假如宝宝在7个月的时候开始吃西蓝花，那么到了7岁，他还吃西蓝花的可能性更大。具备这一知识的家长都感到自己肩负着正确喂养的重大责任，这也许促使他们在宝宝吃饭的时候对他施加压力，结果可能适得其反。

相关研究一直试图确认那些对添加辅食的方式较为随意的家长，他们的宝宝对尝试新的食物是否更加自信，或者从另一个方面来说，那些按照成人健康膳食指南规范自己饮食的家长，是否错误地严格控制宝宝的食物摄入量。他们可能将某些营养成分剔除，而他们的宝宝却实实在在需要这些营养素才能健康成长和发育，例如脂肪。

不论你对食物的态度如何，了解宝宝的味觉发育和饮食偏好的养成（见48页）、如何学习吃多种多样的健康食物，能够帮助你摸索出一种适合你和宝宝的喂养模式。如果你喜欢凡事井井有条，添加辅食的过程中出现的混乱场面对你来说也许非常具有挑战性。但是，吃得一团糟是发育过程中的自然阶段，有利于宝宝锻炼协调能力，并最终帮助他成功地独立吃饭，认识到这一点能够帮助你克制自己随时想去擦地的冲动。在地板上铺些纸或者放一块防污垫，再给宝宝戴上围嘴，既能够使你多多少少控制住混乱的局面，又能够保证宝宝有足够的自由探索食物。

正确的喂养

许多时候，由于担忧宝宝是否吃得健康，导致很多父母忽略了喂养常识：

- 尽量放松。如果你感到紧张，宝宝也会感到有压力。婴儿在接受一种食物之前，需要多尝试几次，如果宝宝拒食，也不要气馁。把吃饭变成社交活动：与宝宝说话，对他微笑，确保他在吃饭时建立积极的联想。
- 不要强迫宝宝吃饭。宝宝饿的时候会向你发出信号，并以吃作为回应。用勺子强塞食物，以及连哄带骗，会在无意间使他不想吃饭。
- 被禁止的食物反而更具吸引力。严格限制宝宝饮食的父母会发现，当宝宝逐渐长大，当他去别人家做客的时候，会沉迷于那些平时在自己家被限制的食物。你当然不希望宝宝每天吃很多饼干，但偶尔把饼干当作奖励也没什么问题。
- 不要期望宝宝接受你自己不喜欢吃的食物。如果你从来不吃绿叶蔬菜，他也不会吃。
- 让宝宝有一定的掌控感：如果你对他吃的食物限制越多、管束越严格，那么宝宝就越可能出现情绪化的饮食行为。

你的宝宝什么气质

长久以来，儿童心理学家和营养学家一直在观察婴儿的气质是否会对他们接受食物或者被喂养的方式产生影响，以及这是否更有可能导致其在童年后期体重超重。

科学家们已经研究过的问题包括：

- 那些比较难安抚的婴儿长大后体重更容易超标，是否因为奶或者食物经常被用于逗他们开心？
- 当家长强行让婴儿吃东西的时候，有些婴儿会以在喂饭过程中大声尖叫，或者不肯咽下塞在嘴里的食物的方式进行回应，那么这种反抗行为是否会影响其成长？
- 那些平时经常微笑、喜爱社交的婴儿更容易接受喂饭，是否因为家长对于喂饭更加放松？或者，是否因为这些婴儿更加擅长自我放松，进而使家长能够更加轻松地添加辅食？

不同的研究揭示了一系列不同的结果。英国的一项名为“盖茨黑德千年研究计划”的大型研究项目发现，没有证据显示婴儿的气质可能导致其在童年后期超重，这个项目从婴儿出生一直追踪到他们7~8岁的时候。因此，家长可以放心了，宝宝的气质不会成为实现健康且多样化饮食的障碍。帮助宝宝养成良好的饮食习惯是极其有益的，因为良好的饮食习惯能够持续到成年阶段。

一起吃饭

当看到“家庭聚餐”这个词的时候，人们脑海里通常会浮现这样一幅画面：全家人其乐融融地围坐在餐桌前，吃着各式各样健康的食物，脸上洋溢着笑容，享受着彼此的陪伴。但是，你的经历也许并非如此！不论你自己在童年时的经历是否愉快，人们普遍认为经常参与家庭聚餐的儿童能够从各个方面受益。吃饭时有点混乱没什么关系，餐桌礼仪不完美也无所谓，重要的是一家人以分享的方式一起吃饭。

家庭聚餐为何重要？

很多研究一直在关注一个问题，那就是一家人坐在一起吃饭是否会对家庭生活产生影响？相关证据显示，参与家庭聚餐的儿童能够从各方面获得好处。与家人一起吃饭的婴儿和学步儿童超重的可能性较低，更有可能吃更健康的食物。这是因为家常菜往往在营养上更加均衡。

除此之外，与家人一起吃饭在社交和心理方面也对婴儿有益。与家人一起吃饭，儿童的心理健康似乎有所改善，与家人之间的互动更加积极。这也支持了一个理论，即吃饭不仅仅是吃饭，同时也是社交活动。在生活紧张忙碌的时候，设定固定的时间与家人一起吃饭能够为你们提供机会，了解一家人各自的近况。早一点安排规律的家庭聚餐，将使你的宝宝在未来数年受益。

另一方面，与家人一起吃饭也能帮助儿童逐渐爱上健康饮食，养成好习惯。如果你已经习惯吃各种快餐食品或者加工肉制品，到了宝宝也要与你同桌吃饭的时候，你必须检视自己的饮食习惯。不论你是不是喜欢，宝宝都会模仿你的言行举止，因此，你可以利用这个机会向宝宝表明，你吃的是多种多样的健康食物。

当你给宝宝做饭的时候，让宝宝在一旁观察，告诉他你在做什么，有利于激发他的想象力。通过这种方法，宝宝将学会把食物原本的样子与餐盘里的食物联系在一起。

树立榜样

现在可能是对你自己的食物喜好进行审视的最好时机。如果你自己对食物有限制，也许对某种食物有禁忌或者正在节食，应该当心不要用“好”和“坏”来评价食物。你的宝宝必须保持饮食健康，而健康的饮食应该包括富含能量的食物。这些食物可能包括一些你正在避免摄入的奶酪、油或者脂肪，但对宝宝来说，他的日常膳食应该包括这些。

行之有效

虽然一家人坐在一起吃饭是最完美的，但忙碌的现代生活常常意味着这样做有点不切实际。如果你和你的爱人下班晚，那么每个工作日都在一起吃饭并不适合你们。不必内疚，想想如何创造特别的机会与家人一起吃饭：

- 每周六或者周日，全家人围坐在餐桌前吃饭，偶尔也可以邀请其他人参加。你的宝宝能够在这种社交场合获益，因为他能听到别人的谈话、看到别人的行为举止、观察餐桌礼仪，还能学习语言技巧。
- 和宝宝一起吃午餐。与其在宝宝吃午餐的时候打扫厨房，你不如抽点时间陪他吃个三明治。如果他想吃你的三明治，就给他尝尝。
- 如果你负责给全家人做饭，准备一点合适的手指食物，当全家人一起吃饭的时候，宝宝也有东西可以吃，或者对家常菜进行调整，以适合宝宝。通常情况下，只需不加盐，或者在加盐前把宝宝的那份盛出来，然后把食物切碎或者捣烂即可实现。这样做的话，到了宝宝满 1 周岁的时候，他便能参与到家庭聚餐中来了。
- 邀请几个大一点的孩子一起吃饭；无论是宝宝的哥哥姐姐，还是他的表兄弟，或者朋友的孩子们，婴儿喜欢跟其他孩子待在一起，这样也能使平淡的一日三餐变成欢乐的聚会。宝宝可能想吃其他孩子的食物，所以，你或许需要调整菜单。对于学步儿童来说，与那些过了挑剔阶段的孩子一起吃饭也是有很多益处的。
- 让家人专注于食物，吃饭的时候应该关闭电视或者电脑，这样宝宝就不会分心。

一起吃饭、分享健康的食物是一种非常愉快的体验。当然，在某些特殊的场合，偶尔给宝宝一点奖励完全没问题！

每日菜单计划

三文鱼甘薯糕

周一

早餐
炒蛋（见99页）和吐司配甜瓜块

午餐
三文鱼酸奶黄瓜（见176页）烤土豆
配清蒸四季豆
碎米布丁（见134页）配猕猴桃泥

晚餐
西梅牛肉（见116页）配土豆泥和
清蒸西蓝花
异域风味水果沙拉（见191页）

周二

早餐
香草香蕉果昔（见171页）
配温州蜜柑瓣

午餐
豌豆薄荷汤（见181页）
配奶酪司康（见104页）
奶油果泥（见133页）

晚餐
牛仔风味脆皮焗豆（见188页）
配清蒸四季豆
脆皮黑莓苹果馅饼（见195页）

周三

早餐
简易木斯里（见169页）配牛奶和香蕉片

午餐
南瓜番茄汤（见180页）
配鸡蛋芹菜三明治（见175页）
鲜奶酪拌浆果

晚餐
牧羊人派（见185页）
配烤胡萝卜条和甜椒条
烤香桃（见190页）

周四

早餐
脆米早餐和葡萄干泡奶配杧果片

午餐
火腿菠萝比萨（见179页）配对半切开的
樱桃番茄
巧克力米布丁（见135页）

晚餐
三文鱼甘薯糕（见121页）
配酸奶黄瓜酱和黄瓜条
炖水果（见129页）

周五

早餐
椰枣燕麦粥（见98页）配橙子瓣

午餐
茄汁牛肉丸（见185页）配儿童意大利面条和清蒸花椰菜
橘子果冻（见192页）

晚餐
羊肉茄子布格麦食（见184页）配黄瓜条
酸奶配捣烂的浆果

周六

早餐
杂莓果昔（见168页）
吐司抹奶油奶酪（见100页）

午餐
脆皮三文鱼（见186页）配土豆泥和豌豆
酸奶配罐头菠萝碎块

晚餐
意式南瓜烩饭（见122页）配清蒸绿皮西葫芦条
鲜奶酪拌果蔬泥（见59～62页）

周日

早餐
咸香玛芬（见170页）配软梨片

午餐
奶酪通心粉（见125页）配对半切开的樱桃番茄
橘子配米布丁（见135页）

晚餐
茄汁牛肉丸（见185页）配儿童意大利面条和清蒸西蓝花
葡萄干炖苹果（见129页）

吃饭的时候用有盖的杯子给宝宝准备一杯饮料，既可以是一杯他平时吃的奶，也可以是一杯水。如果你想给宝宝喝果汁，必须是不加糖的果汁，并且以1:10的比例用水稀释。

本周其他可选菜单： 基础款燕麦粥（见 98 页）配香蕉片 · 吐司抹花生酱（见 101 页）· 番茄焗豆吐司（见 173 页）· 里科塔奶酪番茄罗勒三明治（见 174 页）配胡萝卜条 · 奶油鸡肉意大利面条（见 183 页）· 普罗旺斯鸡肉（见 112 页）· 烤蛋奶布丁（见 195 页）

每日菜单计划

周一

早餐

瑞士木斯里（见98页）配香蕉片

午餐

胡萝卜芫荽汤（见181页）配里科塔奶酪
番茄罗勒三明治（见174页）
酸奶配果蔬泥（见59~62页）

晚餐

素牧羊人派（见189页）配清蒸西蓝花
烤蛋奶布丁（见195页）

周二

早餐

香蕉面包（见168页）抹奶油奶酪配
克莱门氏小柑橘瓣

午餐

沙丁鱼吐司（见173页）配黄瓜条
炖李子（见129页）

晚餐

香草羊肉炖蔬菜（见114页）配
清蒸土豆和欧洲防风
鲜奶酪拌杏泥（见60页）

周三

早餐

杏泥燕麦粥（见68页）配软的免洗
即食杏

午餐

奶酪花椰菜（见125页）配面包抹黄油
缤纷夏日莓果羹（见191页）

晚餐

果香鸡肉（见112页）配土豆块和清蒸
四季豆
苹果海绵布丁（见193页）

周四

早餐

多味司康（见99页）抹黄油配软梨片

午餐

基础款煎饼（见192页）配墨西哥风味豆子
（见177页）和清蒸胡萝卜条
酸奶配捣烂的蓝莓

晚餐

意式莳萝三文鱼烩饭（见186页）配
鳄梨块
杧果冰棒（见132页）

周五

早餐

奶酪番茄焗蛋（见172页）
配克莱门氏小柑橘瓣

午餐

金枪鱼鳄梨三明治（见175页）配对半切开的樱桃番茄
鲜奶酪拌果蔬泥（见59~62页）

晚餐

迷你杏酱鸡肉汉堡（见183页）配桃子酸辣酱（见182页）和黄瓜条、甜椒条
烤苹果（见190页）

周六

早餐

饼干泡奶（见70页）拌香蕉泥配木瓜块或甜瓜块

午餐

鱼片（见106页）和面包蘸乡村奶酪酱（见107页）
葡萄干炖苹果（见129页）

晚餐

羊肉茄子布格麦食（见184页）配清蒸小朵西蓝花
酸奶配果蔬泥（见59~62页）

周日

早餐

蓝莓煎饼（见169页）配香蕉片

午餐

墨西哥薄饼卷奶酪番茄（见177页）配黄瓜条
橘子配米布丁（见135页）

晚餐

诺曼底猪肉（见113页）配土豆块和清蒸四季豆
葡萄干炖苹果（见129页）

本周其他可选菜单： 杧果果昔（见 171 页）配吐司 · 鹰嘴豆泥丸子（见 110 页）配家常胡姆斯酱（见 111 页）· 韭葱土豆汤（见 180 页）配面包条 · 鳄梨酱意大利面条（见 188 页）配西蓝花 · 希腊烤鱼（见 120 页）配熟菠菜和土豆 · 苹果片和梨片

每日菜单计划

周一

早餐
树莓粥（见99页）配树莓

午餐
鳄梨酱意大利面条（见188页）
配对半切开的樱桃番茄
酸奶配草莓片

晚餐
快手鱼派（见187页）配清蒸绿皮西葫芦
梨子葡萄干燕麦酥（见193页）
和卡仕达酱

周二

早餐
胡萝卜玛芬（见171页）配对半切开的葡萄

午餐
豌豆薄荷汤（见181页）配里科塔奶酪番茄
罗勒三明治（见174页）
梨片或桃片

晚餐
小扁豆菠菜糊（见128页）配米粉和
清蒸胡萝卜
鲜奶酪拌捣烂的浆果

周三

早餐
脆米早餐泡奶配香蕉片

午餐
青酱番茄马苏里拉比萨（见178页）
配黄瓜条和红甜椒条
缤纷夏日莓果羹（见191页）配冰激凌

晚餐
香草羊肉炖蔬菜（见114页）配蒸甘薯条
梨子葡萄干燕麦酥（见193页）
和卡仕达酱

周四

早餐
炒蛋（见99页）和黄油吐司
配克莱门氏小柑橘瓣

午餐
皮塔饼条和红甜椒条蘸家常胡姆斯酱（见111页）
酸奶和无核西梅

晚餐
奶油鸡肉意大利面条（见183页）
配清蒸西蓝花和胡萝卜
碎米布丁（见134页）和
果蔬泥（见59~62页）

周五

早餐
杧果果昔（见171页）配吐司
抹奶油奶酪（见100页）

午餐
快手鱼派（见187页）配清蒸西蓝花和胡萝卜
甜瓜块

晚餐
菠萝猪肉（见114页）配米粉和清蒸西蓝花
香杏扁桃仁布丁（见194页）

周六

早餐
美味香蕉吐司（见100页）配苹果片

午餐
鲭鱼番茄比萨（见179页）配胡萝卜条和红甜椒条
缤纷夏日莓果羹（见191页）

晚餐
农舍派（见185页）配清蒸小朵花椰菜
烤香桃（见190页）

周日

早餐
油炸甜玉米番茄馅饼（见172页）配
杂莓果昔（见168页）

午餐
菠萝奶酪吐司（见173页）配黄瓜和对半
切开的樱桃番茄
梨片或李子片

晚餐
脆皮三文鱼（见186页）蘸鳄梨酱
（见105页）配土豆泥和黄瓜
百香果杧果杯（见191页）

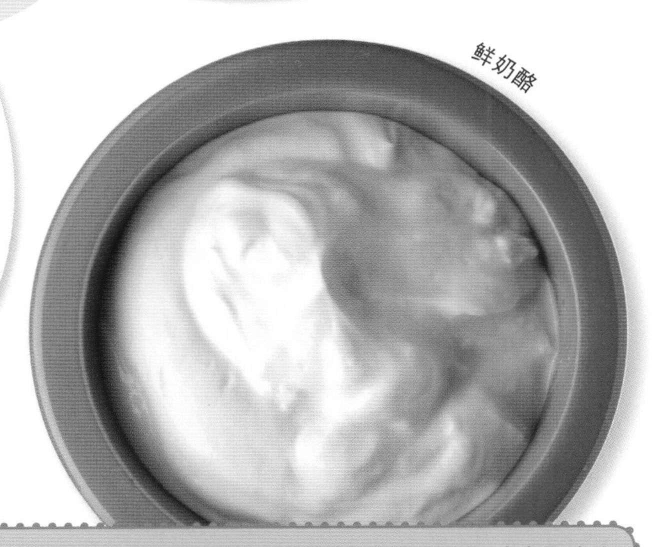
鲜奶酪

本周其他可选菜单： 饼干配水果 · 金枪鱼鳄梨三明治（见 175 页）配清蒸绿皮西葫芦 · 花生酱果味古斯古斯（见 189 页）· 葡萄干鹰嘴豆布格麦食（见 187 页）· 意大利面条和西蓝花拌牛肉酱（见 115 页）· 粗麦布丁（见 134 页）配水果

每日菜单计划

周一

早餐
香蕉面包（见168页）抹奶油奶酪
配木瓜块或软梨片

午餐
菠萝奶酪吐司（见173页）配红甜椒条
蔓越莓炖苹果（见129页）

晚餐
普罗旺斯鸡肉（见112页）配绵软的熟土豆
和绿皮西葫芦
烤蛋奶布丁（见195页）配浆果

周二

早餐
奶酪番茄焗蛋（见172页）
配对半切开的葡萄

午餐
番茄焗豆吐司（见173页）
缤纷夏日莓果羹（见191页）

晚餐
香滑素肉末（见126页）配儿童意大
利面条和清蒸西蓝花
梨子葡萄干燕麦酥
（见193页）

周三

早餐
杂莓果昔（见168页）配吐司抹奶油奶酪
（见100页）

午餐
奶酪花椰菜（见125页）配面包抹黄油和
对半切开的樱桃番茄
甜瓜块或梨片

晚餐
脆皮三文鱼（见186页）蘸家常番茄莎莎
酱（见182页）配土豆泥和清蒸四季豆
酸奶配猕猴桃片

周四

早餐
椰枣燕麦粥（见98页）配香蕉片

午餐
火鸡红椒小肉饼（见184页）蘸家常番茄莎
莎酱（见182页）配面包抹黄油和黄瓜条
粗麦布丁（见134页）配橘子

晚餐
羊肉塔吉（见115页）配古斯古斯（见102
页）、清蒸胡萝卜和西蓝花
百香果杧果杯（见191页）

周五

早餐

饼干泡奶（见70页）配杏泥（见60页）
猕猴桃片

午餐

希腊烤鱼（见120页）配绵软的土豆和西蓝花
苹果海绵布丁（见193页）配卡仕达酱

晚餐

椰香咖喱蔬菜（见126页）配米粉和印度馕饼条
杂莓酸奶冰（见133页）

周六

早餐

奶酪番茄焗蛋（见172页）配克莱门氏小柑橘瓣

午餐

蘑菇洋葱比萨（见178页）配胡萝卜条和甜椒条
面包黄油布丁（见194页）配葡萄干

晚餐

意式莳萝三文鱼烩饭（见186页）配清蒸西蓝花
整颗或者捣烂的浆果

周日

早餐

简易木斯里（见169页）配2颗软的免洗即食杏

午餐

五香鸡肉蔬菜（见176页）烤土豆配黄瓜条
香蕉布丁（见133页）

晚餐

洋葱牛肉（见116页）配土豆和西蓝花
蔓越莓炖苹果（见129页）配卡仕达酱

本周其他可选菜单： 蓝莓煎饼（见 169 页）· 豌豆薄荷汤（见 181 页）配皮塔饼 · 全熟水煮蛋配黄油吐司（见 69 页）和意式田园时蔬烩饭（见 127 页）· 茄汁牛肉丸（见 185 页）配西蓝花 · 香杏扁桃仁布丁（见 194 页）

每日菜单计划

周一

早餐
简易木斯里（见169页）配酸奶（或奶）和香蕉片

午餐
胡萝卜芫荽汤（见181页）配面包抹黄油
鲜奶酪拌浆果

晚餐
基础款煎饼（见192页）卷三文鱼酸奶黄瓜（见176页）配清蒸胡萝卜条
杏罐头和卡仕达酱

周二

早餐
炒蛋（见99页）配黄油吐司（见69页）和猕猴桃片

午餐
鲭鱼番茄比萨（见179页）配鳄梨块
酸奶配苹果泥（见59页）

晚餐
葡萄干鹰嘴豆布格麦食（见187页）配清蒸荷兰豆
炖李子（见129页）和酸奶

周三

早餐
蓝莓煎饼（见169页）配蓝莓

午餐
苹果香肠小丸子（见106页）蘸家常番茄莎莎酱（见182页）配面包抹黄油和胡萝卜条
奶油果泥（见133页）

晚餐
小扁豆菠菜糊（见128页）配米粉、印度薄煎饼条和四季豆
杧果片或梨片

周四

早餐
香蕉面包（见168页）抹奶油奶酪配软梨片

午餐
豌豆薄荷汤（见181页）配芝香玉米条（见108页）
罐头橘子和酸奶

晚餐
牧羊人派或农舍派（见185页）配清蒸芜菁甘蓝条
米布丁（见135页）配捣烂的浆果

周五

早餐
简易木斯里（见169页）配酸奶（或奶）
和香草香蕉果昔（见171页）

午餐
茄汁牛肉丸（见185页）配儿童意大利面条和
小朵西蓝花
缤纷夏日莓果羹（见191页）配卡仕达酱

晚餐
三文鱼甘薯糕（见121页）蘸酸奶黄瓜酱配
儿童意大利面条和清蒸西蓝花
异域风味水果沙拉
（见191页）

周六

早餐
脆米早餐泡奶配克莱门氏小柑橘瓣

午餐
鸡蛋芹菜三明治（见175页）
配软的免洗即食杏
香柠里科塔奶酪布丁（见134页）

晚餐
奶油鸡肉意大利面条（见183页）配
清蒸西蓝花
苹果海绵布丁（见193页）配
卡仕达酱

周日

早餐
奶酪番茄焗蛋（见172页）配面包抹黄油

午餐
鹰嘴豆泥丸子（见110页）和红甜椒条
蘸鳄梨酱（见105页）配面包抹黄油
奶香杏泥（见129页）

晚餐
鸡肉西蓝花泥（见74页）配米粉
奶油果泥（见133页）

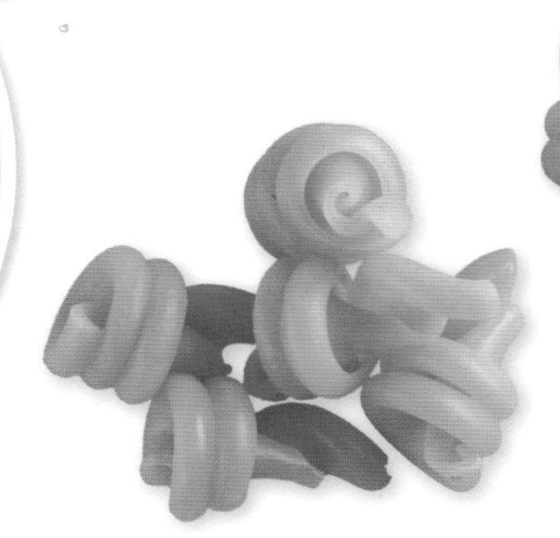

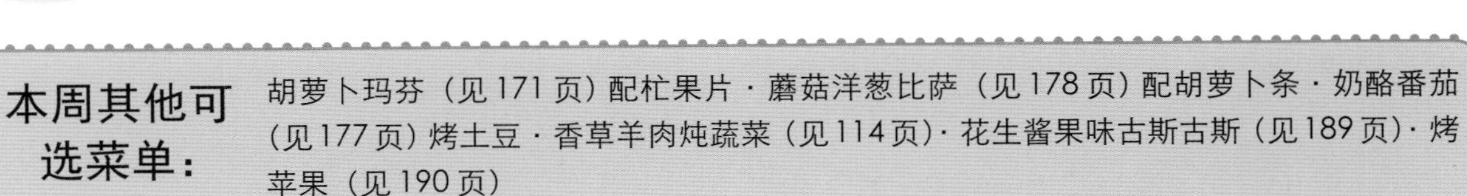

本周其他可选菜单： 胡萝卜玛芬（见171页）配杧果片·蘑菇洋葱比萨（见178页）配胡萝卜条·奶酪番茄（见177页）烤土豆·香草羊肉炖蔬菜（见114页）·花生酱果味古斯古斯（见189页）·烤苹果（见190页）

每日菜单计划

周一

早餐

奶酪番茄焗蛋（见172页）配罐头桃片

午餐

沙丁鱼吐司（见173页）配红甜椒条或黄瓜条

鲜奶酪配炖水果（见129页）

晚餐

茄汁牛肉丸（见185页）配儿童意大利面条和清蒸西蓝花

水果和卡仕达酱

周二

早餐

瑞士木斯里（见98页）配苹果干

午餐

奶酪通心粉（见125页）配清蒸西蓝花或胡萝卜

香杏扁桃仁布丁（见194页）

晚餐

意式莳萝三文鱼烩饭（见186页）配鳄梨块

杧果冰棒（见132页）

周三

早餐

风味桃泥拌酸奶（见96页）配香蕉片

午餐

牛仔风味脆皮焗豆（见188页）配清蒸胡萝卜

鲜奶酪拌草莓片

晚餐

诺曼底猪肉（见113页）配古斯古斯（见102页）、清蒸花椰菜和四季豆

浆果蘸巧克力酱（见135页）

周四

早餐

蓝莓煎饼（见169页）抹奶油奶酪配杧果片或桃片

午餐

五香鸡肉蔬菜（见176页）烤土豆配红甜椒条和黄瓜条

酸奶拌捣烂的猕猴桃

晚餐

甘薯沙丁鱼豌豆泥（见117页）配清蒸胡萝卜和四季豆

缤纷夏日莓果羹（见191页）或梨片

周五

早餐
饼干泡奶（见70页）和葡萄干配梨片

午餐
椰香小扁豆糊（见128页）配米粉、
皮塔饼和四季豆
香蕉布丁（见133页）

晚餐
果香鸡肉（见112页）配捣烂的甜玉
米、蒸甘薯块和清蒸西蓝花
梨片或苹果片

周六

早餐
炒蛋（见99页）配黄油吐司和
克莱门氏小柑橘瓣

午餐
金枪鱼鳄梨三明治（见175页）配黄瓜条
酸奶配水果片

晚餐
牧羊人派或农舍派（见185页）
配清蒸荷兰豆
烤苹果（见190页）

周日

早餐
杧果果昔（见171页）
配胡萝卜玛芬（见171页）

午餐
韭葱土豆汤（见180页）
配奶酪司康（见104页）
香蕉片或浆果

晚餐
希腊烤鱼（见120页）配土豆泥、
西蓝花和豌豆
巧克力米布丁（见135页）

本周其他可选菜单： 椰枣燕麦粥（见98页）配克莱门氏小柑橘 · 胡萝卜芫荽汤（见181页）配面包抹黄油 · 花生酱果味古斯古斯（见189页）· 素牧羊人派（见189页）· 快手鱼派（见187页）配清蒸四季豆 · 异域风味水果沙拉（见191页）

每日菜单计划

周一

早餐
树莓粥（见99页）配香蕉片

午餐
意式芝香番茄烩饭（见124页）
配甜椒条和胡萝卜条
奶香杏泥（见129页）

晚餐
快手鱼派（见187页）配清蒸西蓝花
梨子葡萄干燕麦酥（见193页）
配卡仕达酱

周二

早餐
香蕉面包（见168页）抹奶油奶酪
配杂莓果昔（见168页）

午餐
墨西哥风味豆子（见177页）烤土豆
配黄瓜
奶油果泥（见133页）

晚餐
茄汁牛肉丸（见185页）
配儿童意大利面条和清蒸西蓝花
烤香桃（见190页）和酸奶

周三

早餐
布里欧修面包切片配酸奶和草莓片

午餐
意式金枪鱼番茄泥（见120页）配熟菠菜
鲜奶酪配橙子瓣

晚餐
迷你杏酱鸡肉汉堡（见183页）
配清蒸西蓝花
蔓越莓炖苹果（见129页）
配卡仕达酱

周四

早餐
简易木斯里（见169页）配奶或酸奶
和木瓜片或杧果片

午餐
香滑素肉末（见126页）配清蒸甘薯和
四季豆
橘子果冻（见192页）

晚餐
牧羊人派（见185页）配清蒸欧洲防风
或芜菁甘蓝
杂莓果昔（见168页）

周五

早餐

脆米早餐泡奶配免洗即食西梅

午餐

牛肉酱（见115页）配儿童意大利面条和清蒸荷兰豆

奶油果泥（见133页）

晚餐

意式南瓜烩饭（见122页）配熟菠菜和清蒸绿皮西葫芦条

脆皮黑莓苹果馅饼（见195页）配酸奶

周六

早餐

多味司康（见99页）抹黄油配草莓片

午餐

炒蛋（见99页）和英式玛芬配胡萝卜条或甜椒条

粗麦布丁（见134页）配杏泥（见60页）

晚餐

菠萝猪肉（见114页）和米粉配清蒸芹菜和四季豆

杂莓酸奶冰（见133页）

周日

早餐

葡萄干炖苹果（见129页）配吐司条和切成楔形块的全熟水煮蛋（见69页）

午餐

素牧羊人派（见189页）配清蒸花椰菜

酸奶配树莓

晚餐

奶油三文鱼意大利面条（见121页）配清蒸荷兰豆

基础款煎饼（见192页）配炖水果（见129页）

本周其他可选菜单： 蓝莓煎饼（见 169 页）· 油炸甜玉米番茄馅饼（见 172 页）· 豌豆薄荷汤（见 181 页）· 奶油鸡肉意大利面条（见 183 页）配西蓝花 · 牛仔风味脆皮焗豆（见 188 页）· 缤纷夏日莓果羹（见 191 页）

每日菜单计划

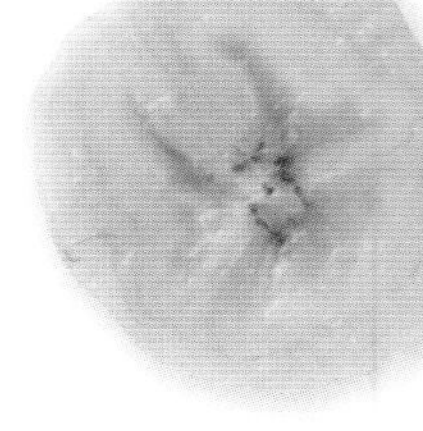

周一

早餐

吐司抹奶油奶酪（见100页）配橙子瓣

午餐

火腿菠萝比萨（见179页）配甜椒条

缤纷夏日莓果羹（见191页）和酸奶

晚餐

椰香咖喱蔬菜（见126页）配印度馕饼条

米布丁（见135页）配水果干

周二

早餐

简易木斯里（见169页）配香蕉片

午餐

三文鱼甘薯糕（见121页）蘸酸奶黄瓜酱

配黄瓜条

香蕉布丁（见133页）

晚餐

奶油鸡肉意大利面条（见183页）

配西蓝花

米布丁（见135页）配罐头橘子

周三

早餐

饼干泡奶（见70页）配软的苹果干

午餐

葡萄干鹰嘴豆布格麦食（见187页）

配切成楔形块的番茄

香蕉蘸巧克力酱（见135页）

晚餐

儿童意大利面条蘸牛肉酱（见115页）

配捣烂的豌豆

百香果杧果杯（见191页）

周四

早餐

吐司配切成楔形块的全熟水煮蛋

（见69页）和猕猴桃片

午餐

奶油三文鱼意大利面条（见121页）

配清蒸四季豆

酸奶配炖水果（见129页）

晚餐

香草羊肉炖蔬菜（见114页）配清蒸土豆块

面包黄油布丁（见194页）

周五

早餐
酸奶配捣烂的浆果和面包条抹黄油

午餐
奶酪通心粉（见125页）
配对半切开的樱桃番茄
杧果冰棒（见132页）

晚餐
意式莳萝三文鱼烩饭（见186页）
配清蒸荷兰豆
炖李子（见129页）

周六

早餐
炒蛋（见99页）配黄油吐司
（见69页）和橙子瓣

午餐
胡萝卜芫荽汤（见181页）配
咸香玛芬（见170页）
米布丁（见135页）配水果干

晚餐
火鸡红椒小肉饼（见184页）配桃子酸辣
酱（见182页）和清蒸四季豆
奶香杏泥（见129页）

周日

早餐
脆米早餐泡奶配香蕉片

午餐
迷你薄荷羊肉丸（见109页）蘸
鳄梨酱（见105页）配甜椒
橘子果冻（见192页）

晚餐
意式田园时蔬烩饭（见127页）
炖李子（见129页）

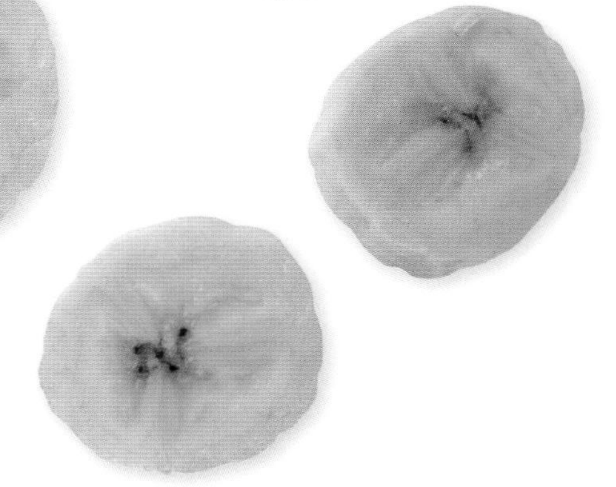

本周其他可选菜单： 吐司抹花生酱（见 101 页）和杧果果昔（见 171 页）· 奶酪西蓝花（见 125 页）配面包抹黄油 · 里科塔奶酪番茄罗勒三明治（见 174 页）配胡萝卜条 · 迷你杏酱鸡肉汉堡（见 183 页）配四季豆和面包 · 酸奶和水果

每日菜单计划

周一

早餐
杂莓果昔（见168页）
配蓝莓煎饼（见169页）

午餐
意式芝香番茄烩饭（见124页）配清蒸胡萝卜
缤纷夏日莓果羹（见191页）和酸奶

晚餐
迷你杏酱鸡肉汉堡（见183页）
配甘薯和西蓝花
烤苹果（见190页）和卡仕达酱

周二

早餐
美味香蕉吐司（见100页）
配草莓片或整颗树莓

午餐
迷你薄荷羊肉丸（见109页）蘸酸奶黄瓜酱
配古斯古斯（见102页）和黄瓜
克莱门氏小柑橘瓣或桃片

晚餐
素牧羊人派（见189页）
配豌豆和清蒸胡萝卜
异域风味水果沙拉
（见191页）

周三

早餐
脆米早餐和葡萄干泡奶配梨片

午餐
番茄焗豆吐司（见173页）
酸奶配浆果

晚餐
快手鱼派（见187页）配甜玉米
和清蒸荷兰豆
烤蛋奶布丁（见195页）

周四

早餐
简易木斯里（见169页）泡奶配苹果干

午餐
鳄梨酱意大利面条（见188页）
配清蒸小朵西蓝花
杧果冰棒（见132页）

晚餐
香滑素肉末（见126页）配土豆和欧洲
防风或芜菁甘蓝
面包黄油布丁（见194页）配香蕉片

周五

早餐
炒蛋（见99页）配黄油吐司
（见69页）和免洗即食杏

午餐
菠萝奶酪吐司（见173页）配黄瓜条
粗麦布丁（见134页）配捣烂的浆果

晚餐
牛肉酱（见115页）拌儿童意大利面条
配清蒸西蓝花
梨子葡萄干燕麦酥（见193页）

周六

早餐
香蕉面包（见168页）抹奶油奶酪配对
半切开的葡萄

午餐
沙丁鱼吐司（见173页）配红甜椒条和
胡萝卜条
米布丁（见135页）配橘子

晚餐
奶酪花椰菜或奶酪西蓝花（见125页）
配面包抹黄油
克莱门氏小柑橘瓣或桃片

周日

早餐
树莓粥（见99页）配草莓片或杧果丁

午餐
南瓜番茄汤（见180页）和面包条抹
黄油配奶酪块
杧果果昔（见171页）

晚餐
果香鸡肉（见112页）配古斯古斯
（见102页）和清蒸四季豆
梨子葡萄干燕麦酥（见193页）
配冰激凌

香蕉面包

本周其他可选菜单： 饼干泡奶（见 70 页）配水果 · 豌豆薄荷汤（见 181 页）配吐司条 · 蘑菇洋葱比萨（见 178 页）· 诺曼底猪肉（见 113 页）配土豆和四季豆 · 脆皮三文鱼（见 186 页）配西蓝花和土豆 · 巧克力米布丁（见 135 页）

每日菜单计划

周一

早餐

炒蛋（见99页）配黄油吐司（见69页）和橙子瓣

午餐

南瓜番茄汤（见180页）配金枪鱼鳄梨三明治（见175页）

鲜奶酪拌猕猴桃片

晚餐

素牧羊人派（见189页）配清蒸四季豆

烤香桃（见190页）配冰激凌

周二

早餐

香草香蕉果昔（见171页）配油炸甜玉米番茄馅饼（见172页）

午餐

鹰嘴豆泥丸子（见110页）蘸家常番茄沙沙酱（见182页）配土豆泥和熟菠菜

酸奶或鲜奶酪

晚餐

希腊烤鱼（见120页）配土豆块和四季豆

巧克力米布丁（见135页）

周三

早餐

辛香李子香蕉泥（见96页）配梨片

午餐

墨西哥薄饼卷墨西哥风味豆子（见177页）配黄瓜条

杂莓酸奶冰（见133页）

晚餐

羊肉茄子布格麦食（见184页）配清蒸西蓝花或绿皮西葫芦

蔓越莓炖苹果（见129页）

周四

早餐

瑞士木斯里（见98页）配草莓片或杧果丁

午餐

火腿菠萝比萨（见179页）配甜椒条和胡萝卜条

梨片或苹果片

晚餐

茄汁牛肉丸（见185页）配米粉和清蒸荷兰豆

煎饼（见192页）配水果

周五

早餐

胡萝卜玛芬（见171页）配蓝莓

午餐

意式莳萝三文鱼烩饭（见186页）

杧果冰棒（见132页）

晚餐

菠萝猪肉（见114页）配米粉、豌豆和清蒸胡萝卜

罐头菠萝块

周六

早餐

脆米早餐和葡萄干泡奶配香蕉片

午餐

炒蛋（见99页）配黄油吐司（见69页）和对半切开的樱桃番茄

鲜奶酪拌炖水果（见129页）

晚餐

牧羊人派或农舍派（见185页）配清蒸欧洲防风和绿皮西葫芦

奶油果泥（见133页）

周日

早餐

奶酪番茄焗蛋（见172页）

配面包条抹黄油

午餐

豌豆薄荷汤（见181页）

配咸香玛芬（见170页）

奶油果泥（见133页）

晚餐

普罗旺斯鸡肉（见112页）配清蒸土豆和小朵西蓝花

香蕉布丁（见133页）

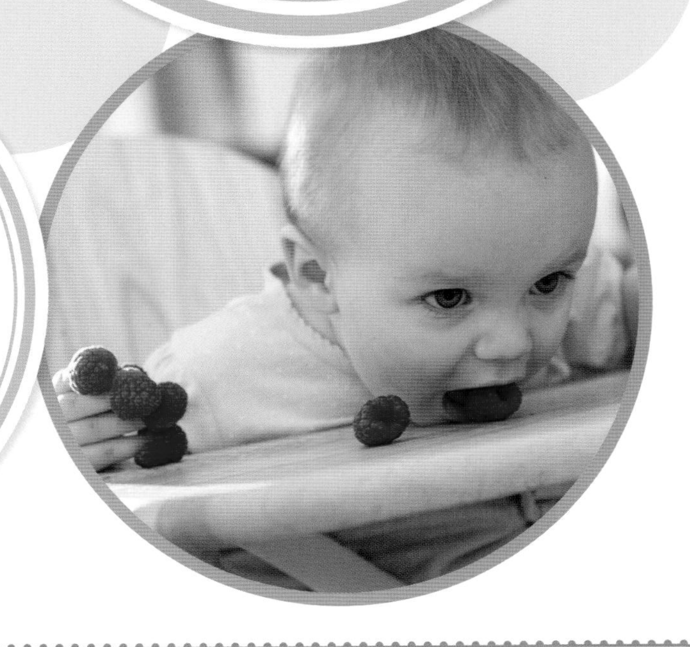

本周其他可选菜单： 鲜奶酪拌香蕉片 · 全熟水煮蛋配黄油吐司（见 69 页）· 基础款煎饼配奶酪番茄（见 177 页）· 快手鱼派（见 187 页）配四季豆 · 诺曼底猪肉（见 113 页）配土豆和西蓝花 · 百香果杧果杯（见 191 页）

每日菜单计划

周一

早餐
瑞士木斯里（见98页）配蓝莓或杧果丁

午餐
迷你薄荷羊肉丸（见109页）和古斯古斯（见102页）配鳄梨酱（见105页）
香蕉布丁（见133页）

晚餐
果香鸡肉（见112页）配土豆、清蒸花椰菜和西蓝花
巧克力米布丁（见135页）

周二

早餐
法式吐司（见98页）配葡萄干圆面包和对半切开的免洗即食杏

午餐
西梅牛肉（见116页）配甘薯泥和清蒸西蓝花
缤纷夏日莓果羹（见191页）和酸奶

晚餐
葡萄干鹰嘴豆布格麦食（见187页）配绵软的熟胡萝卜和芜菁甘蓝
面包黄油布丁（见194页）

周三

早餐
脆米早餐和葡萄干泡奶配克莱门氏小柑橘瓣

午餐
基础款煎饼（见192页）配三文鱼酸奶黄瓜（见176页）和黄瓜条、甜椒条
酸奶配浆果

晚餐
鸡肉炖蘑菇（见113页）配米粉、清蒸西蓝花和胡萝卜
烤蛋奶布丁（见195页）

周四

早餐
布里欧修面包片抹黄油配酸奶和树莓或草莓

午餐
香滑素肉末（见126页）配意大利面条和清蒸西蓝花
香柠里科塔奶酪布丁（见134页）

晚餐
火鸡红椒小肉饼（见184页）蘸桃子酸辣酱（见182页）配古斯古斯（见102页）和番茄
异域风味水果沙拉（见191页）

周五

早餐

椰枣燕麦粥（见98页）配猕猴桃片

午餐

韭葱土豆汤（见180页）配鸡蛋芹菜三明治（见175页）
甜瓜丁或杧果丁

晚餐

农舍派（见185页）配豌豆
烤香桃（见190页）配冰激凌

周六

早餐

苹果泥拌酸奶（见67页）配对半切开的免洗即食西梅

午餐

基础款煎饼（见192页）配五香鸡肉蔬菜（见176页）
炖李子（见129页）和蛋奶布丁

晚餐

意式莳萝三文鱼烩饭（见186页）配清蒸四季豆和西蓝花
梨子葡萄干燕麦酥（见193页）配冰激凌

周日

早餐

炒蛋（见99页）配黄油吐司（见69页）和杧果果昔（见171页）

午餐

青酱番茄马苏里拉比萨（见178页）配切成楔形块的黄瓜
梨片或李子片

晚餐

椰香小扁豆糊（见128页）配印度馕饼和清蒸四季豆
异域风味水果沙拉（见191页）

迷你薄荷羊肉丸

本周其他可选菜单： 基础款燕麦粥（见 98 页）配水果 · 里科塔奶酪番茄罗勒三明治（见 174 页）配胡萝卜条和甜椒条 · 番茄焗豆吐司（见 173 页）· 希腊烤鱼（见 120 页）配土豆和熟菠菜 · 鳄梨酱意大利面条（见 188 页）配西蓝花 · 奶油果泥（见 133 页）

每日菜单计划

周一

早餐

简易木斯里（见169页）
配免洗即食杏

午餐

脆皮三文鱼（见186页）蘸家常番茄莎莎酱（见182页）配面包抹黄油和黄瓜条
鲜奶酪配炖水果（见129页）

晚餐

牧羊人派或农舍派（见185页）
配清蒸荷兰豆和胡萝卜
香柠里科塔奶酪布丁
（见134页）

周二

早餐

脆米早餐和葡萄干泡奶配浆果

午餐

菠萝奶酪吐司（见173页）配对半切开的樱桃番茄和黄瓜
香蕉布丁（见133页）

晚餐

椰香咖喱蔬菜（见126页）配米粉和清蒸西蓝花
橘子果冻（见192页）

周三

早餐

法式吐司（见98页）配葡萄干圆面包和橙子瓣

午餐

炒蛋（见99页）配对半切开的樱桃番茄和面包抹黄油
酸奶配浆果

晚餐

诺曼底猪肉（见113页）配土豆泥、甜玉米和清蒸芜菁甘蓝或欧洲防风
米布丁（见135页）

周四

早餐

香草香蕉果昔（见171页）配胡萝卜玛芬（见171页）

午餐

沙丁鱼吐司（见173页）配黄瓜条
香蕉蘸巧克力酱（见135页）

晚餐

果香鸡肉（见112页）配胡萝卜泥、芜菁甘蓝和儿童意大利面条
酸奶

周五

早餐
玉米片泡奶配香蕉片

午餐
鹰嘴豆泥丸子（见110页）蘸酸奶黄瓜酱
配皮塔饼条和番茄片
杂莓酸奶冰（见133页）

晚餐
意式南瓜烩饭（见122页）配清蒸四季豆
基础款煎饼（见192页）配
炖水果（见129页）

周六

早餐
瑞士木斯里（见98页）配切碎的西梅或无花果

午餐
儿童意大利面条蘸牛肉酱（见115页）配熟菠菜
异域风味水果沙拉（见191页）

晚餐
快手鱼派（见187页）配清蒸荷兰豆
缤纷夏日莓果羹（见191页）和酸奶

周日

早餐
法式吐司（见98页）配葡萄干圆面包和
克莱门氏小柑橘瓣

午餐
牛仔风味脆皮焗豆（见188页）配清蒸西蓝花
巧克力米布丁（见135页）

晚餐
香草羊肉炖蔬菜（见114页）点缀豌豆配薯角
烤苹果（见190页）和蛋奶布丁

本周其他可选菜单： 饼干泡奶（见 70 页）配杏泥（见 60 页）· 金枪鱼鳄梨三明治（见 175 页）配红甜椒 · 胡萝卜芫荽汤（见 181 页）配面包抹黄油 · 意大利面条蘸牛肉酱（见 115 页）配西蓝花 · 意式莳萝三文鱼烩饭（见 186 页）配四季豆 · 烤蛋奶布丁（见 195 页）

每日菜单计划

周一

早餐
美味香蕉吐司（见100页）配梨片或苹果片

午餐
鲭鱼番茄比萨（见179页）配胡萝卜条
或甜椒条
橘子果冻（见192页）

晚餐
牧羊人派（见185页）配清蒸胡萝卜
和荷兰豆
脆皮黑莓苹果馅饼（见195页）

周二

早餐
蓝莓煎饼（见169页）抹黄油
配克莱门氏小柑橘瓣

午餐
鱼片（见106页）蘸鳄梨酱（见105页）
配皮塔饼条和番茄片
酸奶配浆果

晚餐
菠萝猪肉（见114页）配米粉、
胡萝卜和豌豆
面包黄油布丁（见194页）

周三

早餐
香蕉面包（见168页）抹奶油奶酪配浆果

午餐
鸡蛋芹菜三明治（见175页）配对半切开的
葡萄和克莱门氏小柑橘瓣
杂莓果昔（见168页）

晚餐
果香鸡肉（见112页）配甘薯泥、
清蒸西蓝花和荷兰豆
米布丁（见135页）配猕猴桃片

周四

早餐
瑞士木斯里（见98页）配橙子瓣

午餐
意式芝香番茄烩饭（见124页）
配清蒸西蓝花和胡萝卜
免洗即食杏

晚餐
儿童意大利面条蘸牛肉酱（见115页）
配菠菜和清蒸胡萝卜
缤纷夏日莓果羹（见191页）
和酸奶

周五

早餐

炒蛋（见99页）配黄油吐司（见69页）
和浆果

午餐

墨西哥薄饼卷墨西哥风味豆子（见177页）
配黄瓜片
苹果海绵布丁（见193页）

晚餐

火鸡红椒小肉饼（见184页）蘸地中海式
烤蔬菜酱（见107页）配面包抹黄油
异域风味水果沙拉
（见191页）

周六

早餐

杂莓果昔（见168页）配
咸香玛芬（见170页）

午餐

金枪鱼鳄梨三明治（见175页）
配樱桃番茄片
鲜奶酪配炖水果（见129页）

晚餐

素牧羊人派（见189页）配清蒸蔬菜
梨子葡萄干燕麦酥（见193页）配冰激凌

周日

早餐

简易木斯里（见169页）
配草莓片或杧果丁

午餐

胡萝卜芫荽汤（见181页）配
奶酪司康（见104页）
香蕉片配冰激凌

晚餐

茄汁牛肉丸（见185页）配豌豆土豆泥
香杏扁桃仁布丁（见194页）

墨西哥风味豆子

本周其他可选菜单： 法式吐司配水果（见 98 页）· 奶酪番茄（见 177 页）烤土豆 · 火腿菠萝比萨（见 179 页）· 脆皮三文鱼（见 186 页）配豌豆泥 · 鳄梨酱意大利面条（见 188 页）配西蓝花 · 烤苹果（见 190 页）

香蕉面包

很多香蕉面包很甜，但是，我们的香蕉面包里没有糖，它的甜味完全来自成熟的香蕉。

 5 分钟　30~35 分钟　 8 婴儿份　

食材

50 毫升植物油，另备一些刷油用
2 大根成熟的香蕉或净重 200 克的香蕉肉
2 个大鸡蛋
1 茶匙香草精
125 克中筋面粉
125 克全麦面粉
2 茶匙泡打粉

步骤

1 烤箱预热至 190℃。在一个容量为 900 克的吐司模里薄薄刷一层油。

2 把香蕉捣成细腻的泥，然后倒入搅拌碗里，加入植物油、鸡蛋和香草精，搅拌均匀。

3 把面粉和泡打粉过筛，筛网里剩下的颗粒倒回碗里。

4 把干食材倒入湿食材里，搅拌均匀直至面糊变得顺滑。把面糊倒入准备好的模具里，或者用勺子舀进去，放入烤箱烘烤 30~35 分钟，或者直至膨胀，表面微黄。

5 取出模具，把香蕉面包脱模，置于网架上冷却，保存起来。

* 可以搭配奶油奶酪、黄油或者涂抹酱一起享用。
* 冷却后置于冰箱冷藏或者冷冻保存。

杂莓果昔

各种浆果、醋栗和樱桃都可以用来做这道可口的甜点，你可以挑选任何一种你和宝宝都特别喜欢的应季水果，在冬天的时候则可以用速冻浆果来代替。你既可以只用一种浆果，也可以购买袋装速冻杂莓。

 5 分钟　　 1~2 婴儿份　

食材

100 克浆果，如蓝莓、草莓、黑醋栗或红醋栗
75 克原味酸奶

步骤

1 如果你用的是新鲜水果，应该去掉水果蒂，然后用厨房纸吸干水果表面的水分。

2 用食物料理机把所有食材打至细腻。

3 把一半果昔倒入大口杯直接享用，剩余一半冷藏保存。

* 可以作为早餐享用。
* 存放在密封容器里，置于冰箱冷藏，最多可保存 24 小时。

蓝莓煎饼

在美国，蓝莓煎饼是早餐的主打美食，美味的煎饼里有少量蓝莓，你的宝宝能够用他的小手抓着煎饼自己吃。在制作过程中，煎饼里的蓝莓已经变得很软，但如果你担心有发生窒息的风险，可以用食物料理机把蓝莓稍加打碎，这样可以做成可爱的紫色煎饼。

 5 分钟 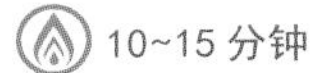 10~15 分钟 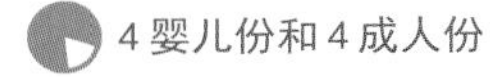 4 婴儿份和 4 成人份 

食材

1 个鸡蛋
175 毫升酪乳或 100 克原味酸奶和 80 毫升全脂牛奶
100 克自发粉
1 茶匙泡打粉
1 汤匙枫糖浆或 2 茶匙糖
1 茶匙香草精
150 克蓝莓
1 汤匙植物油，刷油用

步骤

1 用中火预热煎饼锅或者不粘平底锅。

2 把除了蓝莓之外的所有食材一起用搅拌机打至顺滑，然后加入蓝莓搅拌。

3 给平底锅或者煎饼锅薄薄刷一层油，然后用甜点勺把面糊舀入锅中。成人份一般用 2~3 甜点勺，而婴儿份则是 1 甜点勺。把一面烤熟后，小心地把煎饼翻面，继续烤另一面。

4 当两面都烤好后，从锅里盛出。用同样的方法把所有面糊做成煎饼。稍微放置冷却，上桌享用或者保存起来。

* 可以搭配奶油奶酪或者任意一种水果泥（见 59~62 页）一起享用。
* 存放在密封容器里，置于冰箱冷藏，最多可保存 24 小时，或者冷冻保存。
* **备选方案：**在杏大量上市的季节，可以用切碎的杏代替蓝莓。

简易木斯里

为什么不亲手给宝宝做一份简单的木斯里，而去购买包裹着糖衣的早餐谷物呢？这款早餐可以给宝宝提供必需的铁和膳食纤维，而且非常适于保存。

 5 分钟   4 婴儿份

食材

50 克燕麦片
10 克磨碎的杏仁
10 克椰丝
50 克免洗即食杏，细细切碎

步骤

1 把所有食材混合，搅拌均匀后保存在密封容器内。

2 吃的时候拌入全脂牛奶或者原味酸奶。

* 可以搭配几片香蕉一起享用。
* 存放在密封容器里，可保存 3~4 天。
* **备选方案：**可以用任意一种你喜欢的水果干代替杏，比如西梅干、葡萄干或者椰枣干。尽量把水果干切碎，因为它们可能引发窒息，尤其是没有被水泡软的时候。

简易木斯里

咸香玛芬

早餐玛芬不一定要加很多糖，咸香玛芬用了绿皮西葫芦和奶酪，能让美好的一天从富含淀粉的美食开始。这款玛芬也可以搭配汤享用，或者当作美味的小零食。它适于冷冻保存。

 10 分钟　 12~20 分钟　 6 婴儿份和 6 成人份

食材

75 克中筋面粉
75 克全麦面粉
3 茶匙泡打粉
100 克绿皮西葫芦，擦成细丝
60 克硬奶酪，磨碎
1 汤匙细细切碎的香草，如欧芹、牛至或马郁兰（可选）
1 个鸡蛋
100 毫升全脂牛奶
2 汤匙植物油

步骤

1 烤箱预热至 200℃，分别在迷你玛芬烤盘和标准玛芬烤盘上薄薄刷一层油，或者在烤盘里垫上玛芬纸杯。

2 把面粉和泡打粉一起过筛，倒入搅拌碗，把过筛剩下的颗粒倒回去。

3 加入绿皮西葫芦、奶酪和香草（如果你用的话）。

4 用另一个碗把鸡蛋打成蛋液，然后加入牛奶和油搅拌。之后倒入干食材，搅拌成黏稠的面糊。

5 用勺子把面糊舀入玛芬烤盘或者玛芬纸杯里。迷你玛芬烘烤 12~15 分钟，标准玛芬烘烤 18~20 分钟。

* 在吃早餐时，可以搭配稀释的果汁、鸡蛋或者新鲜水果片一起享用。
* 置于冰箱冷藏，最多可保存 48 小时，或者冷却后冷冻保存。

胡萝卜玛芬

这款玛芬热量较低，可以提供人体所需的钙，能够使宝宝活力满满地开始新一天的生活。跟咸香玛芬一样，胡萝卜玛芬可以在一天中的任何时候享用，而且，外出时带上几个，便是一顿相当不错的便餐。

10 分钟　12~15 分钟　12 婴儿份 

食材

2 汤匙植物油，多备一些刷油用
125 克自发粉
1 个鸡蛋
100 毫升全脂牛奶
60 克胡萝卜，擦丝
50 克硬奶酪，磨碎

步骤

1 烤箱预热至 200℃，在迷你玛芬烤盘上薄薄刷一层油，或者在玛芬烤盘里垫上迷你玛芬纸杯。

2 把面粉过筛，倒入一个碗里，然后加入鸡蛋、牛奶和油。用搅拌机或者打蛋器打成黏稠的面糊。拌入胡萝卜和奶酪。

3 用勺子把面糊舀入玛芬烤盘或者玛芬纸杯里，烘烤 12~15 分钟，或者直至表面金黄。

* 在吃早餐时，可以搭配稀释的果汁、鸡蛋或者新鲜水果片一起享用。
* 置于冰箱冷藏，最多可保存 48 小时，或者冷却后冷冻保存。

杧果果昔

杧果果昔不但香甜可口，而且能提供人体所需的维生素 C。把做好的果昔盛在一个有盖的大口杯里，这样宝宝可以一点点抿着喝。

5 分钟   4 婴儿份

食材

1/2 个或 150 克成熟的杧果，切丁
100 毫升无糖菠萝汁或苹果汁

步骤

1 用搅拌机把杧果和果汁一起打至均匀顺滑。

2 放入冰箱冷藏后即可享用。

* 盛在大口杯里，作为正餐的一部分让宝宝享用。
* 存放在密封容器里，置于冰箱冷藏，最多可保存 24 小时。
* **备选方案：**可以在步骤 1 加 1 个桃或者油桃，水果必须先去皮，然后切碎。

香草香蕉果昔

在吃早餐的时候，可以用大口杯让宝宝享用这道果昔。它不但制作起来非常简单，而且含有大量的钙，肯定会受到宝宝的喜爱。

5 分钟   1 婴儿份

食材

1/2 根熟香蕉，切块
75 克原味酸奶
1~2 滴香草精

步骤

1 用搅拌机把香蕉、酸奶和香草精打至均匀顺滑。

2 盛入大口杯，立刻享用。

* 可以作为主菜的配菜一起享用。
* 不宜储存。
* **备选方案：**可以加入 1~2 颗免洗即食杏，切碎后拌入果昔。

奶酪番茄焗蛋

如果宝宝吃腻了水煮蛋，你不妨试试焗蛋，它的味道也相当不错，你的宝宝一定喜欢饮食风味多样化。

5 分钟　10 分钟　1 婴儿份

食材

植物油，刷油用
1/2 个番茄，对半切开，去籽，细细切碎
1 个鸡蛋
10 克车达奶酪，擦丝

步骤

1 烤箱预热至 180℃。在小的耐热容器里薄薄刷一层油，比如小焗碗。

2 把番茄铺在焗碗的底部，然后把鸡蛋打在上面。

3 撒上奶酪，放入烤箱里，不加盖烘烤 10 分钟，或者直至蛋黄凝固。

* 可以搭配几块黄油吐司或者面包一起享用。
* 不宜储存。
* **备选方案：**可以加一点切碎的细香葱或者极少量的火腿丝。

油炸甜玉米番茄馅饼

假如周末的烹饪时间比较充裕，小巧的油炸馅饼可以让周末的早晨变得更加美好。事实上，不仅你的宝宝喜欢，你自己肯定也喜欢。到了添加辅食的第三阶段，你的宝宝应该对咀嚼颗粒状食物游刃有余了，因此，你完全不用担心。如果宝宝的咀嚼能力还不够好，你可以用食物料理机把甜玉米稍微打碎。

5 分钟　5~10 分钟　20 个馅饼　

食材

100 克自发粉
1 个鸡蛋
150 毫升全脂牛奶
1~2 茶匙切碎的虾夷葱
1 个中等大小的番茄，对半切开，去籽，细细切碎
150 克罐头甜玉米粒（水浸）或速冻甜玉米粒，解冻
1~2 汤匙植物油

步骤

1 把面粉、鸡蛋和牛奶搅拌成面糊。

2 把面糊倒入碗里或者大杯子里，加入虾夷葱、番茄和甜玉米，搅拌均匀。

3 把 1 汤匙油倒入大不粘平底锅里烧热，用勺子把面糊倒入热油中，每个馅饼大约需要 1 汤匙面糊。重复此操作，直至锅里同时有几个馅饼在煎。

4 煎 2~4 分钟，或者直至馅饼底部变黄，翻面继续煎。煎好后，用厨房纸吸干表面的油。重复上述操作，直至所有面糊都用完。

* 可以搭配对半切开的樱桃番茄一起享用。
* 用保鲜膜把每个馅饼单独包裹好，置于冰箱冷藏，最多可保存 24 小时，或者冷却后冷冻保存。

沙丁鱼吐司

沙丁鱼的营养价值非常高，富含锌、铁和 B 族维生素，酥软的鱼骨也能提供钙和维生素 D。把沙丁鱼仔细捣烂，使鱼骨与鱼肉完全融合在一起。

2 分钟　3 分钟　1 婴儿份

食材

1 片面包
1 个油浸沙丁鱼罐头或番茄沙丁鱼罐头
1 茶匙柠檬汁（可选）
黄瓜片

步骤

1 预热烤架，然后烘烤面包片的正反两面。

2 把沙丁鱼与柠檬汁（如果你用的话）一起捣得极碎。

3 把捣烂的沙丁鱼抹在吐司上，再烘烤 2~3 分钟，或者直至沙丁鱼泥开始冒泡且变得滚烫。

4 冷却后切成小块。可以搭配黄瓜片一起享用。

***备注：** 你可以用鲭鱼或者沙瑙鱼代替沙丁鱼。与金枪鱼不同的是，这些油性鱼在罐头加工过程中较好地保留了欧米伽 3 脂肪酸。

菠萝奶酪吐司

菠萝和奶酪搭配在一起非常美味。原汁浸泡的罐头菠萝比新鲜菠萝软一些，宝宝咀嚼起来更方便，而且一年四季都能很方便地买到。

2 分钟　3 分钟　 1 婴儿份

食材

1 片你喜欢的面包
1 茶匙黄油或橄榄酱
1 圆片原汁罐头菠萝，额外备一些点缀用
15 克车达奶酪，擦丝

步骤

1 预热烤架。烘烤面包片，然后在吐司上涂抹黄油或者橄榄酱。

2 把菠萝切成小块，均匀撒在吐司上，然后再撒上奶酪丝。

3 在烤架上烘烤 2~3 分钟，或者直至奶酪融化冒泡并且发黄。

4 烤架离火，稍微冷却，然后把吐司切成小块。可以在吐司上撒更多的菠萝块，再让宝宝享用。

番茄焗豆吐司

你知道吗？番茄焗豆与吐司一起吃能为素食的婴儿提供大量蛋白质。不仅如此，豆子还能为宝宝提供铁。尽量挑选低盐和低糖的焗豆。

2 分钟　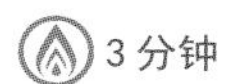 3 分钟　1 婴儿份

食材

1 满汤匙番茄焗豆
1 片你喜欢的面包
1 茶匙黄油或橄榄酱

步骤

1 用酱汁锅或者微波炉把番茄焗豆加热至滚烫，然后倒入碗里，放置冷却至体温。

2 同时烘烤面包片，然后把黄油或者橄榄酱抹在吐司上。

3 把吐司切成小块，与番茄焗豆一起享用。

千变万化的三明治

三明治是一种简单易做的餐食，既方便携带，又很适合宝宝的小手抓握。把一片面包对半切开，把两个半片夹在一起，做成一份三明治，或许正好是宝宝一顿的饭量。宝宝食欲好的时候也许吃得多些，食欲不好时吃得少些。挑选营养价值高的馅料，既能够提供蛋白质，又能够提供蔬菜。在这个阶段，无论白面包、全麦面包，还是半全麦面包，宝宝都可以吃。从现在开始让宝宝品尝不同种类的面包是个好主意，到他满1周岁的时候，就能吃各种各样的面包，并且尝试那些含有谷粒和籽类的面包了。

里科塔奶酪番茄罗勒三明治

里科塔奶酪番茄罗勒三明治

食材

1满汤匙里科塔奶酪
1/2个番茄，去籽，细细切碎
2小片罗勒叶，撕碎
1片你喜欢的面包
胡萝卜条或黄瓜条作为配菜

步骤

1 把里科塔奶酪和番茄混合，然后加入罗勒。

2 把备好的馅料抹在面包上，对半切开。

3 把两个半片面包夹在一起，再切成若干小块或者切成4块，搭配胡萝卜条或者黄瓜条一起享用。

鸡蛋芹菜三明治

鸡蛋芹菜三明治

食材

1 个鸡蛋
1 汤匙低脂蛋黄酱
1 片面包
1 汤匙细细切碎的芹菜
对半切开的樱桃番茄作为配菜

*剩余的蛋黄酱拌鸡蛋可以存放在密封容器里，置于冰箱冷藏，可保存24 小时。

步骤

1 用酱汁锅小火煮鸡蛋，最多 10 分钟蛋黄即可凝固。离火，把鸡蛋浸泡在冷水里降温。剥去蛋壳，切碎，放入碗里。

2 加入蛋黄酱搅拌，直至混合均匀，均匀涂抹在面包上，再撒上芹菜，把面包对半切开。

3 把两个半片面包夹在一起，再切成若干小块或者切成 4 块，搭配樱桃番茄一起享用。

金枪鱼鳄梨三明治

金枪鱼鳄梨三明治

食材

1/2 个小鳄梨
1 茶匙柠檬汁或青柠汁
25 克罐头金枪鱼（油浸或水浸）
1 片面包
对半切开的樱桃番茄作为配菜

步骤

1 用勺子把鳄梨肉挖出来，放入碗里，淋上柠檬汁，捣成泥。

2 加入金枪鱼，搅拌均匀。均匀涂抹在面包上，然后对半切开。

3 把两个半片面包夹在一起，再切成若干小块或者切成 4 块，搭配樱桃番茄一起享用。

美味馅料

对于即将满 1 周岁的婴儿来说，自己吃东西变得越来越简单了，虽然他们依然会弄得乱七八糟。卷着馅料的煎饼、墨西哥薄饼和印度薄煎饼能够给宝宝带来不一样的体验，它们可以作为手指食物享用。另外，这些馅料还可以用来烤土豆。以下是各种馅料的制作方法，在 192 页上有关于基础款煎饼的制作方法，你可以批量制作，然后冷冻保存。

三文鱼酸奶黄瓜

这是一款颇具夏日风情的馅料，既可以冷藏后享用，也可以常温享用。馅料中的三文鱼可以为人体提供欧米伽 3 脂肪酸。

 5 分钟　12~15 分钟　 6 婴儿份

食材

60 克熟三文鱼
2 满汤匙全脂原味酸奶
1/2 茶匙极细的柠檬皮屑
3 厘米长的黄瓜段，切薄片

步骤

1 检查鱼肉里是否还有鱼骨，然后把鱼肉弄碎，放入碗里。加入酸奶、柠檬皮屑和黄瓜，搅拌均匀。

2 放入冰箱冷藏，吃的时候再拿出来，或者立刻享用。

* 不宜冷冻保存。冷藏保存，必须在 24 小时之内吃完。
* 备选方案：可以用 1/2 个鳄梨代替黄瓜，切成小丁。

五香鸡肉蔬菜

你既可以用墨西哥薄饼或者煎饼卷这款馅料，然后再切成小块，当作手指食物让宝宝享用，也可以把它作为主菜，搭配切块的墨西哥薄饼或者煎饼一起享用。

 5 分钟　20~25 分钟　 6 婴儿份　

食材

1 汤匙橄榄油或其他植物油
1 个小个的洋葱，细细切碎
100 克鸡胸肉，粗粗切碎
1/4 个红甜椒，切条
100 克蘑菇，切片
200 克原汁罐头碎番茄
少许卡真粉（可选）

步骤

1 用不粘酱汁锅把油烧热，翻炒洋葱和鸡肉，频繁翻动，直至鸡肉表面全部变色。

2 把其他食材全部倒入锅里，小火慢慢炖煮至微滚的状态。搅拌均匀后盖上锅盖，继续煮 15~20 分钟，或者直至蔬菜变软。稍微冷却，用饼卷起来吃。

* 置于冰箱冷藏，最多可保存 24 小时，或者冷却后冷冻保存。
* 备选方案：你可以用 100 克绿皮西葫芦代替蘑菇。成人份里可以多加点卡真粉。

奶酪番茄

洋葱和番茄稍加翻炒，再加点奶酪，就可以为人体提供蛋白质和维生素 C，同时它也是广受欢迎的墨西哥薄饼的馅料。你可以此馅料为基础，变出很多花样。

 5 分钟  15 分钟 2~3 婴儿份 

食材

1 汤匙橄榄油或其他植物油
1 个小个的洋葱，细细切碎
200 克新鲜番茄，粗粗切碎
少许百里香
每张饼或每个烤土豆配 15 克车达奶酪，擦丝

步骤

1 用小酱汁锅把油烧热，慢慢翻炒洋葱大约 5 分钟，或者直至洋葱轻微变色而且稍微变软，需要经常翻动。

2 加入切碎的番茄和百里香，以中火炒 10 分钟，期间不停搅动，直至混合物变得黏稠、番茄变软。稍微冷却。

3 撒上奶酪即可享用。

* 置于冰箱冷藏，可保存 24 小时，或者冷却后冷冻保存。
* 备选方案：你可以用 200 克罐头碎番茄代替新鲜番茄。你还可以加入 1/2 个细细切碎的红甜椒或者绿甜椒，或者 50 克蘑菇，切成薄片。

墨西哥风味豆子

豆类是 B 族维生素和铁的优质来源。人们经常用斑豆做这款馅料，其实意大利白腰豆或者黑眼豆也是不错的选择。用豆子罐头比较节省时间，你可以购买无盐的水浸豆子罐头。

 5~10 分钟  25~30 分钟 2 婴儿份和 2 成人份 

食材

2 汤匙橄榄油
100 克或 1 个中等大小的洋葱，细细切碎
2 瓣大蒜，拍碎
160 克或 1 个红甜椒或橙甜椒，切丁
1 茶匙孜然粉
400 克罐头豆子（水浸），沥水
60 克或 2 满汤匙番茄蓉

成人份：

美国辣椒仔辣酱，根据你的口味适量添加
1~2 汤匙墨西哥辣椒，切碎

步骤

1 把油倒入不粘酱汁锅里烧热，慢慢翻炒洋葱和大蒜约 5 分钟，或者直至洋葱和大蒜变软。

2 加入甜椒和孜然粉搅拌均匀，继续炒几分钟，期间不停翻动。然后加入豆子、番茄蓉和 300 毫升水，煮至沸腾。

3 搅拌后盖上锅盖，小火炖煮 15~20 分钟，或者直至蔬菜变软。离火，稍微冷却。

4 用勺子舀出大约 3 汤匙的量，这便是宝宝的那份，用食物料理机稍微打至合适的口感，然后继续冷却。与此同时，你的那份可以加入美国辣椒仔辣酱和墨西哥辣椒进行调味。

* 存放在密封容器里，置于冰箱冷藏，最多可保存 24 小时，或者冷却后冷冻保存。

形形色色的比萨

比萨是不错的便餐，你可以用新鲜的食材做馅料，为宝宝制作具有你个人特色的比萨。把一个英式玛芬横向切成两半，下半部分就是一张很棒的饼皮，当然你也可以用厚面包片或者对半切开的面包卷做饼皮。

5 分钟 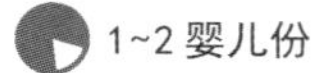 6~8 分钟 1~2 婴儿份

青酱番茄马苏里拉比萨

食材

1/2 个英式玛芬
1/2 茶匙意大利青酱
3 个樱桃番茄，细细切碎
15 克马苏里拉奶酪，切丁

* 可以搭配胡萝卜条、甜椒条或者黄瓜条一起享用。
* 不宜储存。
* **小窍门**：意大利青酱比较咸，因此只能用一点点。你也可以用 1 茶匙番茄蓉代替意大利青酱。

步骤

1 烤箱预热至 220℃，把意大利青酱涂在英式玛芬上，再把番茄和马苏里拉奶酪铺在上面。

2 移至烤盘，烘烤 5~7 分钟，或者直至奶酪融化且颜色金黄。冷却后切成小块让宝宝享用。

青酱番茄马苏里拉比萨

蘑菇洋葱比萨

食材

1 茶匙橄榄油
1 个中等大小的蘑菇，细细切碎
2 片洋葱，细细切碎
2 茶匙番茄蓉
少许干牛至
1/2 个英式玛芬
15 克车达奶酪，擦丝

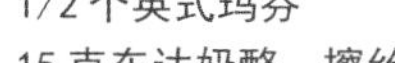

蘑菇洋葱比萨

步骤

1 烤箱预热至 220℃。

2 把油、蘑菇和洋葱倒入小碗，然后覆盖上保鲜膜。用刀在保鲜膜上戳几个洞，放入微波炉里，以高火加热 40~50 秒，使蔬菜变软。

3 稍微冷却，加入番茄蓉和牛至，搅拌均匀后抹在英式玛芬上，最后撒上奶酪。

4 移至烤盘，放入烤箱烘烤 5~7 分钟，或者直至奶酪融化、稍微变黄。冷却后切成小块让宝宝享用。

* 可以搭配胡萝卜条、甜椒条或者黄瓜条一起享用。
* 不宜储存。
* **备注**：因为馅料很少，所以把蘑菇和洋葱放在小碗里用微波炉加热，这样更方便；不过，如果你喜欢的话，也可以把食材倒入小酱汁锅，在炉火上翻炒。

鲭鱼番茄比萨

食材

2 茶匙番茄蓉
1 茶匙柠檬汁
20 克罐头鲭鱼，清蒸或油浸均可
1/2 个英式玛芬
15 克车达奶酪，擦丝

步骤

1 烤箱预热至 220°C。

2 把鲭鱼肉、番茄蓉和柠檬汁一起捣烂，然后涂在英式玛芬上，再撒上奶酪。

3 移至烤盘，放入烤箱烘烤 5~7 分钟，或者直至奶酪冒泡、变成金黄色。冷却后切成小块让宝宝享用。

* 可以搭配胡萝卜条、甜椒条和黄瓜条一起享用。

* 不宜储存。

* **备注**：大部分罐头鱼肉很咸，所以应该购买含盐量最低的鲭鱼罐头。你既可以购买清蒸鱼段罐头，也可以购买油浸或者茄汁鲭鱼罐头，但不要购买盐水鲭鱼罐头。如果你选用茄汁鲭鱼罐头，就可以不用再加番茄蓉了。

鲭鱼番茄比萨

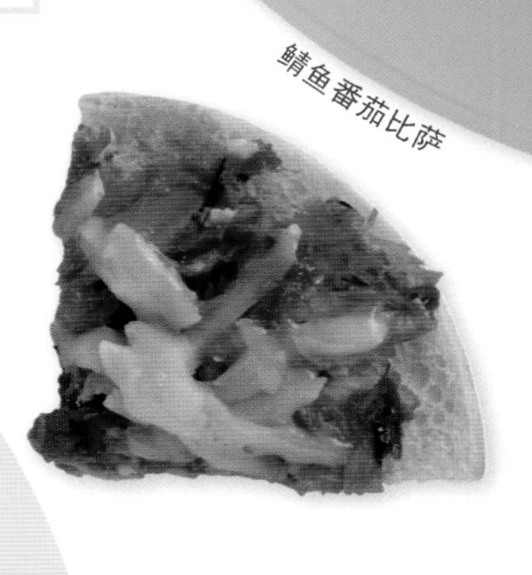

火腿菠萝比萨

食材

1/2 个英式玛芬
1 茶匙番茄蓉
10 克非烟熏火腿片
1 片原汁罐头菠萝，细细切碎，或
1 汤匙沥干水分的罐头菠萝碎块
15 车达奶酪，擦丝

步骤

1 烤箱预热至 220°C。

2 把番茄蓉涂在英式玛芬上，再铺上火腿。然后把切碎的菠萝均匀撒在上面，最后用奶酪点缀。

3 移至烤盘，放入烤箱烘烤 5~7 分钟，或者直至奶酪开始冒泡、变成金黄色。冷却后切成小块让宝宝享用。

* 可以搭配胡萝卜条、甜椒条和黄瓜条一起享用。

* 不宜储存。

* **小窍门**：火腿非常咸，切勿超过配方里的推荐用量。如果可以的话，选用非烟熏火腿或者低盐火腿。

韭葱土豆汤

在天气寒冷的日子里，韭葱土豆汤总是能够令人心满意足。它既代表家的温馨，同时又能填饱我们的胃。所以，不妨早点让宝宝适应这道味道温和的汤。你可以用低盐高汤，或者直接用水来煮这道汤，你自己的那份上桌后再调味。韭葱能够提供丰富的 B 族维生素（包括叶酸），以及被称为多酚的植物物质，它能帮助人体抵御疾病。

10 分钟　15~20 分钟

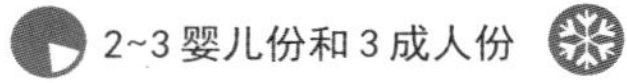

2~3 婴儿份和 3 成人份

食材

2 汤匙植物油
3 根或 500 克韭葱，择洗干净，切薄片
500 克粉质土豆，去皮，切丁
1 升充分稀释的低盐蔬菜高汤或鸡肉高汤
1 汤匙切碎的虾夷葱

成人份可以加 1 满汤匙法式酸奶油或者低脂酸奶油

步骤

1 用大不粘酱汁锅把油烧热，倒入韭葱和土豆翻炒 5 分钟，需要不停翻动。

2 加入高汤，然后煮沸。盖上锅盖，用小火炖煮 5~10 分钟，或者直至土豆变软。然后加入一半虾夷葱，捣成均匀顺滑的泥状。

3 盛出宝宝吃的那份，放置冷却到微温。

4 成人份调味后，加 1 汤匙法式酸奶油或者低脂酸奶油，并把剩下的细香葱撒在汤里。

* 可以搭配芝香玉米条（见 108 页）或者奶酪司康（见 104 页）一起享用。
* 存放在密封容器里，置于冰箱冷藏，最多可保存 48 小时，或者冷却后冷冻保存。

南瓜番茄汤

烘烤能激发出南瓜天然的甜味，幸运的是很多品种的南瓜都非常适合烘烤。相比其他南瓜，奶油南瓜是维生素 A 的极佳来源。

10 分钟　45~50 分钟　3 婴儿份和 2 成人份

食材

300 克奶油南瓜或其他南瓜，切大块
1 个大的红洋葱，去皮，切成 4 块
250 克成熟的番茄，对半切开
1 枝迷迭香
2 汤匙橄榄油
400 毫升低盐蔬菜高汤
少许肉豆蔻粉（可选）
2 汤匙法式酸奶油

步骤

1 烤箱预热至 200℃。

2 把南瓜、洋葱、番茄和迷迭香铺在焗盘里，淋上油，来回晃动焗盘，使蔬菜全都蘸上油。

3 烘烤 40~45 分钟，或者直至蔬菜都变软。从烤箱里取出，稍微冷却。

4 取一半蔬菜，加入一半高汤，捣成顺滑的泥状。在一个干净的酱汁锅上放一个筛网，把食物泥用筛网过滤。重复此操作，把另一半蔬菜和高汤也处理完毕。

5 根据需要调味，如果你想加肉豆蔻粉，也可以加一点。将法式酸奶油搅到汤里，然后趁热享用。

* 可以搭配面包条抹黄油，或者家庭自制脆面包丁一起享用。
* 置于冰箱冷藏，最多可保存 48 小时，或者冷却后冷冻保存。
* **如何制作简单又健康的脆面包丁：**当你在烤蔬菜的时候，把 2 片面包切成 1 厘米见方的丁。把面包丁放在烤盘里，用喷油瓶均匀喷上植物油，然后烘烤 10 分钟，中途需要给面包丁翻面。

胡萝卜芫荽汤

这是一道经典的蔬菜汤，含有大量维生素 A，可以搭配面包皮、皮塔饼或者芝香玉米条（见 108 页）一起享用，宝宝一定喜欢蘸着汤吃。

10 分钟　25~30 分钟　6~8 婴儿份和 2~3 成人份

食材

2 汤匙橄榄油
1 个中等大小的洋葱，粗粗切碎
1 瓣大蒜，拍碎
750 克胡萝卜，去皮，擦丝
1.5 升水或经稀释的低盐蔬菜高汤
1 茶匙芫荽粉
2 汤匙切碎的芫荽
1 茶匙淡奶油（可选）

步骤

1 把油倒入大酱汁锅烧热，慢慢翻炒洋葱和大蒜约 5 分钟。

2 加入胡萝卜，搅拌均匀，盖上锅盖焖 5 分钟，或者直至胡萝卜稍微变软。

3 加入高汤和芫荽粉，然后煮沸。搅拌均匀后盖上锅盖，小火炖煮 15~20 分钟，或者直至蔬菜全部变软。

4 离火，加入新鲜的芫荽。分几次用搅拌机把汤打至顺滑，务必小心不要让滚烫的汤汁溅出来，否则很容易被烫伤。

5 冷却至温热，舀出满满一大汤勺蔬菜汤，倒入带手柄的大口杯里，或者盛进一个浅碗里，让宝宝享用。如果需要的话，可以加入淡奶油搅匀。

* 可以搭配芝香玉米条（见 108 页）、奶酪司康（见 104 页）或者面包（吐司）块一起享用。
* 置于冰箱冷藏，可保存 48 小时，或者冷却后冷冻保存。
* 备注：成人份可以用适量盐和黑胡椒粉调味。

豌豆薄荷汤

这道营养丰富的豌豆汤无疑是制作方法最简单的汤了，而且远比任何买来的罐头汤好喝！它富含维生素 C 和膳食纤维，从开始准备到上桌，时间不会超过 20 分钟。大一些的婴儿可以用杯子喝，而小婴儿可能更喜欢用面包条或者奶酪司康蘸着吃。

3 分钟　10~12 分钟　2 婴儿份和 3 成人份

食材

1 汤匙植物油
1 个中等大小的洋葱，切碎
500 克速冻豌豆
600 毫升低盐蔬菜高汤
3~4 片薄荷叶
黑胡椒粉和现磨的肉豆蔻粉

步骤

1 把油倒入不粘酱汁锅里烧热，翻炒洋葱，直至洋葱变软。

2 加入豌豆和高汤，煮沸。微滚 5 分钟，或者直至豌豆变软。

3 加入薄荷叶，然后离火。

4 稍微冷却，用搅拌机打至顺滑。用黑胡椒粉和肉豆蔻粉调味，即可享用。

* 如果需要的话，可以搅入一些奶油。可以搭配奶酪司康（见 104 页）或者面包块抹黄油一起享用。
* 存放在密封容器里，置于冰箱冷藏，最多可保存 24 小时，或者冷却后冷冻保存。
* 备选方案：可以在步骤 2 放 2 把洗净的菠菜叶，能够多提供一些铁和叶酸。如果想使汤的口感更浓稠，可以用全脂牛奶替换一半蔬菜高汤。

家常番茄莎莎酱

通常，在商店购买的莎莎酱都有盐和辣椒，不适合婴儿食用。因此，用新鲜的食材亲手制作可以更好地控制放什么和不放什么。而且，相比在商店购买，家庭自制的酱里通常含有更多的维生素C。由于使用的是新鲜的洋葱，这款莎莎酱在味道上依然是比较强烈的，有些婴儿可能不喜欢，所以开始的时候，你可以少放点洋葱。

 10分钟  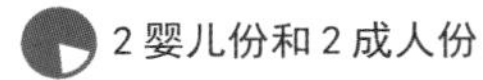 2婴儿份和2成人份

食材

250克熟透的番茄，洗净，对半切开
1/2个小个的洋葱，去皮，切成4块，或3根分葱，择洗干净，切成4段
1/2个小的红甜椒，粗粗切碎（可选）
1瓣大蒜，拍碎
5克新鲜的芫荽
1汤匙柠檬汁
黑胡椒粉

步骤

把所有食材用搅拌机打至粗粗切碎的状态。注意不要打得太碎。

* 可以搭配火鸡红椒小肉饼（见184页）、面包棒、胡萝卜条或者其他蔬菜条一起享用。
* 存放在密封容器里，置于冰箱冷藏，最多可保存24小时。

家常番茄莎莎酱

桃子酸辣酱

桃子酸辣酱

这款酸辣酱制作起来相当简单，可以现吃现做，特别适合搭配味道简单的食物，例如鸡肉汉堡、火鸡汉堡、鸡柳和火鸡柳。在桃大量上市的时候，你可以使用新鲜桃，在其他季节则可以用原汁浸泡的桃罐头。

 5分钟  6婴儿份或1婴儿份和2成人份

 15~20分钟 

食材

2茶匙植物油
1/2个小洋葱，细细切碎
45克黄甜椒或橙甜椒，去籽，切丁
1个熟透的桃，去皮、去核，细细切碎，或100克原汁浸泡的罐头桃
2汤匙水或桃罐头汁
1茶匙葡萄酒醋
1茶匙黄糖

步骤

1 把油倒入小酱汁锅里烧热，翻炒洋葱和甜椒约5分钟，或者直至洋葱和甜椒变软但没有变黄。

2 加入桃、水（或者果汁）、葡萄酒醋和黄糖，然后煮沸。搅拌均匀后把火调小，盖上锅盖，小火炖煮10分钟，或者直至混合物变得黏稠。

3 冷却至室温即可享用。

* 可以搭配火鸡红椒小肉饼（见184页）、鸡肉汉堡或者脆皮三文鱼（见186页）一起享用。
* 置于冰箱冷藏，最多可保存24小时，或者冷却后冷冻保存。
* 小窍门：在给桃去皮的时候，可以在桃顶部划一个十字，划开桃皮，放在一个耐热的碗里，用沸水浸泡20秒。然后取出，把桃皮撕掉。

迷你杏酱鸡肉汉堡

用原汁杏罐头做出甜甜的酱汁，最适合搭配具有泰国风味的迷你汉堡。在你自己吃的那份里，可以加点切碎的红辣椒或者用美国辣椒仔辣酱调味。

 10－15 分钟 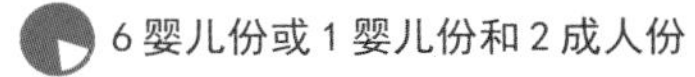 15 分钟 6 婴儿份或 1 婴儿份和 2 成人份 

食材

250 克鸡肉末（或用搅拌机把去皮鸡胸肉搅成肉末）
1 小瓣大蒜，拍碎
1 茶匙香茅酱
1/2 个小洋葱，细细切碎
1 汤匙切碎的芫荽

酱汁：
200 克原汁罐头杏
1/2 个小洋葱，细细切碎
30 克金葡萄干或苏丹娜葡萄干
1 茶匙青柠汁
1/2 个青柠擦极细的皮屑

步骤

1 首先制作酱汁，先把杏肉沥干，果汁备用。取 120 克杏肉，与洋葱、葡萄干一起放入小酱汁锅里，加入 60 毫升果汁。

2 煮沸后搅拌均匀，盖上锅盖，小火炖煮 10~15 分钟，需要偶尔搅拌一下，把结团的杏肉打散。取一个烤架或者煎盘预热。

3 与此同时，把制作馅料的食材都放在碗里，搅拌均匀。分成 6 小份，分别压成 1~2 厘米厚的小肉饼。

4 把肉饼移至烤架或者烤盘，正反面各烤 3~4 分钟，或者直至鸡肉熟透，当你用刀切开的时候，流出的肉汁不应该是粉红色，而应该是透明的。

5 当杏酱变得黏稠时，加入青柠汁和青柠皮屑，然后离火。如果想让杏酱口感粗糙，可以用叉子捣烂；如果想使杏酱口感顺滑，可以用搅拌机稍微打碎。冷却后即可享用。

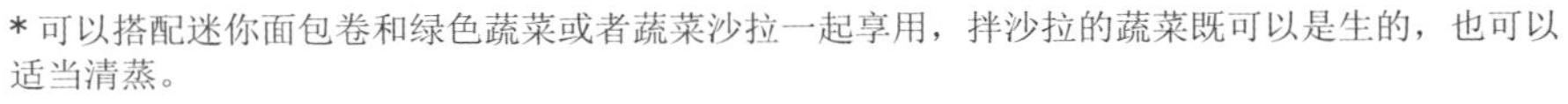
* 可以搭配迷你面包卷和绿色蔬菜或者蔬菜沙拉一起享用，拌沙拉的蔬菜既可以是生的，也可以适当清蒸。

* 这款酱汁和鸡肉汉堡都可以在冰箱里冷藏保存，最多可保存 24 小时，或者冷冻保存。汉堡需要单个冷冻，在冷冻之前用保鲜膜或者油纸包好。

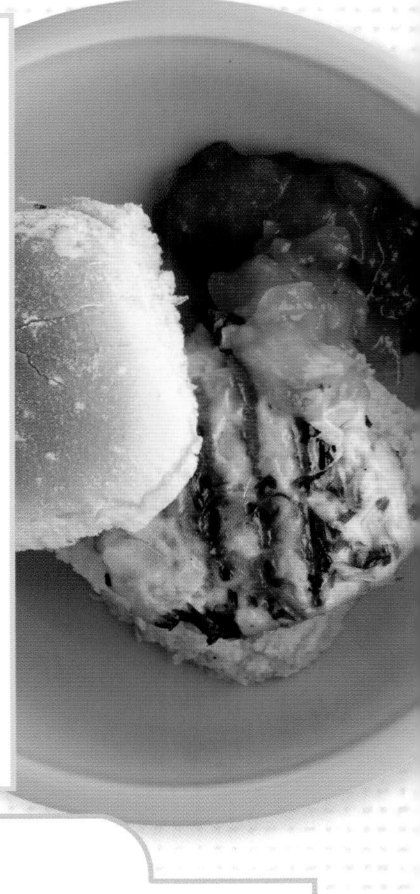
迷你杏酱鸡肉汉堡

奶油鸡肉意大利面条

奶油鸡肉意大利面条味道鲜美，在很多地方都深受欢迎。稀奶油的脂肪含量大约是 10%，既能够带来细腻柔滑的口感，又可避免摄入过多的饱和脂肪。由于玉米淀粉可以使酱汁的形态保持稳定，所以酱汁可以冷冻保存。

 5 分钟  12~15 分钟  4~6 婴儿份或 1 成人份和 3 婴儿份 

食材

2 茶匙橄榄油
2 条鸡小胸肉，或 1 小块（100 克）去皮鸡大胸肉，切块
1 小瓣大蒜，拍碎
45 克白蘑菇，洗净切片
1 茶匙玉米淀粉
100 毫升稀奶油或半脱脂奶油
50 毫升全脂牛奶
50 克速冻豌豆，煮熟
2 茶匙切碎的欧芹

意大利面条：
婴儿份用 15~20 克干面条，蝴蝶面、笔尖面或者儿童意大利面条均可

* 置于冰箱冷藏，最多可保存 24 小时，或者冷却后把酱汁分装在小罐子里冷冻保存。

步骤

1 按照意大利面条包装袋上的说明，把意大利面条煮熟，沥水待用。

2 在煮面的同时，把油倒入小不粘酱汁锅里烧热，加入鸡肉，用中火翻炒 2~3 分钟，需要频繁翻动。

3 加入大蒜和蘑菇，继续炒 5 分钟，或者直至鸡肉的内部不再呈现粉红色。

4 把玉米淀粉倒入小碗，与奶油和牛奶混合，搅拌均匀后倒入酱汁锅里，再加入豌豆和欧芹。

5 煮开后微滚一会儿，需要不停搅拌。当酱汁变得黏稠之后，离火，稍微冷却。

6 盛出宝宝的那份酱汁，浇在意大利面条上即可享用。

火鸡红椒小肉饼

火鸡红椒小肉饼

火鸡肉富含维生素B3，而红甜椒能够为人体提供维生素A和维生素C，从而提升了它作为辅食的营养价值。小肉饼不但可以当作手指食物，由于很容易捣烂，对于那些更习惯用勺子喂饭的婴儿来说也很方便。

 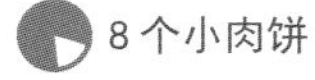 

5分钟　14~17分钟　8个小肉饼

食材

1汤匙植物油，另备一些煎肉饼
1个小个的洋葱，细细切碎
1/2个大的红甜椒，细细切碎
200克火鸡肉末
1汤匙切碎的欧芹
面粉（可选）

步骤

1 把油倒入不粘煎锅里烧热，倒入洋葱和红甜椒翻炒4~5分钟，或者直至蔬菜变软。

2 离火，稍微冷却一会儿，然后与火鸡肉和欧芹混合，用食物料理机或者搅拌机粗粗打碎。

3 在一块干净的案板上把肉馅分成8份，做成8个小肉饼，如果肉馅太黏，可以撒点面粉。

4 在不粘煎锅里倒入1~2汤匙植物油，油热后把小肉饼放进去煎10~12分钟，或者直至两面都呈金黄色。离火，冷却一会儿即可享用。

* 可以搭配家常番茄莎莎酱（见182页）或者桃子酸辣酱（见182页）一起享用。

* 存放在密封容器里，置于冰箱冷藏，最多可保存24小时，或者冷却后冷冻保存。

* **备选方案：**可以用鸡肉末或者猪肉末代替火鸡肉末。你还可以在步骤2加点大蒜或者其他香草，例如龙蒿。

羊肉茄子布格麦食

布格麦食是一种流行于北非和中东的小麦粉，是由煮过的小麦碾碎制成的。由于是全麦，所以既能够提供蛋白质和铁，又含有丰富的膳食纤维。布格麦食非常适合做一锅出的菜肴，因为你可以很方便地把它加到炖肉或者炖蔬菜里。

5分钟　20~25分钟　4~6婴儿份

食材

200克瘦羊肉末
150克茄子，切小块
1个小个的洋葱，细细切碎
1瓣大蒜，拍碎
100克布格麦食
1/2个柠檬，擦极细的柠檬皮屑
1汤匙番茄蓉
1汤匙切碎的欧芹

步骤

1 把羊肉和茄子倒入酱汁锅里，用中火炒5分钟，翻炒过程中用木铲把羊肉末打散。

2 当羊肉末变成浅棕色后，加入洋葱和大蒜，搅拌均匀，继续炒5分钟，需要不停翻动。

3 倒入布格麦食、柠檬皮屑和番茄蓉，加入350毫升水，煮开后微滚一会儿，搅拌均匀，盖上锅盖，小火炖煮10~15分钟，或者直至水分被完全吸收，布格麦食变软。

4 离火，加入欧芹，稍微冷却后即可享用。

* 可以搭配绿色蔬菜一起享用，例如菠菜或者西蓝花。

* 置于冰箱冷藏，最多可保存48小时，或者冷却后冷冻保存。

* **备选方案：**你可以用牛肉末代替羊肉末。你还可以加1/2茶匙肉桂粉，从而使这道辅食的摩洛哥风味更加浓郁。

牧羊人派

牧羊人派是一道价廉物美、广受欢迎的营养菜肴，一般用羊肉做馅料；如果用牛肉代替羊肉，则被称为农舍派。这道辅食富含容易被人体吸收的铁，非常适合婴儿和学步儿童。务必选用瘦肉末。

15 分钟　35~40 分钟　2~3 婴儿份和 3 成人份 

食材

植物油
1 个中等大小的洋葱，细细切碎
1 小根韭葱，细细切碎
500 克纯瘦羊肉末或牛肉末
3 根中等大小的胡萝卜，去皮，切小块
300 毫升水或稀释的牛肉高汤
2 片月桂叶
1 汤匙玉米淀粉或面粉

派皮：

700 克粉质土豆，去皮，对半切开
50 毫升半脱脂牛奶
2 茶匙橄榄酱或黄油
黑胡椒粉

* 可以搭配清蒸西蓝花、羽衣甘蓝或者卷心菜一起享用。
* 烤盘或者焗碗盖上盖子或者覆盖保鲜膜，置于冰箱冷藏，最多可保存 24 小时，或者冷却后冷冻保存。

步骤

1 烤箱预热至 200°C。把油倒入大不粘酱汁锅里烧热，加入洋葱、韭葱和肉末慢慢翻炒，经常翻动，用木勺将结团的肉末打散。

2 加入胡萝卜。继续翻炒，直至肉末被炒成棕黄色，洋葱变软。加入水或者高汤以及月桂叶，煮开后微滚一会儿。盖上锅盖，把火调小，小火炖煮 15~20 分钟，中途搅拌几次。

3 把土豆蒸熟或者煮熟。沥干水分后，加入牛奶、橄榄酱或者黄油，以及黑胡椒粉一起捣成泥。用 2 汤匙冷水溶解玉米淀粉，倒入锅里与馅料混合，以增加馅料的黏稠度。之后把馅料倒入耐热烤盘或者焗碗里，把月桂叶挑出来扔掉。

4 用勺子把土豆泥铺在馅料上面，放入烤箱烘烤 20~25 分钟，或者直至馅料内部熟透，土豆泥开始变为金黄色。盛出宝宝的那份，稍微冷却后即可享用。

茄汁牛肉丸

肉丸是最受欢迎的家常菜之一。你的宝宝也许喜欢用手抓着肉丸吃，也许更愿意你把肉丸捣烂用勺子喂他吃。无论哪种方式，茄汁牛肉丸都能提供丰富的铁元素。

15 分钟　25~30 分钟　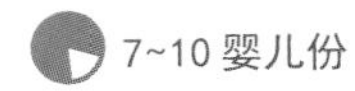 7~10 婴儿份 

食材

酱汁：

1 汤匙植物油
1 个小个的洋葱，细细切碎
1 瓣大蒜，拍碎
250 克细番茄糊
25 克油浸番茄干，沥干油分，粗粗剁碎
1 茶匙细细切碎的百里香或牛至

肉丸：

250 克瘦牛肉末
1 片全麦面包
1/2 个小个的洋葱，粗粗切碎
几大片罗勒叶
面粉（可选）
植物油

步骤

1 把油倒入不粘酱汁锅里烧热，慢慢翻炒洋葱和大蒜 4~5 分钟，或者直至它们变软。

2 加入番茄糊、番茄干、百里香或者牛至，煮开后微滚一会儿。搅拌均匀，盖上锅盖，小火炖煮 15 分钟，期间不时搅拌。

3 接下来做肉丸。把肉末、面包、洋葱和罗勒用搅拌机搅拌均匀，做成大约 20 个小肉丸，如果肉馅太黏，可以适当用点面粉。

4 在不粘煎锅里倒入 1~2 汤匙油，油热后放入肉丸，经常翻动，直至肉丸变成棕黄色。

5 用厨房纸吸干肉丸表面的油。婴儿份为 2~3 个肉丸搭配 1 汤匙酱汁。

* 可以搭配米粉、土豆泥或者意大利面条一起享用。
* 置于冰箱冷藏，最多可保存 24 小时，或者分成小份，冷却后冷冻保存。
* 备选方案：可以用其他肉末代替牛肉末。

茄汁牛肉丸

脆皮三文鱼

脆皮三文鱼

在家里亲手用大块鱼肉制作手指食物非常简单。你可以用三文鱼，它能够为宝宝提供重要的欧米伽3脂肪酸，有利于大脑和眼睛的发育。由于便于拿起来蘸着酱汁吃，所以这道辅食非常适合那些喜欢自己吃东西的婴儿。

5~10 分钟　12~15 分钟　6~8 块　

食材

1 片面包（最好含有 50% 全麦粉），切掉面包皮
1 茶匙细细切碎的欧芹
1/2 个柠檬，擦极细的柠檬皮屑
1 个鸡蛋
100 克去皮三文鱼排

步骤

1 烤箱预热至 190℃。在烤盘里铺一张硅油纸或者油布。

2 用搅拌机把面包打成非常细的面包屑，然后加入欧芹和柠檬皮屑稍微打碎。

3 同时，在一个浅碗里把鸡蛋打散。

4 用你的指尖在鱼肉上滑动，稍微用力按压，检查有无鱼骨，如果有请剔除。

5 把三文鱼排切成 6~8 小块，轻轻地把鱼块裹上蛋液。然后用食物夹把鱼块夹到面包屑里，滚上面包屑，再把鱼块移至烤盘。重复此操作，把所有鱼块处理好。

6 大约烘烤 6 分钟，取出翻面后继续烘烤，直至鱼块变得酥脆。冷却后即可享用。

* 可以搭配鳄梨酱（见 105 页）、家常番茄莎莎酱（见 182 页）和番茄片一起享用。

* 虽然很容易碎，但是小心地用油纸把鱼块分别包好，也能冷冻保存。

* **备选方案**：任何一种肉质较为紧实的鱼都可以用来做这道辅食，不过只有油性鱼才含有更多的欧米伽 3 脂肪酸。

意式莳萝三文鱼烩饭

很多婴儿喜欢米饭，有的喜欢自己用手抓着吃，把小手弄得黏糊糊的，有的喜欢用勺子喂着吃。无论哪种方式，这道烩饭都能为婴儿提供丰富的营养。在烹调的最后一步，你可以加一些速冻菠菜末，不但能够很容易地与米饭拌在一起，又能帮你节省时间。

5~10 分钟　35~40 分钟　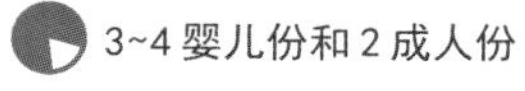3~4 婴儿份和 2 成人份　

食材

100 克三文鱼排
1/2 个柠檬榨汁
1 汤匙植物油
10 厘米长的韭葱葱白部分，细细切碎
75 克烩饭米
350~400 毫升低盐蔬菜高汤或鱼汤
1 茶匙切碎的莳萝
60 克速冻菠菜末，解冻，沥干水分
30 克马斯卡彭奶酪或奶油奶酪
黑胡椒粉和盐，调味用（可选）

步骤

1 烤箱预热至 190℃。

2 用你的指尖在鱼肉上滑动，稍微用力按压，检查有无鱼骨，如果有请剔除。把鱼排放进耐热容器里，淋上柠檬汁，把鱼排蒸熟或者用烤箱烤熟，大约需要 12~15 分钟，鱼排熟透后去掉鱼皮，保温待用。

3 把油倒入酱汁锅里烧热，翻炒韭葱 3~4 分钟，或者直至韭葱变软，但不要发黄。

4 加入烩饭米，再倒入 1/3 高汤。搅拌均匀，用中火继续煮，一边搅拌一边加入剩下的高汤，直至所有高汤都被吸收。

5 煮 30~35 分钟，或者直至米粒变软，所有汤汁都被吸收之后，加入莳萝和菠菜。待蔬菜完全热透离火，加入马斯卡彭奶酪或者奶油奶酪。用叉子把三文鱼肉分成小块，拌入烩饭，让宝宝享用。

6 成人份可以用黑胡椒粉和盐调味。

* 可以搭配对半切开的樱桃番茄、清蒸花椰菜或者胡萝卜一起享用。

* 冷却后冷冻保存。

快手鱼派

这道鱼派的土豆泥派皮富含钙、镁和 B 族维生素，是一道非常流行的家常菜。它非常适合冷冻保存，你可以一次做出两份，把其中一份放在锡纸盘里冷冻起来，留待你没时间做饭的时候吃。

20 分钟　40~45 分钟　2~3 婴儿份和 3 成人份

食材

500 克去皮白身鱼排
450 毫升全脂牛奶
2 片月桂叶
1 条柠檬皮
植物油，刷油用
20 克黄油或单不饱和脂肪涂抹酱
30 克中筋面粉
50 毫升半脱脂淡奶油或稀奶油
100 克速冻豌豆，解冻
1 汤匙切碎的欧芹

派皮：

700 克粉质土豆，去皮，切成 4 块
2 汤匙全脂牛奶
1 小块黄油或单不饱和脂肪涂抹酱

步骤

1 烤箱预热至 180℃。用你的指尖在鱼肉上滑动，稍微用力按压，检查是否有鱼骨，如果有请剔除。

2 把牛奶倒入浅的酱汁锅或者煎锅里，加入月桂叶、柠檬皮和鱼排，盖上锅盖，用小火把鱼排煮熟。

3 同时，把土豆煮熟或者蒸熟，与牛奶和黄油或者涂抹酱一起捣成泥。

4 鱼排煮至用叉子能够轻易弄碎，小心地从锅里盛出来。在一个浅的烤盘或者焗碗里刷一层油，把鱼肉均匀铺在底部，挑出柠檬皮和月桂叶。把煮鱼的汤汁倒入罐子里，留着做酱汁的时候用。

5 把黄油或者涂抹酱放入酱汁锅里烧热，倒入面粉，不停搅拌翻动，炒大约 30 秒后，分多次加入煮鱼的汤汁，并且不停地搅拌，直至酱汁变得黏稠。加入奶油、豌豆和欧芹，然后把酱汁浇在鱼肉上。

6 用勺子把土豆泥铺在鱼肉上，放入烤箱烘烤 25~30 分钟，或者直至土豆泥变成金黄色。盛出宝宝的那份，稍微冷却后即可享用。

* 可以搭配豌豆、西蓝花和胡萝卜一起享用。
* 用保鲜膜包好后，置于冰箱冷藏，最多可保存 24 小时。也可以做好之后不烘烤，直接冷冻保存，吃之前解冻（最好放在冰箱冷藏室里过夜解冻），参考步骤 6 的烘烤时间，略微多烤一会儿，以确保馅料热透。

葡萄干鹰嘴豆布格麦食

布格麦食与柔软多汁的葡萄干搭配，再加一点鹰嘴豆，给这道辅食带来松软、湿润的口感。虽然这道辅食本身就是一顿饭，但是对于大一些的婴儿和成年人来说，它还可以作为焙盘菜、烤肉或者烤鸡的配菜。

5~10 分钟　25 分钟　2 婴儿份和 2~3 成人份

食材

1 汤匙植物油
1 个中等大小的洋葱，细细切碎
150 克奶油南瓜，切小丁
25 克无籽葡萄干
100 克布格麦食
400 克罐头鹰嘴豆（水浸），冲洗干净，沥水
2 片月桂叶
1 满汤匙切碎的欧芹

步骤

1 把油倒入大酱汁锅里烧热，倒入洋葱慢慢翻炒 5 分钟，或者直至洋葱刚刚变软。加入奶油南瓜，用中火翻炒 5 分钟，需要持续翻动。

2 加入葡萄干、布格麦食、鹰嘴豆，并倒入 500 毫升水，加入月桂叶，把食材煮沸。盖上锅盖，把火调小，小火炖煮 15 分钟。在出锅前几分钟，挑出月桂叶，加入欧芹搅拌。

3 当布格麦食变软后离火，继续焖 5 分钟。盛出宝宝的那份，稍微冷却后即可享用。如果有必要，你也可以捣烂，达到适合宝宝的口感。

* 可以搭配清蒸四季豆、西蓝花或者对半切开的樱桃番茄一起享用。
* 置于冰箱冷藏，最多可保存 24 小时。
* **备选方案：** 你可以用其他葡萄干代替无籽葡萄干，也可以用其他任何一种煮熟的豆子代替鹰嘴豆。

牛仔风味脆皮焗豆

把玉米粥或者极细的玉米糊浇在香喷喷的豆子上，烘烤成松脆可口的脆皮，能令人食欲大增。豆子可以为人体提供 B 族维生素，还含有丰富的铁，茄汁里的维生素 C 则能帮助人体吸收铁。

10 分钟　35~40 分钟　4 婴儿份和 2 成人份 

食材

1 汤匙植物油，多备一些刷油用
1 个小个的洋葱，细细切碎
75 克蘑菇，对半切开再切片
250 克煮熟的任何一种豆子或罐头豆子
400 克原汁罐头碎番茄
2 汤匙番茄蓉
1 汤匙切碎的百里香

浇头：

2 个大鸡蛋
50 克细玉米粉或玉米糊粉
50 克中筋面粉
1 茶匙泡打粉
黑胡椒粉
50 克硬奶酪，例如车达奶酪，磨碎（可选）

步骤

1 烤箱预热至 190℃。取一个中号焗盘，刷上一层油。

2 把油倒入不粘酱汁锅里烧热，慢慢翻炒洋葱 5 分钟，或者直至洋葱变软，然后加入蘑菇，继续炒 3~4 分钟，或者直至蘑菇变软。

3 加入豆子、碎番茄和番茄蓉，倒入 100 毫升水，加入百里香。煮沸后倒入焗盘。

4 鸡蛋打散，加入 50 毫升水充分搅拌，然后加入玉米粉、面粉和泡打粉搅拌均匀。如果你喜欢，可以加入磨碎的奶酪。

5 把浇头倒在豆子上。放入烤箱烘烤 25~30 分钟，或者直至浇头隆起成型。盛出宝宝的那份，如果需要的话可以捣烂，稍微冷却后即可享用。成人份可以根据口味调味。

* 可以搭配 1 汤匙低脂酸奶油和清蒸菠菜一起享用。
* 置于冰箱冷藏，最多可保存 24 小时。经过步骤 3 煮熟的豆子可以在冷却后单独冷冻保存，不仅可以留着以后做这道辅食时再用，而且也可以单独作为一道辅食享用。
* **备选方案**：你可以用一点辣椒酱或者烟熏墨西哥辣椒酱给成人份调味。

鳄梨酱意大利面条

鳄梨酱制作起来非常简单，你可以在煮面条的同时做。酱汁既可以让宝宝用意大利面条蘸着吃，也可以把酱汁和意大利面条拌在一起，再把意大利面条切成宝宝喜欢的小块，或者捣烂之后给宝宝吃。

5 分钟　12~15 分钟　1 婴儿份和 1 成人份

食材

90 克笔尖面
1 个成熟的鳄梨，对半切开，去核
2 汤匙橄榄油
3~4 片罗勒叶，洗净
1/2 个柠檬，擦柠檬皮屑
2 茶匙柠檬汁
50 克帕马森奶酪，磨碎

步骤

1 按照意大利面条包装袋上的说明，把意大利面条煮熟。

2 同时，用勺子把鳄梨的果肉挖出来，与其他食材混合后用料理机打至细腻顺滑。

3 意大利面条煮好后，沥干水分，盛出 20~30 克或者 1 汤匙便是宝宝的那份。你的那份可以根据口味调味。一起享用吧！

* 可以搭配几个对半切开的樱桃番茄或者几朵清蒸西蓝花一起享用。
* 不宜储存。

花生酱果味古斯古斯

葡萄干、西梅干、杏干之类的水果干都含有丰富的铁。把果味古斯古斯单独作为主菜的配菜也是可以的，但是花生确实能够为人体提供蛋白质、健康脂肪、铁、锌和铜。

10 分钟　10 分钟　2 婴儿份和 2 成人份

食材

150 克古斯古斯米
50 克无籽葡萄干或任何你喜欢的水果干，细细切碎
150 克熟豌豆

花生酱：

25 克椰膏
100 克颗粒花生酱，最好是无糖无盐或低糖低盐的
1 瓣大蒜，拍碎（可选）

步骤

1 把古斯古斯米和葡萄干倒入大碗，再倒入 350 毫升沸水，静置一会儿，直至所有水都被充分吸收。

2 把所有制作花生酱的食材倒入小酱汁锅里，加入 150 毫升热水，用小火煮，需要不停搅拌，直至酱汁变得顺滑。

3 把熟豌豆倒入古斯古斯里搅拌均匀。盛出一份古斯古斯，浇上花生酱。

* 可以搭配几个对半切开的樱桃番茄一起享用。如果宝宝喜欢，这款花生酱也可以搭配鱼片（见 106 页）或者迷你薄荷羊肉丸（见 109 页）。
* 古斯古斯和花生酱分别存放在密封容器里，置于冰箱冷藏，最多可保存 24 小时。
* **备选方案**：可以用甜玉米代替豌豆。成人份的花生酱里可以再加 1 汤匙酱油、2 茶匙鱼露和 1 汤匙切碎的芫荽调味。

素牧羊人派

这款牧羊人派是用小扁豆和蔬菜做馅料、土豆做派皮的，是极佳的植物性铁元素的来源。如果你一直以素食方式喂养宝宝，千万别忘了在正餐的时候，给宝宝喝一杯经过充分稀释的无糖果汁。

15~20 分钟　60 分钟　8 婴儿份或 2 婴儿份和 2~3 成人份　

食材

植物油，刷油用
150 克整粒小扁豆
1 片月桂叶
2 汤匙橄榄油
1 个中等大小的洋葱，细细切碎
1 个中等大小的茄子，切成 1 厘米见方的丁
100 克蘑菇，粗粗切碎
1 汤匙切碎的马郁兰或 1 茶匙干马郁兰
1 茶匙蘑菇酱（可选）
750 克粉质土豆
2 汤匙全脂牛奶
10 克黄油或橄榄酱

步骤

1 烤箱预热至 200℃。取一个容量为 2 升的焗盘，刷一层油。

2 小扁豆冲洗干净后倒入酱汁锅里，放入月桂叶，再倒入冷水，大火煮开，小火炖煮至豆子变软。不同品种的小扁豆所需的炖煮时间不同，请根据包装袋上的说明操作。豆子煮好后，挑出月桂叶，豆子沥干待用，保留一部分煮豆子的汤汁。

3 把橄榄油倒入大不粘酱汁锅里烧热，倒入洋葱翻炒 4~5 分钟，或者直至洋葱开始变软。加入茄子和蘑菇，用小火炒 10 分钟，需不时翻动，如果有必要的话，可以加少许水以防粘锅。

4 加入马郁兰和沥干水分的豆子，如果你喜欢的话，可以加入蘑菇酱，再倒入 200 毫升煮豆子的汤汁，如果有必要，还可以再加点水。煮开后微滚一会儿，搅拌均匀，再炖煮 10 分钟，或者直至所有食材酥烂。

5 如果蔬菜块对于宝宝来说太大，可以把一半馅料用料理机稍微处理一下，再倒回去，与剩下的一半混合均匀。

6 同时，把土豆去皮，切成4块，用水煮熟。取出土豆块并沥干水分，然后加入牛奶和黄油一起捣成泥。先把小扁豆和蔬菜馅料倒入焗盘，再把土豆泥均匀地铺在上面。

7 放入烤箱烘烤 25 分钟，或者直至土豆泥变成浅棕黄色且馅料内部滚烫。稍微冷却后即可让宝宝享用。

* 可以搭配清蒸四季豆、西蓝花或者花椰菜一起享用。
* 置于冰箱冷藏，最多可保存 48 小时，或者冷却后冷冻保存。
* **备选方案**：如果你的时间不够充裕，小扁豆无法现吃现煮，可以买袋装无盐小扁豆或者无盐小扁豆罐头。如果你喜欢吃鱼，可以用 1 茶匙伍斯特沙司代替蘑菇酱。

烤苹果

在英国，烤苹果通常用一种专门用于烹饪的绿色大苹果，因为这种苹果的果肉经过烤制后会变得绵软多汁、入口即化。当然，你完全可以用鲜食用苹果代替烹饪用苹果，但最好选择香味浓郁的品种。

5 分钟　45 分钟　2 婴儿份和 1 成人份

食材

2 个小的烹饪用苹果或 2 个鲜食用苹果

2~3 汤匙肉末

10 克黄油

步骤

1 烤箱预热至 170℃。

2 苹果洗净，挖出果核。在果皮上打花刀，以防止果皮在烤制的过程中裂开。

3 把苹果放在一个小焗盘里，然后把肉末塞进原先果核的位置，一边塞一边压，尽量多塞一些肉末，之后在肉末上放一小块黄油，放入烤箱烘烤，或者直至苹果完全变软，烘烤时间大约为 45 分钟。

4 烤好后取出冷却至略高于室温的温度。用勺子挖出柔软的果肉和肉馅，盛在碗里即可享用。如果需要的话，可以捣烂。

* 可以搭配香草冰激凌或者 1 勺原味酸奶一起享用。
* 存放在密封容器里，置于冰箱冷藏，最多可保存 24 小时。
* **备选方案**：除了肉末，你还可以塞水果干。取 25 克水果干，例如葡萄干、西梅干或者杏干，切碎后与 2 茶匙红糖或者枫糖浆混合，再用少许混合香料调味。

烤香桃

像桃、油桃和李子之类的核果特别适合做甜点，不但好吃，而且做起来非常容易。虽然经过烘烤，但是桃依然能为宝宝提供大量维生素 C。

5 分钟　15~20 分钟　2 婴儿份

食材

1 汤匙无盐黄油，多备一些刷油用

1 个大的桃或油桃

1 茶匙黄糖

整颗肉豆蔻，磨粉用

步骤

1 烤箱预热至 200℃。取一个小焗盘，薄薄刷一层油。

2 首先需要把桃去皮。如果已经熟透，可以直接把桃皮撕掉，也可以把桃浸泡在沸水里 20 秒，然后再去皮。把桃对半切开，去掉果核，再切成 4~5 块，码在焗盘里。

3 撒糖，放上一块黄油，再磨一点肉豆蔻粉，均匀地撒在桃上，放入烤箱烘烤 15~20 分钟，或者直至变软。

4 冷却后盛出一半让宝宝享用，剩下的一半保存起来下顿吃。

烤香桃

* 宝宝可能喜欢用手抓着桃蘸着原味酸奶吃。
* 用保鲜膜包好，置于冰箱冷藏，最多可保存 24 小时。
* **备选方案**：你可以用李子或者杏代替桃，也需要先去核。

缤纷夏日莓果羹

这道简单的煮水果富含维生素 C，紫色水果和红色水果通常是植物多酚类物质的极佳食物来源。植物多酚类物质能够促进身体健康，增强宝宝的免疫力。

5 分钟　5 分钟　4~6 婴儿份　

食材

200 克速冻综合莓果，解冻；或等量新鲜莓果和穗醋栗，例如：
100 克草莓
50 克黑醋栗或蓝莓
50 克树莓
50 毫升无糖苹果汁或红葡萄汁

步骤

1 如果你使用新鲜水果，用厨房纸蘸水清除水果表面的灰尘。去掉草莓蒂，对半切开，如果草莓比较大，可以切成 4 块。

2 把所有水果放入小酱汁锅，倒入苹果汁或者葡萄汁。

3 用小火慢慢炖煮，炖好后离火。

4 冷却至室温即可让宝宝享用。

* 可以搭配 1 勺希腊酸奶或者鲜奶酪一起享用。
* 存放在密封容器里，置于冰箱冷藏，最多可保存 2~3 天，或者冷却后冷冻保存。

异域风味水果沙拉

新鲜水果含有极其丰富的维生素 C，同时也富含能够促进人体健康的植物营养素。你既可以把水果切成大块，让宝宝自己抓着吃，也可以把水果切碎，用勺子喂给宝宝。除了香蕉，其他水果洗净切好之后，可以在冰箱里冷藏保存 24 小时，但是香蕉只能现吃现切。

10 分钟　　 3~4 婴儿份

食材

1 个猕猴桃，去皮，切成两半
2~3 块杧果
1 小块甜瓜
2~3 汤匙无糖菠萝汁
1/2 根小个的香蕉，切片

步骤

1 把猕猴桃切片或者细细切碎，放到一个碗里。

2 把杧果和甜瓜切丁，水果丁的大小取决于宝宝的需要，然后也放到碗里。

3 把菠萝汁淋在水果上，加入香蕉，搅拌均匀，立即让宝宝享用。

* 可以搭配 1 勺酸奶或者香草冰激凌一起享用。
* 存放在密封容器里，置于冰箱冷藏，最多可保存 24 小时。
* 备选方案：可以再加点木瓜丁或者菠萝丁。

百香果杧果杯

这是一道清新怡人的奶油水果杯。作为这道奶油甜点的点缀，百香果能够起到画龙点睛的作用。你可以把百香果的籽挑出来，但对于大一点的孩子则不必剔除。

5 分钟　　 2 婴儿份

食材

1/2 个熟的百香果
2 汤匙杧果泥
30 克或 1 满汤匙马斯卡彭奶酪

步骤

1 把百香果的果肉倒在一个小筛网上，用勺子轻刮筛网，果汁和果肉将通过筛网的网眼流到下边的小碗里，直至筛网上只剩下籽，丢弃不用。

2 把去籽的百香果与杧果泥混合。

3 用木勺搅打马斯卡彭奶酪，直至奶酪细腻顺滑，然后用轻柔的动作把奶酪与杧果和百香果搅拌在一起。

4 把水果泥倒入 2 个很小的塑料碗里，覆上保鲜膜，置于冰箱冷藏。

* 可以搭配新鲜杧果一起享用，杧果去皮后切块即可。
* 存放在密封容器里，置于冰箱冷藏，最多可保存 24 小时。
* 备选方案：如果你打算保留百香果的籽，可以从步骤 3 开始操作。待杧果和马斯卡彭奶酪混合好之后，把百香果的果肉挤出来，直接浇在上面即可。对于成年人来说，还可以加少许非常细的青柠皮屑，能够带来清新的味道。

橘子果冻

做橘子果冻时无须加糖，甜味完全来自橘子的果肉和果汁，而且还很有营养，因此你完全可以用自制的橘子果冻代替从商店购买的果冻。橘子罐头在生产加工过程中经过加热，但即使如此，罐头橘子仍然是维生素 C 的优质来源。

 5 分钟   6 婴儿份

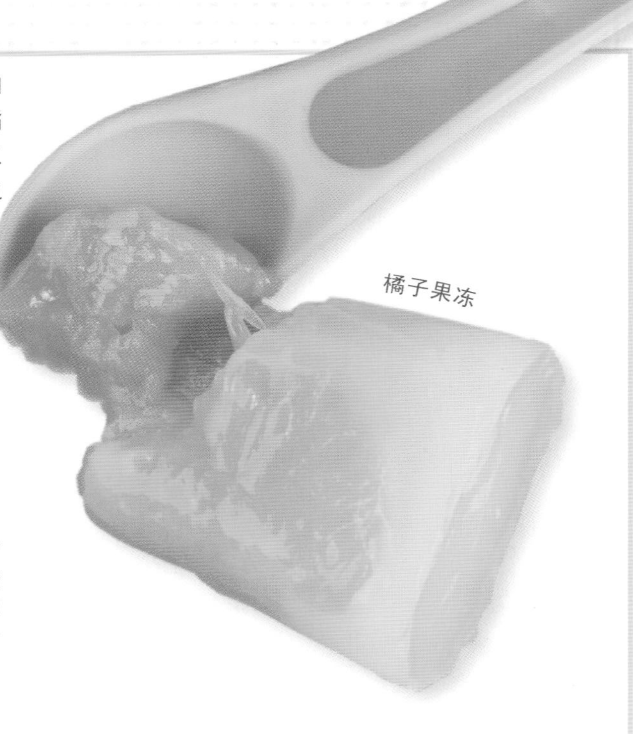

食材

300 克原汁罐头橘子

8 克或 1 满汤匙吉利丁粉

无糖橙汁

步骤

1 把橘子从罐头里捞出并沥干，橘汁倒出来待用，把橘子分成 6 小份，分别放进 6 个小容器里，或者做一大份也可以。

2 取一个小碗，倒入 3 汤匙温度接近沸腾的热水，把吉利丁粉撒在水里，静置 5 分钟，然后搅拌至溶解。

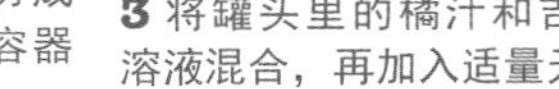

3 将罐头里的橘汁和吉利丁溶液混合，再加入适量无糖橙汁，做成 300 毫升果汁，分别倒入 6 个小容器里，然后置于冰箱冷藏，直至果冻成型。

* 用保鲜膜覆盖，置于冰箱冷藏，最多可保存 48 小时。

* **备选方案：**你也可以试试用杏罐头来做果冻，用其他任何一种无糖果汁代替橙汁。你还可以在橘子果冻里加少许现磨的橙皮屑或者柠檬皮屑，使柑橘类水果的味道更加浓郁。

基础款煎饼

做出漂亮煎饼的关键在于你必须有一口非常趁手的炒锅或者专门的煎饼锅。锅必须耐高温，而且不会粘。有了这口好锅，意味着你做每个煎饼的时候只需用一滴油。

 5 分钟  10 分钟  6 张直径 20 厘米的煎饼

食材

125 克中筋面粉

1 个鸡蛋

225 毫升半脱脂牛奶

1 汤匙植物油

* 置于冰箱冷藏，最多可保存 24 小时，或者冷却后冷冻保存。

步骤

1 把面粉、鸡蛋和牛奶用搅拌机或者食物料理机搅拌成均匀的面糊。

2 将锅充分预热，加入 1/2 汤匙油。由于油经过加热后体积会膨胀，所以用油量应该比你认为的需要量少一些。

3 转动锅，使油均匀挂满锅壁，用长柄汤勺舀一勺面糊倒入锅中，再转动锅，使面糊均匀平铺在锅底。

4 用中火做煎饼，等到面糊开始变干的时候，沿着边缘将煎饼与锅分离，这时煎饼的背面已经变成浅棕色了。轻轻颠锅，将煎饼翻面，继续烤几秒即可。

5 把做好的煎饼盛出来放到盘子里，重复步骤 3 和步骤 4 的操作，直至面糊都用完。

6 冷却后即可享用；或者采用一张煎饼垫一张油纸的方式包裹好，冷冻保存。

梨子葡萄干燕麦酥

水果酥是一种非常受欢迎的甜点，酥粒可以提前做好，置于冰箱冷藏或者冷冻，能保存几天的时间。制作这道甜点的水果可以根据季节进行调整，除了梨，你还可以用等量的李子、苹果、醋栗，或者几种混合莓果。制作时，使用无糖果汁炖煮水果，除非非常酸，否则不要加糖，因为酥粒是含糖的。

10 分钟　40~45 分钟　2 婴儿份和 3 成人份 

食材

植物油，刷油用
400~450 克或 3 个梨，去皮去核，粗粗切碎
50 克葡萄干
1/2 茶匙肉桂粉
50 毫升无糖苹果汁

酥粒

100 克中筋面粉
75 克黄油
50 克燕麦片
100 克黄糖

步骤

1 烤箱预热至 190℃。取一个容量为 1.5 升的焗盘，薄薄刷一层油。

2 把梨、葡萄干、肉桂粉和苹果汁一起倒入酱汁锅里，小火炖煮 5 分钟，或者直至梨开始变软。

3 同时，将面粉过筛，倒入碗里。加入黄油搅拌，直至混合物看起来像面包糠的样子，然后加入燕麦和糖。

4 把酱汁锅里的梨连同果汁一起倒入焗盘，把酥粒撒在水果上，放入烤箱烘烤 30~35 分钟，或者直至酥粒变得松脆且呈浅金色。

5 盛出宝宝的那份，确保甜点的温度不高于室温太多，宝宝就可以享用了。

* 可以搭配 1 勺希腊酸奶、卡仕达酱或者冰激凌一起享用。
* 置于冰箱冷藏，最多可保存 48 小时，或者冷却后冷冻保存。

苹果海绵布丁

苹果海绵布丁也被叫作夏娃布丁，据说得名于调皮的夏娃从智慧之树上摘苹果的故事。这款布丁不仅名字可爱，由于上层是美味而简单易做的海绵蛋糕，下层是营养丰富的苹果馅，因此也非常好吃。

10 分钟　 30~35 分钟　4 婴儿份和 2 成人份 

食材

植物油，刷油用
300 克或 1 个大的烹饪用青苹果
25 克淡色马斯科瓦多糖
1/2 个柠檬，擦柠檬皮屑

海绵蛋糕：

50 克黄油，软化
50 克细砂糖
1 个大个的鸡蛋
50 克中筋面粉
25 克全麦面粉
1 茶匙泡打粉
几滴香草精

步骤

1 烤箱预热至 190℃。取一个容量为 1.5 升的焗盘，薄薄刷一层油。用深一点的焗盘，不要用浅焗盘。

2 苹果去皮去核，切成薄片。把苹果与马斯科瓦多糖、柠檬皮屑拌匀，再淋上 1 汤匙水。用勺子舀进焗盘里，然后置于一旁待用。

3 把做海绵蛋糕的所有食材倒入碗里，用手持电动打蛋器搅拌均匀。

4 用勺子把海绵蛋糕糊覆盖在苹果馅料上。无须担心面糊无法填满所有的空隙，因为在烘烤的过程中空隙会被自动填满。放入烤箱烘烤 30~35 分钟，或者直至海绵蛋糕定型、苹果变软，能够很容易地用餐刀切开。

5 盛出宝宝的那份，确保温度合适，不宜比室温高太多，即可让宝宝享用。

* 可以搭配 1 勺希腊酸奶或者香草冰激凌一起享用。
* 存放在密封容器里，置于冰箱冷藏，或者冷却后冷冻保存。
* **备选方案：**你可以在苹果馅料里加一把葡萄干或者其他水果干，如果葡萄干太大的话应该先切碎。

面包黄油布丁

面包黄油布丁是一道经典的英式布丁，也是一种让陈面包焕发新生的经济实惠的方法。通过添加酸奶或者鲜奶酪，陈面包变身为一道美味的甜点，而且能够为宝宝提供大量的钙。

5 分钟　30~35 分钟　2 婴儿份和 1 成人份

食材

植物油，刷油用
4 薄片白面包
15 克无盐黄油
30 克葡萄干
1/2 茶匙肉桂粉
1 个大鸡蛋
175 毫升全脂牛奶
10 克细砂糖
肉豆蔻，磨粉用

步骤

1 烤箱预热至 180℃。取一个容量为 600 毫升的浅焗盘，薄薄刷一层油。

2 切掉面包皮后涂抹黄油，只抹一面即可，再切成小三角形。根据焗盘的形状，先铺一层面包，把抹了黄油的那面朝上，再撒上葡萄干和肉桂粉。重复此操作，把面包都用完，确保最上面的一层是面包而不是葡萄干。

3 把鸡蛋打散，加入牛奶和 3/4 的糖，用打蛋器搅拌均匀。把蛋液倒在准备好的面包上，再磨一点肉豆蔻粉。最后，把剩余的糖均匀撒在上面，静置 30 分钟。

4 把焗盘放入烤箱里烘烤 30~35 分钟，或者直至外壳定型，表面呈金黄色。

* 可以搭配 1 勺希腊酸奶或者几片新鲜水果一起享用。
* 存放在密封容器里，置于冰箱冷藏，最多可保存 24 小时。
* **备选方案**：你可以用任意一种水果干来做这道甜点，如果水果干比较大，需要先切碎。你也可以用葡萄干面包或者水果面包，以及意式圣诞甜面包和布里欧修面包代替白面包。

香杏扁桃仁布丁

这款布丁其实是一种加了水果和扁桃仁碎的简易蛋糕，烤好之后倒扣在盘子里再上桌。在我们的食谱里用的是成熟的杏，你也可以用原汁杏罐头、新鲜的李子或者桃。你既可以做一个大布丁，全家人一起分享，也可以用小焗碗做几个小布丁。

10 分钟　15~18 分钟　3~4 婴儿份和 2 成人份

食材

植物油，刷油用
2 个成熟的大个的杏，对半切开，去核
30 克细砂糖
30 克无盐黄油或单不饱和脂肪涂抹酱
1 个鸡蛋
30 克精白粉
1 茶匙泡打粉
15 克扁桃仁碎

步骤

1 烤箱预热至 200℃。取 4 个小焗碗或者一个直径 12~15 厘米的浅焗盘，薄薄刷一层油。

2 把杏肉切成薄片，平铺在焗盘或者烤碗的底部。

3 用一个小碗将黄油和糖打发，然后加入鸡蛋，继续打发。

4 把面粉和泡打粉过筛，与黄油鸡蛋混合均匀，再加入扁桃仁碎拌匀。

5 用勺子把拌好的食材铺在杏肉上，放入烤箱烘烤 15~18 分钟，或者直至表面稍微变黄，用手指轻压的时候能够回弹。稍微冷却，把布丁倒扣在盘子里，即可享用。

香杏扁桃仁布丁

* 可以搭配原味酸奶或者 1 勺冰激凌一起享用。
* 焗碗用保鲜膜包好，置于冰箱冷藏，或者冷却后冷冻保存。
* **备选方案**：你可以用 15 克面粉代替扁桃仁。

脆皮黑莓苹果馅饼

水果布丁确实含有一些糖和脂肪，但它是一种鼓励宝宝吃水果的好方式。这道馅饼的馅料柔软多汁，丰富的果汁甚至可以穿透酥皮，“咕嘟咕嘟”地冒着诱人的小泡。

 10 分钟　35~40 分钟　2 婴儿份和 3 成人份 

脆皮黑莓苹果馅饼

食材

植物油，刷油用
350 克或 1 个大的烹饪用苹果，去皮去核，先切成 4 块，再切片
150 克黑莓，新鲜或速冻均可
3 汤匙无糖苹果汁
1 汤匙糖（可选）

酥皮：

150 克精白粉
75 克全麦粉
2 茶匙泡打粉
50 克黄油
50 克细砂糖
1 个柠檬，擦柠檬皮屑
100 毫升半脱脂牛奶
1 汤匙黄糖

步骤

1 烤箱预热至 180℃。取一个容量为 1.5 升的焗盘，薄薄刷一层油。

2 把苹果、黑莓和苹果汁倒入酱汁锅里，小火煮 5 分钟，使水果变软。如果味道很酸，可以稍微加点糖。调味后倒入焗盘。

3 同时，把面粉和泡打粉过筛，倒入碗里，并把筛网里剩下的麸皮也倒入碗里。

4 加入黄油揉搓，直到混合物看起来像面包糠一样。加入细砂糖、柠檬皮屑，再倒入牛奶混合均匀，搅拌成黏稠的面团。取 2 把茶匙，把它们当作夹子，把面团一小块一小块地夹下来，铺在水果上面，然后撒上黄糖。

5 放入烤箱烘烤 30~35 分钟，或者直至酥皮完全烤熟并变成金黄色。盛出宝宝的那份，确保冷却至略高于室温的温度，即可让宝宝享用。

* 可以搭配 1 勺希腊酸奶、法式酸奶油或者香草冰激凌一起享用。

* 置于冰箱冷藏，最多可保存 48 小时，或者冷却后冷冻保存。

* **备选方案：**你可以尝试用苹果、黑醋栗或者红醋栗，以及任意一种莓果或者核果来做这道甜点。除非必要，否则不需要加糖。

烤蛋奶布丁

这道传统的婴儿甜点含有丰富的蛋白质和钙，而且宝宝吃起来也很轻松。相较于用烘焙模具制作，用小焗碗来做这道甜点更为方便，做好之后可以直接放置在冰箱里冷藏保存。

5 分钟　15~20 分钟　3 婴儿份

食材

植物油，刷油用
1 个鸡蛋
1/4 茶匙香草精
2 茶匙糖
150 毫升全脂牛奶
肉豆蔻，磨粉用

步骤

1 烤箱预热至 190℃。取 3 个小烤碗或者焗盘，刷一层油。

2 把鸡蛋打到一个碗里，加入香草精和糖，一起充分打散。把牛奶加热至非常热但不沸腾的温度，倒入蛋液，用打蛋器搅拌均匀。

3 把混合好的蛋液过筛，分别倒入小焗碗里，磨少许肉豆蔻粉，撒在上面。

4 取一个焗盘，注入 1~2 厘米高的水，再把小烤碗放进焗盘里。小心地把焗盘转移至烤箱，烘烤大约 15 分钟，或者直至蛋奶布丁成型。烘烤的时间长短取决于焗碗里蛋奶布丁的高度。取出冷却，既可以直接享用，也可以冷冻起来以后再吃。

* 可以搭配新鲜水果或者缤纷夏日莓果羹（见 191 页）一起享用。

* 置于冰箱冷藏，最多可保存 24 小时。

学步期至
学前期

宝宝的独立性越来越强，他的口味和喜好正在迅速养成。这就意味着，你应该不断提供各种营养素，以促进宝宝的茁壮成长，这一点与以往一样重要。在这个阶段，继续维持添加辅食头几个月的良好势头，有助于宝宝巩固健康的饮食习惯并将其延续到成年。

宝宝的均衡饮食

添加辅食的最初几个月终于熬过去了，你现在可以松一口气了。处于学步期的宝宝可以吃各种各样的食物，但你仍然不能松懈，必须确保宝宝的饮食既营养又健康。随着宝宝越来越多地与家人一起进餐，有一点很容易被忽略，那就是与小婴儿一样，学步期宝宝的营养需求也很大。事实上，你的宝宝与你相比，他每千克体重的能量消耗是你的3倍。你的宝宝需要更多热量，不仅仅用于生长发育，还要满足他日益增加的活动的需要。

精力充沛的学步宝宝

一旦宝宝能够站起来，他将在走、跑，以及探索世界的过程中消耗大量的热量。这也意味着，他对热量和其他重要营养素的需求量增加了，例如蛋白质、维生素和矿物质等。你的任务是提供营养密度高的食物和饮料，确保他摄入的每一口食物和饮料都含有大量重要的营养素。有多种方法可以帮助你实现这个目标：

- 在三餐之外，准备2份营养丰富的零食，例如水果片、奶酪块和蔬菜条，配以蘸酱。把零食当作健康的迷你正餐，避免用果汁汽水和饼干应付。
- 每顿正餐都应该提供各种蔬菜、营养丰富的肉类（含禽肉）和鱼类。即使有时候宝宝不肯吃，也应该持续提供。
- 在宝宝2岁之前，继续在烹调时使用全脂奶酪、酸奶、鲜奶酪和牛奶，因为这些食物可以提供丰富的维生素A、钙和热量。
- 引入一些全谷物，例如全麦面包和全麦早餐谷物，但应该避免含有麸皮的膳食纤维含量高的谷物，因为麸皮会干扰宝宝对铁的吸收。
- 烹调时继续使用菜籽油或者橄榄油，因为它们含有更多健康的单不饱和脂肪。
- 如果你给宝宝吃蛋糕或者饼干，应该严格遵循推荐的分量（见201~203页）。这些食物通常含有高热量、高脂肪，但其他有用的营养素却比较少，因此，你最好亲自下厨，用更健康的方法做蛋糕和饼干。
- 学步期是宝宝开始追求独立自主的时期。由于宝宝已经意识到有些食物更好吃，因此他可能拒食一些曾经很喜欢的食物，不过那些好吃的食物也许营养价值较低，可能导致铁、锌和维生素A、D、C等营养素的缺乏。因此，在这个棘手的阶段，你务必打起精神，继续保持你辛辛苦苦为宝宝建立起来的健康饮食习惯。多一点耐心，营造积极的氛围，从而使吃饭变得更简单，而且不要放弃原则，这样你和宝宝就可以顺利度过这个阶段了。

快餐

家长们经常纠结在外就餐时，是否可以给学步宝宝吃快餐。如果只是偶尔吃，快餐食品并不会给儿童带来健康危害，但是不要形成习惯，不要把吃快餐作为奖励宝宝的一种方式，因为这样做会让你之前为宝宝能够养成健康的饮食习惯所做的努力全部付之东流。吃快餐只能偶尔为之，而不应该成为每天的例行程序。另外，快餐店提供的儿童套餐分量太大，处于学步期的宝宝在一餐里所摄入的盐很容易超出全天的需要量，或者摄入超量的饱和脂肪和热量。

当然，你完全可以自己在家做一些健康的快餐食品给宝宝吃。

获得充足的维生素和矿物质

有调查显示，有很多学步期儿童无法通过饮食获得足够的铁、锌、维生素A、维生素C和维生素D。在这个发育阶段，缺乏关键营养素将对儿童的健康和生长发育产生长期的影响。

- 学步期缺铁将导致缺铁性贫血。缺铁性贫血早在儿童1岁就可能出现，患有缺铁性贫血的学步儿童会出现肤色苍白、疲乏和烦躁不安等症状。如果不及时治疗，可能引起智力和运动发育迟缓。
- 维生素D大部分是通过日光照射才能在人体内合成的，除了油性鱼，很多食物中的维生素D含量很低。缺乏维生素D可引起骨骼疾病，例如佝偻病，患佝偻病的学步儿童开始学习走路的时候表现得特别明显，因为他们的骨骼发育不正常。
- 锌、维生素A和维生素C对于免疫系统，以及其他很多重要功能的发育至关重要。

你可以通过以下方法确保宝宝获得必要的矿物质和维生素：

- 根据专家的建议，给宝宝服用维生素A、维生素C和维生素D滴剂，除非宝宝正在吃添加了这些维生素的营养强化奶。
- 宝宝的膳食中应该包含那些富含铁和锌的食物（见16~17页）。
- 为宝宝购买强化铁的早餐谷物。
- 时不时给宝宝吃一些营养强化食品和（或）营养强化奶，特别是宝宝很挑食的话。

你可以采取以下方法帮助宝宝预防缺铁性贫血：

- 确保宝宝喝牛奶不过量，牛奶的铁含量极低，而且在整体膳食中会挤占其他食物的份额。在1~3岁期间，牛奶作为一种饮料，学步儿童每天大约只需要300毫升。
- 避免太晚开始添加辅食，尤其不要推迟引入富含铁的食物。
- 宝宝的膳食中应该包含富含铁的食物，例如红肉、鱼类和家禽等。
- 避免过于依赖大豆、豌豆、小扁豆等豆类和绿叶蔬菜来为宝宝提供铁，因为这些食物中所含的铁不容易吸收。

学步儿童的食物分量

随着宝宝逐渐成长，他的胃口大增，开始吃分量更大的食物。很多父母经常担心，如果对食量不加控制的话，他们的宝宝一定会超重。然而，有研究显示，儿童必须学习调控自己的食欲，而这需要在他们获得一定的控制权的情况下才能实现，过多的限制和约束反而不利于儿童判断自己是否吃饱了。你需要做的就是提供丰富多样的营养食物，让宝宝自己决定吃多少。

满足孩子的需求

了解各种食物适宜的分量，对于掌握好平衡是很有帮助的。以婴幼儿论坛中的信息为依据，201~203页的表格中列出了1~4岁幼儿适宜的食物分量。当然，不同儿童有不同的营养需求，一个18个月的幼儿与一个活泼好动的3岁儿童的需求是不一样的。

幼儿饮料

现在，你的宝宝应该用带手柄的杯子，不应该再用奶瓶了，而杯子是否有盖取决于他的灵巧程度。

由于牛奶中铁的含量比较低，专家并不推荐1岁以下的儿童饮用。而到了学步期，你便可以把牛奶作为宝宝的主要饮料，与大量铁含量高的食物搭配起来，能够使宝宝吃得更健康。如果宝宝对食物比较挑剔，你可以尝试给他喝超市里售卖的营养强化奶，比如铁、欧米伽3脂肪酸和维生素D强化奶。

相比甜果汁饮料、果汁汽水和果汁，应该优先选择给宝宝喝水，特别是在两餐之间。除了会导致龋齿外，两餐之间喝太多的果汁或者奶还会影响宝宝的胃口。如果你愿意的话，可以将无糖果汁用等量的水稀释，让宝宝在吃饭的时候喝，能够促进维生素C的吸收。与果汁一样，果昔也应该在吃饭的时候提供。但因为它会让宝宝产生饱腹感，降低食欲，所以每次给宝宝提供100~150毫升即可。

吃多少盐？

下面的表格列出了一些家庭常见的食物和每份食物的含盐量。3岁以下的儿童每日的盐摄入量应控制在2克以内。如果宝宝已经开始吃家常菜了，你应该继续避免在菜里加盐。

食物	含盐量（克）
全脂牛奶，100毫升	0.14
一片白面包或全麦面包，23克	0.24
车达奶酪，30克	0.5
原味全脂酸奶，100克	0.1
调味型鲜奶酪，100克	0.05
焗豆，1满汤匙，50克	0.35
番茄酱，15克（1汤匙）	0.4
1袋薯圈，25克	0.6
1片非烟熏培根，20克	0.4~0.5
1小片火腿，10克	0.2
1袋薯片，25克	0.3

食物种类	实例	分量范围
面包类及类似食物	面包卷	1/4~3/4卷
	面包片或吐司片	1/2~1片
	印度馕饼	1/8~1/4块
	印度薄煎饼	1/2~1块
	司康（水果或原味）	1/2~1个小司康
	茶点饼干或水果圆面包	1/2~1个
	燕麦饼	1~2个
	面包棒	1~3大根
	米糕	中等大小1~3个
早餐谷物类	早餐谷物片	3~6汤匙
	木斯里	2~4汤匙
	饼干	1/2~1½块
	粥（成品）	5~8汤匙
谷物和面食类（熟）	古斯古斯	2~4汤匙
	米粉	2~5汤匙
	清水煮意大利面条（原味或鸡蛋面）	2~5汤匙
	面条	1/2~1杯
蔬菜类：土豆	烤土豆	中等大小1/4~1/2个
	煮土豆	鸡蛋大小1/2~1½个
	土豆泥	1~4汤匙
	薯片	4~8厚片
	烤（焗）土豆块	1/2~1个土豆
蔬菜类：其他	西蓝花或花椰菜	1~4小朵
	卷心菜	1~3汤匙
	菠菜、羽衣甘蓝	1~2汤匙
	胡萝卜（熟）	1~3汤匙
	胡萝卜条	2~6根
	芹菜条、黄瓜条、甜椒条或其他沙拉蔬菜	4~10根或片
	番茄	1/4~1个小个的番茄
	樱桃番茄	1~4个
水果类	苹果	中等大小1/4~1/2个
	鳄梨	1/2~2汤匙
	香蕉	中等大小1/2~1根
	克莱门氏小柑橘或类似柑橘类水果	1/2~1个
	杏干或西梅干	1~4个
	葡萄或浆果	3~10小颗
	猕猴桃、李子或杏	1/2~1个
	橙	1/4~1/2个
	桃或油桃	1/2~1个

食物种类	实例	分量范围
水果类（接上表）	梨	1/4~3/4个
	葡萄干	1/2~1汤匙
	水果沙拉	1小碗
	炖水果	2~4汤匙
牛奶和牛奶布丁类	全脂牛奶	100~120毫升
	蛋奶布丁	5~7汤匙
	米布丁或粗麦布丁	4~6汤匙
酸奶类	酸奶或钙强化大豆甜点	125克
鲜奶酪类	鲜奶酪	2小罐（2×60克）
奶酪类	三明治或比萨里磨碎的奶酪	2~4汤匙
	乡村奶酪或里科塔奶酪	1/2~1汤匙
	再制奶酪	1片或1粒
肉类和动物肝脏	牛肉片或羊肉片	1/2~1片
	猪肉片、鸡肉片或火鸡肉片	1~2小片
	炖肉末	2~5汤匙
	羊肝	1/2~1片
	肝酱	1~2汤匙
	培根	1/4~1片
	汉堡	1/2~1个小汉堡
	鸡肉块	2~4块
	香肠	中等大小1/2~1根
鱼类和虾	新鲜或速冻的白色鱼肉或油性鱼	1/4~1小块鱼排 1~3汤匙
	三明治或沙拉里的鱼罐头	1/2~1½汤匙
	炸鱼条	1~2根
	虾	1/2~2汤匙
鸡蛋	水波蛋、荷包蛋或水煮蛋	1/2~1个鸡蛋
	炒蛋	2~4汤匙
	法式煎蛋卷或意式菜肉馅煎蛋饼	相当于1个鸡蛋
坚果类	磨碎、切碎或拍碎的坚果	1~2汤匙
	坚果酱	1/2~1汤匙
豆类	焗豆（含酱汁）	2~5汤匙
	鹰嘴豆或胡姆斯酱	1~2汤匙
	鹰嘴豆泥丸子	1~3个迷你丸子（每个25克）
	小扁豆糊或煮熟的小扁豆	2~5汤匙
	熟大豆或罐头大豆	1~2汤匙
焙盘菜、炖菜、咖喱菜和炒菜类	蔬菜酱汁煮肉、鱼、鸡肉、豆子配土豆	3~6汤匙

食物种类	实例	分量范围
焙盘菜、炖菜、咖喱菜和炒菜类（接上表）	蔬菜酱汁煮肉（包括禽类）、鱼、豆子，不配土豆	2~5汤匙
意大利面条类	奶酪千层面或通心粉	2~5汤匙
	番茄肉酱意大利面条	3~5汤匙
比萨	任何馅料	1~2小块（70克）
以土豆泥为派皮的派	牧羊人派	2~5汤匙
	鱼派	2~5汤匙
酥皮点心类	法式乳蛋饼或西班牙蛋奶甜点	1/2~1½小块（30~90克）
	咖喱饺	1~2个小咖喱饺
	香肠卷	1~3个迷你卷
汤类	蔬菜汤	1小碗（90~125毫升）
	肉汤、鱼汤或豆汤	1小碗（90~125毫升）
甜点*	果冻	2~4汤匙
	冰激凌	2~3满汤匙
	水果雪芭	2~4汤匙
	煎饼	1/2~1个小煎饼
	乳脂松糕或类似食物	2~4汤匙
	蛋糕式布丁，如苹果海绵布丁或水果脆皮馅饼	2~4汤匙
蛋糕类*	纸杯蛋糕	25克蛋糕的1/2~1个
	玛芬	120克玛芬的1/8~1/2个
	水果派	1小块
	丹麦酥或法式巧克力面包	中等大小1/4~1/2个
	原味可颂	1/2~1个（40克）
饼干类*	谷物棒	1/2~1根（20克）
	消化饼干（原味）	1/2~1块
	原味饼干（如佐茶饼干）或水果饼干（如加里波第饼干）	1~2块
	奶油夹心饼干	1/2~1块
糖果**	巧克力棒或巧克力饼干	2~4小方块或1小根
	巧克力豆	6~8个小巧克力豆
	甜爆米花	1小杯
薯片**	各种形状的咸味膨化薯片	4~6片
	墨西哥玉米片	4~6片
	炸薯条——将外卖炸薯条切薄	6~10根
	印度薄脆饼	1/2~1块

*这些食物具有高热量、低营养的特点，因此应该特别注意分量。作为甜点，包括水果蛋糕和水果饼干在内的食物，每天可以按照相应的分量吃2次。

**糖果和各类咸味零食可以作为正餐的一部分，每周吃1~2次。不要用它们奖励宝宝，也不要把它们当作安慰宝宝的灵丹妙药。

挑食的宝宝

在学步期的某些阶段，大部分儿童可能对他们以前爱吃的某些食物变得兴趣索然。另外，他们可能不愿意尝试新食物。这种现象被称为“恐新症”，也称新异事物恐惧症，是儿童在成长过程中学习维护自身独立性的正常发育阶段。但是，这种表现使很多父母非常沮丧，因为他们花了很多时间和心思为宝宝制作营养佳肴，却被宝宝残忍拒绝，甚至摔到地上！挑食通常只是一个短暂的阶段，并不会持续很久，假如宝宝的发育一切正常，过度担心就没什么必要了。虽然说起来容易，但是做起来难。如果你在宝宝面前表现出这种情形令你沮丧的话，可能会雪上加霜，因此，尽量保持冷静，继续为宝宝提供各种营养丰富的正餐和零食吧。

你能做什么？

有许多策略可以应对宝宝挑食：

- 关注宝宝在两餐之间吃什么、喝什么。有时候，宝宝在两餐之间喝太多奶的话会影响食欲。
- 吃饭时坐下来和宝宝吃同样的食物。吃饭时有人陪伴是一件很美好的事。你是宝宝的榜样，让他看着你吃，一定会对他产生积极影响。
- 始终保持乐观和平静。给宝宝提供食物，假如他不吃的话，不必多说，大约15分钟之后把食物拿走就行了。
- 不要采取诸如诱惑和劝说的方式让宝宝吃东西。这样做将向宝宝传达负面信息并进一步强化。“如果你把饭和蔬菜吃完，我就奖励你一个布丁。”这种方式将使香甜的布丁成为一个更诱人的选择，而蔬菜则没有什么吸引力。
- 不要勉强宝宝吃东西。如果宝宝真的饿了，他自己会吃饭的。你只需要确保在吃饭时给宝宝准备营养丰富的正餐，并提供健康的零食，避免在两餐之间让宝宝被太多的奶和其他食物填饱肚子就可以了。
- 如果在某一阶段，宝宝只想吃自己熟悉的食物，你也不要担心。继续为宝宝准备各种各样的食物，其中包括他已经熟悉的食物，并把餐桌上没有吃的食物直接拿走。学步期的儿童喜欢熟悉的事物，尤其是当日常作息习惯发生改变的时候，例如家里添了弟弟妹妹、迁居，或者换了托儿所，而熟悉的食物有助于安抚宝宝。这段时期并不会持续很久，很快就会过去。
- 如果你已经对宝宝的一日三餐束手无策，可以时不时请你的爱人、亲戚或者朋友接手这项工作。这样做能帮助你缓解紧张的情绪，有利于释放压力。
- 不要因为那些生活琐事而过度紧张。有些儿童不喜欢把各种食物混在一起，有些则不喜欢食物被浇上酱汁或者泡在汤汁里——他们喜欢看到食物本来的样子。如果不是太麻烦的话，你不妨顺从宝宝的喜好；但是，如果宝宝的习惯已经上升为一个需要解决的问题，你最好咨询健康专家。

“如果宝宝不愿意吃你准备的食物，尽量别太伤心，每天继续提供各种营养丰富的食物。”

小份更完美

假如你发现宝宝在面对满满一大碗食物时总是不知所措，那么你应该注意食物份量，继续给他提供如下图所示的小份食物，使他能够更容易地找到自己想吃的食物。如果宝宝把小份食物都吃完了，你可以再给他一份。201~203 页列出了婴幼儿的平均食物分量。

与实物一样大

家常菜
菜单计划

现在，小家伙能够经常与家人一起吃家常菜了。本章有2个菜单计划供你参考，在你为全家人烹制健康又营养的美食时，它们能给你提供一些点子。菜单计划中包括零食，因为到了现在，零食是宝宝的膳食中很重要的部分。宝宝小小的胃一次只能吃少量的食物，而且他现在吃的奶又比以前少了，所以为了满足能量上的需求，他需要少吃多餐。

星期一

早餐
简易木斯里（见169页）配奶

上午零食
半个葡萄干圆面包抹黄油

午餐
半个小的烤土豆配烤鸡腿
卷心菜沙拉（见211页）
水果酸奶

下午零食
2~3个免洗即食杏

晚餐
金枪鱼烤笔尖面（见218页）
配四季豆或西蓝花
蔓越莓炖苹果（见129页）
和卡仕达酱

星期二

早餐
小麦饼干配葡萄干
和香蕉片

上午零食
苹果片

午餐
豌豆薄荷汤（见181页）
配奶酪司康（见104页）
克莱门氏小柑橘瓣或
对半切开的葡萄

下午零食
面包棒蘸乡村奶酪酱
（见107页）

晚餐
墨西哥辣味牛肉（见217页）
配米饭
胡萝卜葡萄干沙拉（见213页）
烤香桃（见190页）和酸奶

星期三

早餐
瑞士木斯里（见98页）

上午零食
杂莓果昔（见168页）

午餐
吐司盛炒蛋（见99页）
配对半切开的樱桃番茄
鲜奶酪

下午零食
对半切开的葡萄

晚餐
椰香咖喱鸡肉（见213页）
配米饭和花椰菜或豌豆
百香果杧果杯（见191页）

星期四

早餐
全熟水煮蛋配黄油吐司
（见69页）
克莱门氏小柑橘瓣或桃片

上午零食
半个司康抹黄油

午餐
全谷物沙拉（见212页）
配1勺里科塔奶酪
炖李子（见129页）

下午零食
香蕉片

晚餐
妃乐酥皮三文鱼（见218页）
配嫩土豆
荷兰豆苹果沙拉（见210页）
巧克力米布丁（见135页）

你的宝宝每天仍然需要大约300毫升奶。你可以在吃饭时提供稀释的无糖果汁或者水作为饮料。两餐之间则喝水或奶。

星期五	星期六	星期日
早餐 树莓粥（见99页）配浆果	早餐 吐司盛炒蛋（见99页）配克莱门氏小柑橘瓣或草莓片	早餐 美味香蕉吐司（见100页）配对半切开的免洗即食杏或西梅
上午零食 梨片或桃片	上午零食 多味司康（见99页）	上午零食 胡萝卜玛芬（见171页）
午餐 金枪鱼鳄梨三明治（见175页）配胡萝卜条 香蕉布丁（见133页）	午餐 甘薯大麦韭葱汤（见102页）配面包条 缤纷夏日莓果羹（见191页）配酸奶	午餐 奶酪通心粉（见125页）配对半切开的樱桃番茄 杧果冰棒（见132页）
下午零食 米糕抹花生酱	下午零食 奶酪块	下午零食 红甜椒条蘸家常胡姆斯酱（见111页）
晚餐 穆萨卡（见215页）配土豆、西蓝花或甜玉米 奶油果泥（见133页）	晚餐 快手鱼派（见187页）配豌豆或甜玉米 橘子果冻（见192页）	晚餐 李子酱烤猪肉（见214页）配焗土豆、西蓝花和胡萝卜 巧克力米布丁（见135页）

家常菜

菜单计划

星期一

早餐
全熟水煮蛋配黄油吐司（见69页）和猕猴桃片

上午零食
婴儿面包棒和胡萝卜蘸家常胡姆斯酱（见111页）

午餐
火腿菠萝比萨（见179页）
配红甜椒条和芹菜条
香蕉和酸奶

下午零食
对半切开的葡萄

晚餐
肉酱千层面（见217页）或素千层面（见219页）
配卷心菜和1个面包卷
苹果海绵布丁（见193页）和卡仕达酱

星期二

早餐
香蕉面包（见168页）
抹黄油配草莓或蓝莓

上午零食
杧果果昔（见171页）

午餐
蝴蝶面金枪鱼甜玉米沙拉（见212页）配生菜
鲜奶酪

下午零食
咸香玛芬（见170页）

晚餐
炒鸡肉（214页）配面条
百香果杧果杯（见191页）

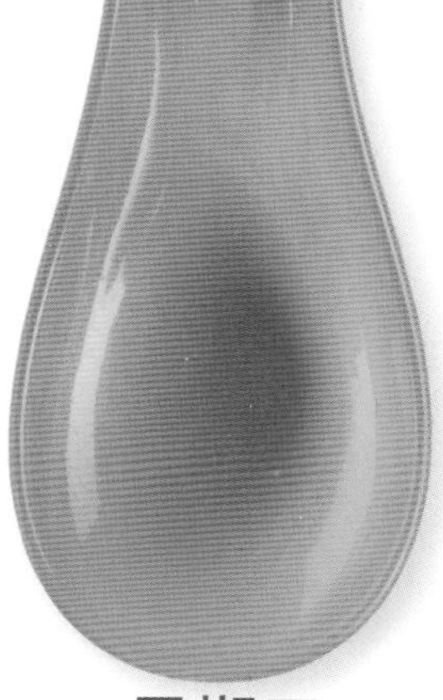

星期三

早餐
简易木斯里（见169页）
配切碎的免洗即食杏

上午零食
蓝莓煎饼（见169页）抹黄油

午餐
全熟水煮蛋配黄油吐司（见69页）
异域风味水果沙拉（见191页）

下午零食
半片吐司抹奶油奶酪（见100页）

晚餐
妃乐酥皮三文鱼（见218页）
配甘薯
胡萝卜葡萄干沙拉（见213页）
香柠里科塔奶酪布丁（见134页）

星期四

早餐
饼干泡奶（见70页）
配香蕉片

上午零食
奶酪块和半个英式玛芬抹黄油

午餐
甜菜根酸奶沙拉（见210页）
配半片火腿和半片面包抹黄油
胡萝卜玛芬（见171页）

下午零食
皮塔饼抹花生酱
对半切开的樱桃番茄

晚餐
牛仔风味脆皮焗豆（见188页）
配四季豆或绿皮西葫芦
菠萝片或杧果片

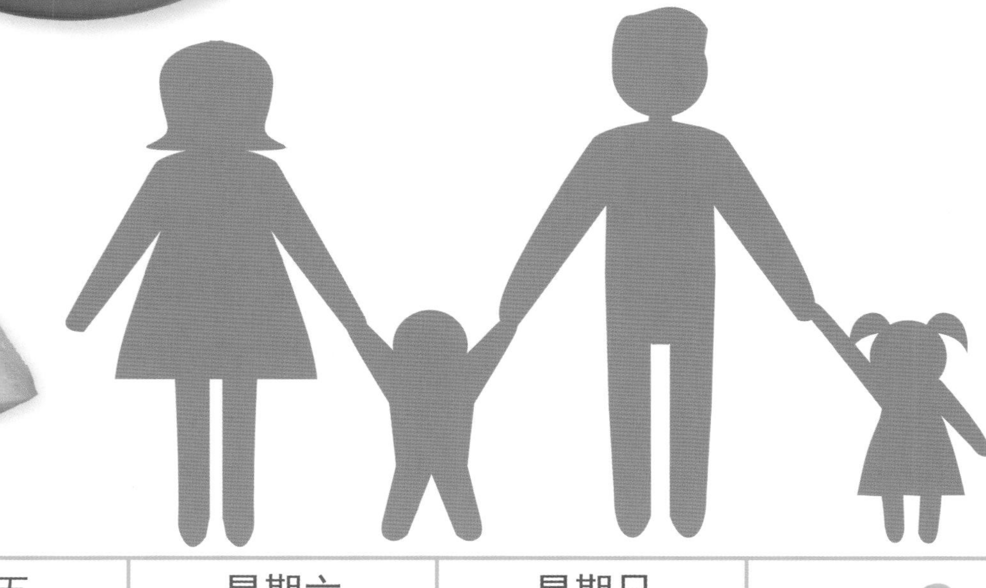

星期五	星期六	星期日
早餐 香草杧果泥（见97页）配吐司抹花生酱（见101页） 上午零食 香蕉面包（见168页） 午餐 沙丁鱼吐司（见173页）配黄瓜块 杧果丁或克莱门氏小柑橘瓣 下午零食 杂莓果昔（见168页） 晚餐 茄汁牛肉丸（见185页）配意大利面条和生菜或西蓝花 粗麦布丁（见134页） 水果泥（见59~62页）	早餐 油炸甜玉米番茄馅饼（见172页）配对半切开的樱桃番茄 上午零食 香草香蕉果昔（见171页） 午餐 五香鸡肉蔬菜（见176页） 烤土豆 香柠里科塔奶酪布丁（见134页） 下午零食 免洗即食西梅或葡萄干 晚餐 李子酱烤猪肉（214页）配米饭和熟菠菜或西蓝花 巧克力米布丁（见135页）	早餐 咸香玛芬（见170页）和水果酸奶 上午零食 黄瓜和甜椒蘸鳄梨酱（见105页） 午餐 脆皮三文鱼（见186页）和土豆蘸家常番茄莎莎酱（见182页）配豌豆和甜玉米 奶油果泥（见133页） 下午零食 奶酪司康（见104页） 抹奶油奶酪配番茄片 晚餐 火鸡红椒小肉饼（见184页） 蘸桃子酸辣酱（见182页） 蔓越莓炖苹果（见129页）

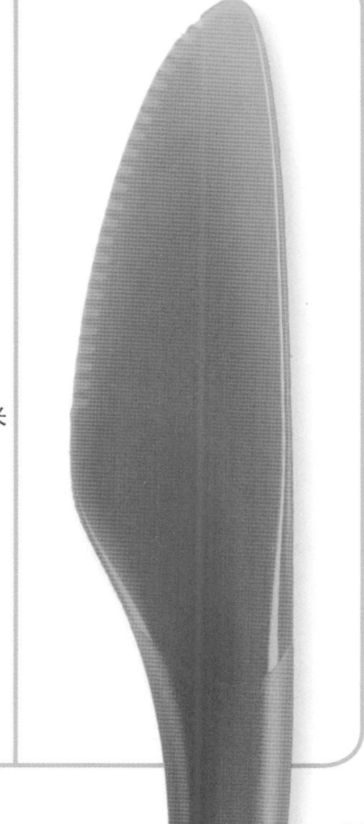

甜菜根酸奶沙拉

在超市买熟甜菜根，或者买生的甜菜根，自己去皮、煮熟、冷却，用新鲜香草给酸奶调味，做成清香的沙拉酱，然后浇在甜菜根上。甜菜根是 B 族维生素——叶酸的优质来源，同时也含有大量的钾。

 5 分钟   2 幼儿份和 2~3 成人份

食材

250 克熟的去皮甜菜根（非腌制甜菜根）
3 汤匙希腊酸奶
1 汤匙剁碎的莳萝
1 汤匙剁碎的百里香
1/2 个柠檬，榨汁
1/2 个柠檬，擦柠檬皮屑

步骤

1 甜菜根先切片，再切成火柴棍粗细的丝。

2 将酸奶和香草、柠檬汁、柠檬皮屑混合，再与甜菜根一起拌匀，立即让宝宝享用，或者先置于冰箱冷藏，稍后享用。

* 可以搭配烤鸡或者烤鱼一起享用。
* 置于冰箱冷藏，最多可保存 24 小时。
* **备选方案：**你可以加一些洋葱和苹果。1/2 个小的红洋葱，细细切碎；1 个小苹果，去核，细细切碎。

荷兰豆苹果沙拉

荷兰豆含有极其丰富的维生素 C，而且豆荚里含有大量能够帮助人体抵御疾病的植物营养素。你也可以用具有同样营养价值的嫩豌豆来替代荷兰豆。

 5~10分钟 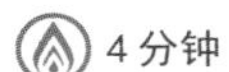 4 分钟  1~2 幼儿份和 3 成人份

食材

200 克荷兰豆或嫩豌豆
1 个大的红苹果，洗净
50 克嫩菠菜或其他沙拉蔬菜，洗净
1 汤匙烤葵花籽（可选）

沙拉酱：

1 汤匙柠檬汁
1 汤匙橄榄油
1 茶匙蜂蜜

步骤

1 将荷兰豆择洗干净，蒸 3~4 分钟。然后浸在冷水中冷却，沥干待用。

2 把制作沙拉酱的食材放在碗里，用打蛋器搅拌均匀，制成沙拉酱。

3 把苹果切成 4 块，去核，切成小块后立刻用沙拉酱搅拌均匀。把荷兰豆切成 1 厘米长的小段，与苹果混合在一起。

4 把菠菜叶铺在盘子里，用勺子把拌好的沙拉舀到菠菜叶上。如果你喜欢，可以撒上一些烤葵花籽，立即让宝宝享用。

* 夏天的时候可以搭配烧烤一起享用，或者与其他家常菜搭配，例如穆萨卡（见 215 页）或者肉酱千层面（见 217 页）。
* 不宜储存。

希腊沙拉

希腊沙拉色彩缤纷、口感爽脆，很容易使人联想到夏日里地中海和煦的海风、散发着阳光味道的成熟番茄和特级初榨橄榄油。尽量让这道沙拉的味道简单一些，只用橄榄油调味；由于菲达奶酪很咸，不要加太多。为了配合简单的主题，这道沙拉一般搭配希腊什菜沙拉。

 5~8 分钟  1 幼儿份和 2 成人份

食材

1/3 根黄瓜，纵向对半切开，再切成厚片
2 个大的成熟番茄，切成大块
1 个小个的红洋葱，切成薄片
100 克菲达奶酪，切成小丁
25 克去核黑橄榄
1 汤匙橄榄油

什菜沙拉：
8 片球生菜叶
2~3 枝莳萝

沙拉酱：
1 汤匙橄榄油
2 茶匙红酒醋
少许糖
黑胡椒粉，调味用

步骤

1 把黄瓜、番茄、洋葱和菲达奶酪放进沙拉碗里，撒上橄榄，淋上橄榄油，希腊沙拉就做好了。用保鲜膜覆盖沙拉碗，放在一旁待用。

2 接下来做什菜沙拉。把球生菜的叶子洗净，沥干，轻柔地撕成小片，放进另一个沙拉碗里。把莳萝剁碎，撒在生菜上。

3 把所有做沙拉酱的食材混合在一起，做成沙拉酱，浇在什菜沙拉上。将两种沙拉分别堆在盘子里即可享用。

* 可以搭配全麦面包或者皮塔饼一起享用。
* 不宜储存。

卷心菜沙拉

超市售卖的卷心菜沙拉通常使用脂肪含量较高的蛋黄酱，使原本特别健康的蔬菜从低脂食品变成了高脂食品。我们的食谱用脂肪含量极低的蛋黄酱和原味酸奶进行调味，在保持口感的同时也极大地降低了脂肪含量，因此更加健康。

 10 分钟  2 幼儿份和 2~3 成人份

食材

2 满汤匙低脂蛋黄酱（脂肪含量 3% 或更少）
2 满汤匙原味酸奶
200 克卷心菜叶
2 根中等大小的胡萝卜，去皮
2 根芹菜条，择洗干净
50 克葡萄干或蔓越莓干
1 汤匙柠檬汁或青柠汁
黑胡椒粉，调味用（可选）

步骤

1 把蛋黄酱和酸奶倒入大碗中混合。卷心菜切成细丝，加入碗中。

2 胡萝卜擦成粗丝，把芹菜细细剁碎，也加到碗中混合。

3 加入葡萄干或者蔓越莓干以及柠檬汁一起搅拌，如果你喜欢的话，可以用黑胡椒粉调味。把沙拉碗盖上盖子或者用保鲜膜覆盖，放入冰箱冷藏，吃的时候取出。

* 可以搭配烤土豆、烤肉或者烤鸡一起享用。
* 存放在密封容器里，置于冰箱冷藏，最多可保存 24 小时。

卷心菜沙拉

全谷物沙拉

这道五颜六色、富含维生素 C 的沙拉是烤鸡和烤鱼的绝佳搭配。我们的食谱用了藜麦，你也可以用糙米、大麦、布格麦食或者全麦古斯古斯米代替藜麦。按照包装上的说明将谷物蒸熟或者煮熟，然后与其他食材混合即可。

10 分钟　10~12 分钟　2 幼儿份和 2~3 成人份

食材

120 克藜麦
200 克成熟的樱桃番茄，切成 4 瓣
1 个中等大小的黄甜椒或红甜椒，切成小粒
1 满汤匙细细切碎或撕碎的罗勒叶
2 汤匙特级初榨橄榄油
黑胡椒粉，调味用

步骤

1 按照包装袋上的说明，把藜麦煮熟，倒在筛网上，用冷水冲洗冷却。

2 把藜麦放在碗里，加入其他食材一起搅拌均匀。立即享用，或者用保鲜膜覆盖，放入冰箱冷藏，当天吃完即可。

* 可以搭配烤鸡腿和卷心菜沙拉（见 211 页）一起享用，这便是一顿特别适合在夏天享用的美餐。

* 置于冰箱冷藏，24 小时之内吃完。

* **备选方案**：你可以尝试不同颜色的甜椒。你也可以不放特级初榨橄榄油，替换为 50 克油浸番茄干。把油浸番茄干捞出沥干油分，切碎后与其他食材混合，最后再淋 1 汤匙浸泡番茄干的油。

蝴蝶面金枪鱼甜玉米沙拉

这道沙拉是很多家庭餐桌上的常见菜，深受大人小孩的喜爱。通常有 2 种沙拉酱可选，一种是传统的奶油番茄沙拉酱，另一种是口味更清新的柠檬沙拉酱。

10 分钟　10~12 分钟　 1~2 幼儿份和 3 成人份

食材

200 克蝴蝶面或其他形状的意大利面条
150 克罐头甜玉米（水浸）或速冻甜玉米
225 克罐头金枪鱼（水浸），沥水，弄碎鱼肉
4 根分葱，择洗干净，细细切碎

奶油番茄沙拉酱：

2 汤匙低脂蛋黄酱
2 汤匙希腊酸奶
1 汤匙番茄蓉
1 茶匙柠檬汁
黑胡椒粉，调味用

柠檬沙拉酱：

1 汤匙青柠汁或柠檬汁
1 汤匙橄榄油
1/2 茶匙细砂糖
黑胡椒粉，调味用

点缀：

1 汤匙剁碎的欧芹
2 汤匙烤松子（可选）

步骤

1 在煮沸的水中加入蝴蝶面，直至面条变软，捞出用冷水冲洗，然后彻底沥干水分。

2 如果你使用速冻甜玉米，先把玉米粒煮 2~3 分钟，沥干之后冷却。把蝴蝶面、甜玉米和金枪鱼放在大碗里，搅拌均匀，再加入分葱。

3 根据你的喜好，将任意一种沙拉酱的制作食材倒入小碗搅拌均匀，做成沙拉酱，把沙拉酱倒入大碗，与蝴蝶面等食材混合均匀，直到所有食材都裹上沙拉酱。如果你喜欢的话，可以撒少许欧芹和松子。既可以立即享用，也可以放入冰箱冷藏，吃的时候取出。

* 可以搭配简单的蔬菜沙拉一起享用。

* 存放在密封容器里，置于冰箱冷藏，最多可保存 24 小时。如需冷藏，先不要放松子。

胡萝卜葡萄干沙拉

这道美味的胡萝卜沙拉里有多汁的橙子，能够为宝宝补充维生素 A 和维生素 C，而甜味的葡萄干与酸味的橙子、清淡的胡萝卜形成有趣的对比，宝宝一定会非常喜欢。

 10 分钟   2 幼儿份和 3 成人份

食材

300 克胡萝卜，去皮后擦成细丝
50 克葡萄干
1 个大个的橙子
1 汤匙剁碎的欧芹

沙拉酱：

1 汤匙橄榄油
1 汤匙青柠汁
1 茶匙蜂蜜

步骤

1 把胡萝卜和葡萄干一起倒入大碗搅拌均匀。用一把锋利的刀削去橙皮，再取一个大碗，在碗里把果肉从内果皮里取出，切成两半，这样就不会浪费橙汁。把橙肉、橙汁与胡萝卜和葡萄干混合，然后加入欧芹。

2 用打蛋器把制作沙拉酱的所有食材混合均匀，做成沙拉酱。倒在沙拉上，搅拌均匀，置于冰箱冷藏，吃的时候取出。

* 可以搭配烧烤肉类、千层面，以及其他家常菜一起享用。
* 存放在密封容器里，置于冰箱冷藏，最多可保存 24 小时。
* **备选方案：**你可以加一些切碎的甜菜根或者用 1/2 个红甜椒代替一部分橙子。

椰香咖喱鸡肉

这道辅食味道温和，通常含有奶油、坚果，以及椰子或者酸奶。我们用了扁桃仁和椰浆，味道非常鲜美，适合全家人享用。椰香咖喱粉含有大量的铁，是补充铁的极佳食物。

 10 分钟 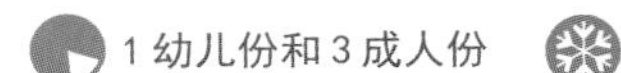 20~25 分钟 1 幼儿份和 3 成人份 

食材

1 汤匙植物油
1 个中等大小的洋葱，细细切碎
2 瓣大蒜，细细切碎
400 克去皮鸡胸肉，切成 2 厘米见方的块
20 克椰香咖喱粉
50 克切碎的扁桃仁
25 克椰浆
1 满汤匙切碎的芫荽

步骤

1 把油倒到入酱汁锅里烧热，慢慢翻炒洋葱和大蒜 7~8 分钟，或者直至洋葱和大蒜变软，颜色金黄。加入鸡肉，以小到中火翻炒，不停搅拌，直至鸡肉表面被炒熟。

2 加入咖喱粉并搅拌均匀，1 分钟后加入扁桃仁、150 毫升水和椰浆，煮开后微滚一会儿。搅拌均匀，盖上锅盖，小火炖煮 10~15 分钟，或者直至鸡肉熟透。

3 撒上芫荽，搅拌均匀后离火。稍微冷却后，即可让宝宝享用。

* 可以搭配棕色印度香米饭、印度馕饼，以及绿色蔬菜或者拌菠菜一起享用。
* 存放在密封容器里，置于冰箱冷藏，最多可保存 24 小时。

炒鸡肉

炒鸡肉

为了尽可能多地保留蔬菜的营养，同时保证口感爽脆，在炒菜之前把所有食材和调料都放在手边。炒菜时使用菜籽油、葵花籽油或者玉米油，不要用橄榄油，因为高温下橄榄油更容易冒烟。你可以适当调整食材的品种，以适合你家的口味。

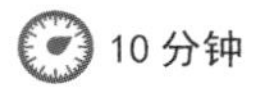 10 分钟　10 分钟　 1 幼儿份和 3 成人份

食材

2 汤匙植物油
250 克去皮鸡胸肉，切丝
150 克嫩豌豆，择洗干净，切成 5 毫米长的小段
1 个大的红甜椒或橙甜椒，切丝
200 克豆芽
4 根分葱，择洗干净，细细切碎
3 厘米长的姜片，细细切碎
2 瓣大蒜，拍碎
2 汤匙低盐酱油
2 汤匙干雪莉酒

步骤

1 把 1 汤匙油倒入不粘炒锅或者你常用的炒锅里烧热，用大火将鸡肉爆炒 2~3 分钟，或者直至鸡肉变白、熟透。把鸡肉盛到盘子里备用，注意保温。

2 把剩下的 1 汤匙油倒入锅里，翻炒其余所有食材（除了酱油和雪莉酒）2~3 分钟，必须保证蔬菜依然脆爽。如果蔬菜开始粘锅了，加入 1~2 汤匙水。

3 把鸡肉倒回炒锅里，加入酱油和雪莉酒翻炒。趁热搭配面条或者米饭一起享用。

* 不宜储存。
* 备选方案：你可以用猪肉丝或者火鸡肉丝代替鸡肉丝。你还可以用等量的胡萝卜丝或者卷心菜丝代替豆芽或者嫩豌豆。

李子酱烤猪肉

猪里脊是猪脊椎骨两侧的嫩瘦肉，很适合油炸或者烤制，配上香草李子酱，味道极佳。猪肉中的维生素 B1 含量相当高。

 15 分钟　 20 分钟　 1~2 幼儿份和 3~4 成人份　

食材

1 汤匙植物油，额外备一些刷油用
2 个红洋葱，细细切碎
3 瓣大蒜，拍碎
5 厘米长的姜块，去皮，切成火柴棍粗细的丝
1 茶匙混合香料
250 克李子，去核，切成 4 块
1 汤匙马斯科瓦多糖
500 克或 2 小条猪里脊

步骤

1 把油倒入锅里烧热，倒入洋葱和大蒜炒香，大约需要 1 分钟，需要不停翻动。

2 加入姜、香料、李子和糖，同时倒入 150 毫升水，煮开后以小火炖煮 10 分钟，或者直至李子变软。静置一会儿，与此同时你可以准备猪肉。

3 烤箱预热至 150℃。

4 将猪肉切成 1 厘米厚的片，刷上一层油。分批用烤架烤猪肉，每面各烤 3~4 分钟。然后把猪肉码入焗盘，盖上盖子，置于烤箱烘烤，直到猪肉熟透。吃的时候搭配李子酱。

* 可以搭配米饭、清蒸蔬菜或者炒绿叶蔬菜一起享用。
* 李子酱可以置于冰箱冷藏，最多可保存 24 小时，或者冷却后冷冻保存。但是烤好的猪肉不宜储存。

西梅炖羊肉

羊肉富含铁和锌，美味的香料和多汁的水果使这道家常菜非常流行。如果你喜欢辛辣口味，还可以加一点干辣椒，但在吃的时候最好先将辣椒挑出来。

 15 分钟 $1\frac{3}{4}$~2 小时 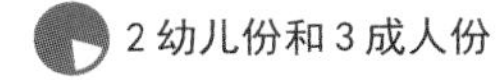 2 幼儿份和 3 成人份 

食材

2 汤匙植物油
400 克瘦羊腿肉或羊肩肉，切成 2 厘米见方的块
2 个中等大小的洋葱，切碎
2 瓣大蒜，拍碎
3 茶匙孜然粉（见小窍门）
1 茶匙肉桂粉
500 毫升经过稀释的蔬菜高汤或羊肉高汤（加热备用）
2 汤匙番茄蓉
2 片青柠叶
150 克免洗即食西梅，如果个头太大，对半切开
2 汤匙剁碎的芫荽
古斯古斯或原味酸奶，搭配用（可选）

步骤

1 烤箱预热至 170℃。把油倒入不粘平底锅里烧热，分批次倒入羊肉，翻炒至羊肉表面棕黄。

2 加入洋葱，继续翻炒 3 分钟，或者直至洋葱变软。加入大蒜和香料翻炒几分钟，然后倒入热高汤。再加入番茄蓉、青柠叶和西梅，搅拌均匀后一起倒入焗盘里，盖上盖子，放入烤箱烘烤 1 小时。

3 把焗盘取出，将食物搅拌均匀，再次放入烤箱烘烤 30~45 分钟，或者直至羊肉酥烂。

4 挑出青柠叶扔掉，撒上芫荽，拌匀即可享用。

* 可以搭配古斯古斯、绿叶蔬菜沙拉或者清蒸四季豆一起享用。如果你喜欢，古斯古斯里可以加入欧芹、柠檬皮屑和无籽葡萄干。
* 置于冰箱冷藏，最多可保存 48 小时，或者冷却后冷冻保存。解冻的时候，最好提前移入冷藏室过夜，而且必须彻底加热才能食用。
* 小窍门：假如你想让孜然的味道更浓郁，可以用平底锅将孜然粒烘烤一会儿，然后盛出来研磨。

穆萨卡

这是一道广受欢迎的家常菜，通常以茄子和羊肉作为食材，搭配一种以鸡蛋为主料的酱汁，你也可以根据个人口味用牛肉或者阔恩素肉替代羊肉。在做这道辅食时，先给茄子薄薄地刷一层油，然后用烤架烘烤，代替油炸，可降低这道辅食的脂肪含量。

 15 分钟  1 小时 2 幼儿份和 4 成人份 

食材

1 汤匙植物油，额外备一些刷油用
1 个大个的洋葱，细细切碎
2 瓣大蒜，拍碎
300 克瘦羊肉末
1/2 茶匙肉桂粉
2 片月桂叶
500 毫升番茄糊
2 个中等大小的茄子

酱汁：

25 克面粉
275 毫升牛奶
10 克无盐黄油酱或橄榄酱
2 个鸡蛋，打散
黑胡椒粉和肉豆蔻粉，调味用
20 克硬奶酪，如帕马森奶酪

步骤

1 烤箱预热至 200℃。取一个容量为 2 升的焗盘，刷上一层油。

2 把油倒入大不粘酱汁锅里烧热，用中火炒洋葱和大蒜，约 5 分钟后加入羊肉末翻炒，直至羊肉末变成棕黄色。

3 加入肉桂粉、月桂叶和番茄糊，煮开后微滚一会儿。盖上锅盖，小火炖煮 10~15 分钟。然后离火，将月桂叶挑出。

4 去掉茄子蒂，切成 1 厘米厚的片，薄薄刷一层油，然后放到滚烫的烤架上烤至变软，颜色略黄。烤好后取出，稍微冷却。

5 把面粉和少许牛奶混合，倒入酱汁锅，用小火煮成酱汁，也可以把面粉和牛奶倒入罐子里，用微波炉加热。当混合物变得顺滑后，加入剩余的牛奶和黄油，继续加热并不停搅拌，直至酱汁变黏稠。用微波炉加热时设定为高火，每隔 40 秒搅拌一次。稍微冷却后加入鸡蛋、黑胡椒粉和奶酪。

6 把 1/3 的羊肉末铺在焗盘底部，然后将 1/2 的茄子码在上面。重复此步骤，直至所有羊肉和茄子都放进焗盘里。把酱汁倒在羊肉末上，撒上肉豆蔻粉。放入烤箱烘烤 25~30 分钟，或者直至表面变成棕黄色。

* 可以搭配新鲜出炉的硬皮面包、全谷物沙拉（见 212 页）以及清蒸绿色蔬菜或者荷兰豆苹果沙拉（见 210 页）一起享用。
* 置于冰箱冷藏，最多可保存 24 小时，或者冷却后冷冻保存。
* 备选方案：你可以用瘦牛肉或者阔恩素肉来做这道辅食。

匈牙利烩牛肉

匈牙利烩牛肉富含铁和锌，可以搭配面条和土豆泥，是一道营养丰富的家常菜。传统的匈牙利烩牛肉里有牛肉、洋葱和一种原产于匈牙利的红辣椒；不过，你用其他蔬菜和调味料也是完全可以的。各种红辣椒粉的辣度不同，你在做这道辅食的时候，最好选用微辣或者烟熏甜味红辣椒粉。

 10 分钟　1¾ 小时　 1 幼儿份和 3~4 成人份　

食材

2 汤匙植物油
1 个中等大小的洋葱，对半切开，切丝
2 瓣大蒜，拍碎
1 汤匙中筋面粉或玉米淀粉
1~2 茶匙微辣或烟熏甜味红辣椒粉
400 克适合炖煮的瘦牛肉，切成 2 厘米见方的块
250 毫升水或稀释的牛肉高汤
2 个中等大小的绿甜椒，切大块
400 克原汁罐头碎番茄

步骤

1 烤箱预热至 160℃。

2 把油倒入一个大焗盘里烧热，倒入洋葱翻炒 5 分钟，或者直至洋葱变成浅棕色。加入大蒜，继续炒 1 分钟。

3 取一个干净的塑料食品袋，把面粉或者玉米淀粉、牛肉和红辣椒粉倒入袋子，然后摇晃袋子，让牛肉表面均匀裹上一层面粉和红辣椒粉。把裹好粉的牛肉和袋子里剩下的面粉一起倒入焗盘，大致搅拌一下。

4 加入水或者高汤、甜椒和碎番茄，慢慢煮至微滚的状态，需要经常搅拌。

5 焗盘盖上盖子，放入烤箱烘烤 1.5 小时。在烤制的过程中，需要不时取出搅拌，再放回烤箱继续烘烤，直至牛肉酥烂。

* 可以搭配低脂酸奶油或者原味酸奶、面条、土豆或者绿叶蔬菜一起享用。
* 存放在密封容器里，置于冰箱冷藏，最多可保存 48 小时，或者冷却后冷冻保存。解冻时，提前移至冰箱冷藏室过夜。在吃之前，最好用微波炉彻底加热。

原味酸奶

匈牙利烩牛肉

墨西哥辣味牛肉

墨西哥辣味牛肉

这是一道简单易做的家常菜，可以批量制作并冷冻保存。墨西哥辣味牛肉含有丰富的铁、锌、膳食纤维，以及 B 族维生素。最好做成微辣的，如果你喜欢吃辣的，把宝宝的那份盛出来之后，再加点辣椒酱调味。

10 分钟　40~45 分钟　2 幼儿份和 4 成人份 

食材

2 汤匙植物油
1 个中等大小的洋葱，细细切碎
450 克特瘦牛肉末
1 瓣大蒜，拍碎
1 个大的红甜椒，去籽，切小块
1/2 茶匙烟熏甜味红辣椒粉
1 茶匙孜然粉
400 克原汁罐头碎番茄
2 汤匙番茄蓉
400 克罐头红腰豆（水浸），冲洗干净，沥水
200 毫升水或牛肉高汤
辣椒酱或霹雳辣椒酱（可选）

步骤

1 把油倒入大不粘酱汁锅里烧热，倒入洋葱，用中火炒 2~3 分钟。

2 加入牛肉末和大蒜，继续炒 5 分钟，或者直至牛肉变成棕色，用木勺把牛肉末打散。接着把其余食材倒入锅里，炒至汤汁冒泡。

3 盖上锅盖，小火炖煮 30~35 分钟，期间偶尔搅拌。如果开始粘锅了，可以加点水。

4 当汤汁变稠且牛肉吸饱了汤汁后，盛出宝宝的那份。如果你希望更辣些，可以再加一些辣椒酱或者辣椒粉。

* 可以搭配白米饭、烤土豆一起享用，也可以和生菜丝一起用墨西哥薄饼卷着吃。
* 存放在密封容器里，置于冰箱冷藏，最多可保存 48 小时，或者冷却后冷冻保存。

肉酱千层面

肉酱千层面是一道享誉全球的经典菜肴。它含有丰富的铁。你可以用阔恩素肉或者豆制品代替牛肉。

15 分钟　60~80 分钟　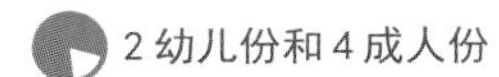 2 幼儿份和 4 成人份 

食材

肉酱

1 汤匙植物油，额外备一些刷油用
1 个小个的洋葱，细细切碎
1 瓣大蒜，拍碎
400 克瘦牛肉末
1/2 个红甜椒，细细切碎
400 克原汁罐头碎番茄
2 汤匙番茄蓉
50 毫升红酒或水
2 片月桂叶
1 汤匙切碎的百里香

白酱：

50 克白面粉
500 毫升牛奶
30 克橄榄酱或黄油
肉豆蔻，磨粉用

150 克千层面面皮
50 克车达奶酪

* 可以搭配沙拉或者硬皮面包一起享用。
* 用保鲜膜包好，置于冰箱冷藏，可保存至第二天，或者存放在密封容器里，冷却后冷冻保存。

步骤

1 烤箱预热至 190℃。取一个焗盘，薄薄刷一层油。

2 把油倒入不粘酱汁锅里烧热，慢慢翻炒洋葱、大蒜和牛肉末，用一把木勺将肉末打散。

3 加入甜椒，继续翻炒至洋葱变软、肉末变成棕色。加入碎番茄、番茄蓉、红酒或水、月桂叶和百里香，炒至汤汁开始沸腾。盖上锅盖，小火煮 15~20 分钟，需偶尔搅拌。取出月桂叶扔掉。

4 把面粉、牛奶和黄油倒入酱汁锅里，一边以中火煮，一边用打蛋器搅拌，直至白酱开始冒泡并变得黏稠。继续煮 1 分钟，磨一些肉豆蔻粉撒进去。

5 取 1/3 的肉酱倒入焗盘，铺一层千层面面皮，取 1/4 白酱倒在千层面面皮上。重复此步骤，直至所有的肉酱和千层面面皮都用完。把奶酪与剩余的白酱混合，全部倒在最上层。放入烤箱烘烤 40~45 分钟，或者直至白酱开始冒泡、颜色金黄，千层面面皮变得柔软，可以用刀轻松切开。静置5分钟，即可享用。

妃乐酥皮三文鱼

用妃乐酥皮包裹的三文鱼能够很好地保留鱼肉的水分，看起来非常诱人，使人食欲大增。这道酥皮三文鱼可以冷着吃，是不错的野餐食物。

5 分钟　20 分钟　2 幼儿份和 1 成人份

食材

2 块中等大小的三文鱼排，最好去皮
4~5 片妃乐面皮
1/2 个柠檬或青柠榨汁
1 汤匙切碎的欧芹
植物油，刷油用

步骤

1 烤箱预热至 200℃。

2 用你的指尖在鱼肉上滑动，检查有无鱼骨，如有请剔除。幼儿份大约为拇指大小，切下来备用。

3 在干净的案板上放一片油酥面皮，刷上一层油或者用喷瓶喷上油。把幼儿份鱼肉放在矩形面皮的短边，挤一点柠檬汁，撒一点欧芹。用面皮把鱼肉卷起来，把面皮边缘封好。给烤盘薄薄刷一层油，把鱼肉卷移入烤盘，用喷瓶喷油或者刷一层油。

4 用同样的方法制作成人份。如果你能透过面皮看到三文鱼，就再卷一片面皮，先刷油再卷，这样才能把 2 片面皮粘在一起。放入烤箱烘烤 20 分钟，或者直至面皮酥脆金黄。稍微放置冷却后即可享用。

* 趁热享用，可以搭配什锦蔬菜、嫩土豆或者沙拉一起吃。
* 存放在密封容器里，置于冰箱冷藏，最多可保存 24 小时。
* **备选方案**：你还可以加入切碎的分葱和（或）红甜椒，在芦笋大量上市的季节，还可以加点芦笋。

金枪鱼烤笔尖面

金枪鱼烤笔尖面

每个家庭做这道菜的方法都是不一样的，不过就这道菜本身来说，它的确是一道可以随时上桌的菜肴，因为它所用到的每一种食材都是所有家庭厨房里的必备品。

20 分钟　15~30 分钟　2 幼儿份和 3 成人份

食材

250 克笔尖面
植物油（可选）
100 克速冻豌豆，解冻
100 克速冻甜玉米粒，解冻，或罐头玉米粒（水浸）
2 个 185 克的水浸金枪鱼罐头，沥干水分

酱汁：
500 毫升全脂牛奶
50 克面粉
30 克黄油或橄榄酱
1 茶匙芥末酱（可选）
2 汤匙番茄蓉
50 克车达奶酪

步骤

1 将笔尖面用沸水煮至柔软，沥干后保温待用。可以淋一点油，以防止面条粘连。

2 把牛奶、面粉和黄油倒入大酱汁锅里，一边用中火煮，一边用打蛋器不停搅拌，直至酱汁冒泡并变得黏稠。将火调小，继续煮 2 分钟，加入芥末酱（可选）、番茄蓉和 1/2 车达奶酪，搅拌均匀。

3 加入豌豆、甜玉米粒、金枪鱼和笔尖面搅拌均匀，再倒入一个可以用于明火的盘子里，把剩余的奶酪撒在上面，放在已经预热好的烤架上烤 4~5 分钟，或者直至奶酪冒泡，颜色变黄。也可以放入预热至 180℃的烤箱里，烘烤 15~20 分钟。冷却 1~2 分钟即可享用。

* 可以搭配一点绿叶蔬菜或者一份配菜沙拉一起享用。
* 置于冰箱冷藏，最多可保存 24 小时。吃的时候必须确保热透，最好用微波炉加热，以防止水分蒸发。

素千层面

这道菜因食材不同有许多版本，有的用小扁豆或者大豆，有的用大豆素肉或者阔恩素肉。我们采用富含维生素 C 的蔬菜杂烩，可使千层面的口感柔软、多汁，味道鲜美。

 20 分钟　 70~75 分钟　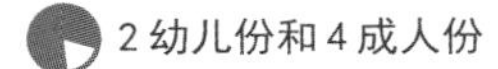 2 幼儿份和 4 成人份　

食材

2 汤匙橄榄油，额外备一些刷油用
1 个中等大小的洋葱，切丝
2 瓣大蒜，拍碎
1 个中等大小的红甜椒或橙甜椒，切块
1 个中等大小的茄子，切成 1 厘米见方的丁
1 个绿皮西葫芦，切片
2 个 400 克原汁罐头碎番茄
1 汤匙切碎的牛至和百里香
150 克千层面面皮

酱汁：
50 克中筋面粉
500 毫升牛奶
30 克无盐黄油或橄榄酱
肉豆蔻粉
75 克磨碎的浓味车达奶酪

步骤

1 烤箱预热至 190℃。取一个大的焗盘并薄薄刷一层油。

2 把油倒入酱汁锅里烧热，倒入洋葱和大蒜炒 5 分钟，或者直至洋葱变软，加入甜椒，继续炒 2~3 分钟。

3 加入茄子、绿皮西葫芦、番茄和香草，煮至汤汁开始冒泡但没有沸腾的状态，搅拌均匀后盖上锅盖，炖煮 20 分钟，不时搅拌一下。

4 把面粉、黄油和牛奶倒入酱汁锅里，一边煮，一边用打蛋器搅拌，直至酱汁开始冒泡并且变得黏稠。继续煮 1 分钟，撒一点肉豆蔻粉。

5 取 1/3 蔬菜倒入焗盘，铺上一层千层面面皮，再倒入 1/4 的酱汁，涂抹均匀。重复此步骤，直至所有蔬菜和千层面面皮都用完。把奶酪和剩余的酱汁混合，倒在最上层。

6 放入烤箱烘烤 40~45 分钟，或者直至酱汁冒泡、颜色金黄，千层面面皮变得柔软，可以用刀轻松切开。静置 5 分钟即可享用。

* 可以搭配绿叶蔬菜沙拉、全谷物沙拉（见 212 页）或者硬皮面包一起享用。
* 存放在密封容器里，置于冰箱冷藏，最多可保存 24 小时；或者冷却后冷冻保存。

素千层面

蔬菜炒面

这道炒面里含有大量营养丰富的蔬菜，并且以香脆的腰果做点缀，不仅好吃，做起来也很方便快捷。

 5 分钟　 10 分钟　1 幼儿份和 2 成人份

食材

250 克鸡蛋面
1 汤匙芝麻油或植物油，拌面用
2 汤匙植物油
2 瓣大蒜，拍碎
3 厘米长的姜块，切成极细的姜末
100 克蘑菇，切片
1 个红甜椒或橙甜椒，切丝
2 汤匙干雪莉酒
2 汤匙低盐酱油
1 棵上海青，切段
100 克豆芽，洗净沥水
4 根分葱，切成 1 厘米长的段
100 克烤腰果
1 汤匙切碎的芫荽（可选）

步骤

1 按照包装袋上的说明把面条煮熟。用清水冲洗，沥干水分后淋上芝麻油，以防面条粘在一起。放在旁边待用，然后准备炒菜。

2 把油倒入炒锅烧热。加入大蒜和姜，稍微翻炒一下，然后加入蘑菇和甜椒，炒 2~3 分钟后，加入雪莉酒和酱油，迅速倒入面条、上海青、豆芽和分葱，快速翻炒。如果面条太粘了，可以加 1 汤匙水。

3 如果你喜欢，上菜时撒上腰果和芫荽。

* 不宜储存。
* **备选方案：** 你也可以不加腰果，而用无盐原味烤花生代替腰果。

窒息的处理措施

对于初次养育宝宝的人们来说，参加由急救培训机构组织的专门针对婴幼儿的急救课程是非常有益的，当你照看宝宝时，便能更好地应对和处理紧急情况。急救课程涵盖从宝宝的割伤、因进食而噎住，到失去意识等各种紧急情况。你将学会如何实施心肺复苏术（CPR）——一种进行胸外按压和人工呼吸的方法。当宝宝呼吸停止的时候，掌握心肺复苏术能挽救宝宝的生命。

如何应对窒息？

婴儿可能因为吃小块食物或者把小物件放到嘴里而发生窒息。如果你的宝宝能够咳嗽，那么就不要进行干预，不要阻止他咳嗽，因为你的行为将导致异物往下移得更深。如果宝宝非常痛苦，不能呼吸或者不能发出声音了，应该按照下面的方法实施抢救：

- 如果宝宝已经很痛苦，哭不出来，不能咳嗽，或者不能呼吸，你需要采取急救措施清除呼吸道异物。首先让宝宝脸朝下趴在你的大腿上，用一只手托住他的头部和上半身。用另一只手的掌根快速拍打宝宝后背两侧肩胛骨连线的中心位置5次。
- 把宝宝翻转过来，让他面朝上躺在你的另一条大腿上，检查他的嘴巴里是否有异物。如果你可以清楚地看到他的嘴里有松动的异物，小心地用指尖将其拿出来。不要试图用手指在宝宝的嘴里摸索或者盲目地抠宝宝的喉咙，因为你可能把异物推得更深或者伤及宝宝的喉咙。

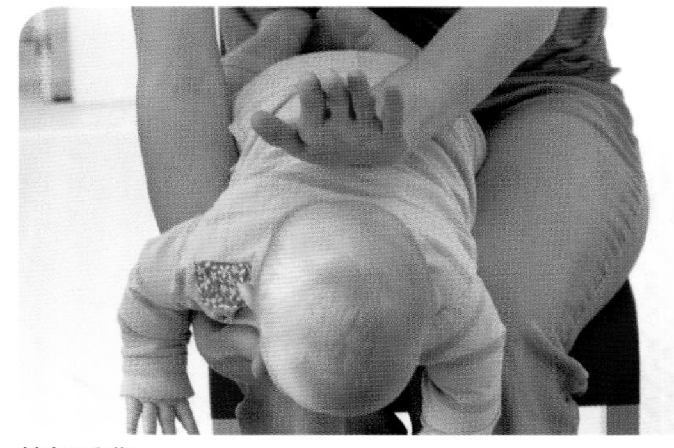

拍打后背
确保宝宝的头部低于身体。拍打的时候，你的手指应尽量向上伸，用掌根部分拍打宝宝的后背，确保掌根落下的位置位于宝宝两侧肩胛骨连线的中心。

- 如果拍打宝宝的后背未能清除异物，接下来应该尝试按压胸部。让宝宝面朝上躺在你的大腿上，用一只手托住宝宝的上半身和头部，用另一只手按压胸部5次。按压时，把2根手指放在宝宝胸骨下段的位置，垂直向下用力。
- 每按压5次后，迅速检查宝宝气道里的异物是否被清除。如果经过5次后背拍打和5次胸部按压的3个循环之后，气道里的异物依然没有被清除，应该立即呼叫救护车。
- 持续进行拍打后背和按压胸部的动作并检查宝宝嘴里是否有异物，直至救护车到来。

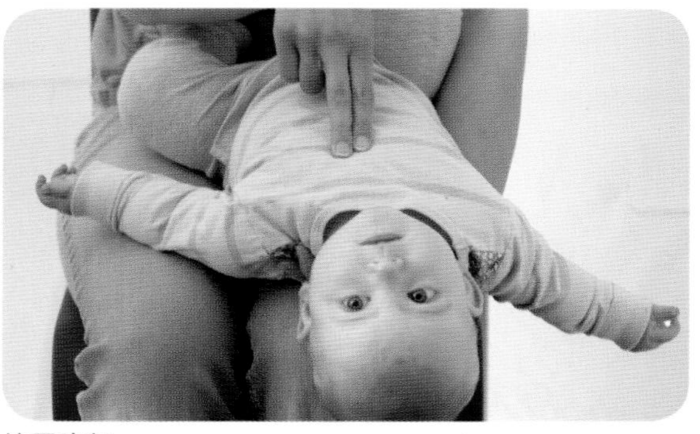

按压胸部
用你的食指和中指按压宝宝胸骨的下段，确保不要压到宝宝的肋骨。按压时应该朝向宝宝头部的方向，向下并向前用力。

索引

W

X

Y

Z

致谢

作者致谢：

感谢多林金德斯利（Dorling Kindersley）出版社给我机会，撰写《DK 宝宝今天吃什么》，把我在婴幼儿营养和厨房创意方面的个人经验与读者分享。我希望，在婴儿的早期喂养过程中，这本书能为读者提供科学的指导、实用的建议、美味营养的辅食食谱和可靠的信息。

感谢和我一起为这本书的出版而辛勤工作的所有团队成员，你们的热情和努力让我钦佩。感谢克莱尔（Claire），你是一位才华横溢的编辑；感谢哈丽特（Harriet），你给这本书的配方都配上了创意十足的美丽图片。谢谢安娜（Anna）提出的构思和想法，谢谢莉齐（Lizzie）在幕后卓有成效的工作。

同时，我还要感谢我的家人。在研发辅食配方的过程中，你们毫无怨言地接受了多少有点奇怪的饭菜，尤其是断奶第一阶段的食物。

出版社致谢：

多林金德斯利（Dorling Kindersley）出版社非常感谢克莱尔·韦德伯恩-麦克斯韦（Claire Wedderburn-Maxwell）的文字校对工作，玛丽·洛里默（Marie Lorimer）做的索引，丽兹·希皮斯利（Liz Hippisley）的版式设计，乔吉·贝斯特曼（Georgie Besterman）的食物造型，苏·劳伦特（Su Laurent）关于早产儿的建议，卡罗尔·库珀（Carol Cooper）医生对过敏成分的建议，助理设计师柯莉·赛德勒（Collette Sadler），助理编辑伊丽莎白·克林顿（Elizabeth Clinton）。